厌氧氨氧化生物脱氮技术调控原理与应用

王亚宜　汪　涵　著

中国建筑工业出版社

图书在版编目（CIP）数据

厌氧氨氧化生物脱氮技术调控原理与应用 / 王亚宜，汪涵著. -- 北京 ：中国建筑工业出版社，2025. 2.
ISBN 978-7-112-30699-2

Ⅰ. X703

中国国家版本馆 CIP 数据核字第 20248699EH 号

本书创新性地从污水处理系统胁迫条件下 Anammox 微生物适应性分子机制出发，介绍了 Anammox 生物脱氮技术调控原理，并在此基础上阐述了 Anammox 工艺在实际废水（如污泥消化液、垃圾渗沥液等）处理过程中的稳态控制方法。第 1 章从总体上介绍了厌氧氨氧化反应的原理、厌氧氨氧化菌的生理特性以及活性影响因素，对厌氧氨氧化工艺的发展趋势和国内外应用现状进行了全面的总结；第 2～5 章叙述了厌氧氨氧化菌在溶解氧抑制、亚硝酸盐胁迫、基质匮乏和低温等胁迫条件下适应性分子机制及调控方法；第 6～8 章分别介绍了厌氧氨氧化工艺用于处理污泥消化液、垃圾渗沥液以及主流市政污水的案例，叙述了不同废水处理过程厌氧氨氧化工艺路线、水质变化规律、工艺运行性能及微生物群落等变化特征，为厌氧氨氧化工艺在实际工程应用中的优化调控提供了可靠依据。

本书可作为给水排水工程、市政工程、环境学科与工程等专业高年级本科生和研究生的教学参考用书，也可作为污水处理行业的科研人员、工程技术人员和相关从业人员的参考用书。

责任编辑：于　莉　王美玲
责任校对：赵　菲

厌氧氨氧化生物脱氮技术调控原理与应用
王亚宜　汪　涵　著
*
中国建筑工业出版社出版、发行（北京海淀三里河路 9 号）
各地新华书店、建筑书店经销
北京光大印艺文化发展有限公司制版
建工社（河北）印刷有限公司印刷
*
开本：787 毫米×1092 毫米　1/16　印张：13　字数：285 千字
2024 年 12 月第一版　　2024 年 12 月第一次印刷
定价：**49.00** 元
ISBN 978-7-112-30699-2
(44020)

序

低碳高效去除污水中氮素污染物是我国持续深入打好污染防治攻坚战的迫切需求，也是水污染控制技术发展的前沿和热点。传统污水硝化/反硝化生物脱氮工艺碳源和能源消耗大、处理成本高，难以满足污水处理可持续发展的要求。厌氧氨氧化工艺作为当前最具发展潜力的生物脱氮技术之一，有望助力污水处理厂实现能源自给，为环境保护行业带来革命性变革。

本书作者王亚宜教授深耕低碳型污水生物脱氮领域十余年，在新型自养脱氮技术的基础研究与工程应用方面积累了丰富成果，为本书的撰写奠定了坚实基础。围绕新型自养脱氮技术的科学研究与实际应用中的重点与难点，本书系统阐述了作者团队在厌氧氨氧化菌适应性分子机制、菌群调控方法及工艺稳态控制等方面的创新性研究成果，内容新颖，紧扣国家战略需求，具有较高的学术水平。

书中不仅从机制层面加深了读者对厌氧氨氧化生物脱氮技术的理解，推动了污水生物脱氮前沿理论的发展；同时结合实际应用，详述了稳态控制方法，为科研工作者和工程技术人员开展厌氧氨氧化工艺研究和实际应用提供理论和技术指导，助力新型低碳废水处理技术的创新与推广。

中国工程院院士

前言

随着社会经济的迅速发展，我国高氨氮废水急剧增加，年总氮排放量约400万t，是造成水体富营养化的重要原因。生态环境部已将氨氮纳入了环境污染物约束性控制指标，并制定了严格的排放标准。但传统污水生物脱氮工艺（硝化/反硝化）存在“效率低、工艺复杂、成本能耗高”的难题，与当今绿色节能可持续发展经济模式主题相悖，不符合我国的“碳达峰”“碳中和”的目标要求。自养型生物脱氮技术——厌氧氨氧化（Anammox）可节省有机碳源和曝气量、降低污泥产量，具备显著的低碳特征。

因此，推动Anammox污水低碳处理技术的发展不仅符合减污降碳、协同增效的国家及行业需求，也是助力我国实现废水处理领域“碳中和”目标的关键。作为近年来废水生物脱氮领域的研究热点，Anammox工艺已在实验室规模、中试规模和现场应用多个层面开展广泛研究。目前，Anammox工艺已在侧流—污泥消化液等多种高氨氮废水中稳定运行并凸显脱氮优势，并已逐步从高氨氮废水处理领域推广至城市污水处理领域。但该技术在现场应用中仍存在如功能菌活性易受抑制、微生物种间竞争激烈而导致脱氮效率低、稳定性差等技术瓶颈。解决这些瓶颈问题，可为污废水中氮素污染物的低碳、稳定和高效去除提供理论基础和应用支撑，助力我国污水处理的减污降碳协同增效。目前，还鲜少有书籍从原理和应用层面来介绍污水中常见的胁迫条件对Anammox体系微生物的抑制情况与调控方法。

本书围绕上述瓶颈问题，从胁迫条件下Anammox体系微生物适应性分子机制出发，深入叙述了Anammox生物脱氮技术调控原理，并在此基础上介绍了实际废水（如污泥消化液、垃圾渗沥液等）处理过程中，生物段可行的工艺路线和厌氧氨氧化工艺的稳态控制方法，从而完善了Anammox生物脱氮技术理论体系，推动了低碳型生物脱氮技术在含氮污水处理工程中的应用。

本书由王亚宜主持撰写，各章参与撰写人员还有：第1章，汪涵、顾鑫、谢军祥、李丹萍、盛豪；第2章，闫媛；第3章，汪涵、马骁；第4章，李丹萍、马骁；第5章，顾鑫、林喜茂；第6章，汪涵、谢宏超；第7章，汪涵、王俊杰；

第8章，谢军祥、陈杰。另外，汪涵、李丹萍、顾鑫、吴巧玉、江沁彦、申海旭、刘艳彤、朱晨易、方心阳、黄天荣等参与了本书的统稿和校稿工作。

本书的主要研究成果是在国家自然科学基金杰出青年科学基金（52225001）、国家自然科学基金优秀青年科学基金（51522809）、国家自然科学基金面上项目（51078283、51378370、51978485）等支持下完成的。中国建筑工业出版社王美玲编辑和于莉编辑对于本书的编撰给予了许多指导和支持，在此表示衷心的感谢。

由于时间和作者水平有限，书中尚有许多不足之处，敬请读者批评指正。

目录

第 1 章　绪论……………………………………………………………………………… 1
1.1　厌氧氨氧化反应原理 ……………………………………………………………… 1
1.2　厌氧氨氧化菌的生理特性 ………………………………………………………… 3
1.2.1　厌氧氨氧化菌的形态结构概述………………………………………………… 3
1.2.2　厌氧氨氧化体…………………………………………………………………… 4
1.2.3　核糖细胞质……………………………………………………………………… 6
1.2.4　外室细胞质……………………………………………………………………… 6
1.2.5　厌氧氨氧化菌的代谢方式……………………………………………………… 6
1.2.6　厌氧氨氧化菌的分类…………………………………………………………… 8
1.2.7　厌氧氨氧化菌的生态分布……………………………………………………… 9
1.3　厌氧氨氧化菌的活性影响因素 …………………………………………………… 9
1.3.1　基质浓度………………………………………………………………………… 9
1.3.2　温度 ……………………………………………………………………………… 10
1.3.3　溶解氧（DO） …………………………………………………………………… 11
1.3.4　pH ………………………………………………………………………………… 11
1.3.5　有机物 …………………………………………………………………………… 11
1.3.6　盐度 ……………………………………………………………………………… 12
1.3.7　饥饿 ……………………………………………………………………………… 13
1.3.8　重金属 …………………………………………………………………………… 13
1.4　厌氧氨氧化工艺及其组合工艺形式……………………………………………… 14
1.4.1　CANON 工艺……………………………………………………………………… 15
1.4.2　SHARON - Anammox 工艺 ……………………………………………………… 16
1.4.3　SNAD 工艺 ……………………………………………………………………… 17
1.5　厌氧氨氧化工艺在国内外的应用现状…………………………………………… 18

第 2 章　溶解氧抑制下厌氧氨氧化菌适应性分子机制与活性调控 ……………………… 21
2.1　厌氧微生物的氧化应激反应……………………………………………………… 21
2.1.1　微生物的抗氧化系统 …………………………………………………………… 21
2.1.2　厌氧氨氧化菌与硝化/反硝化菌的细胞结构差异……………………………… 23

2.1.3 厌氧氨氧化菌的抗氧化基因 …… 23
2.2 溶解氧暴露条件下厌氧氨氧化活性变化特征 …… 24
2.2.1 实验方案 …… 24
2.2.2 厌氧氨氧化活性变化情况 …… 25
2.3 零价铁去除溶解氧后厌氧氨氧化活性恢复 …… 27
2.4 零价铁去除溶解氧后体系 pH、铁离子及超氧阴离子变化 …… 30
2.4.1 投加零价铁引起的铁离子及 pH 变化 …… 30
2.4.2 零价铁对胞内超氧阴离子水平的影响 …… 33
2.5 溶解氧抑制及活性恢复条件下厌氧氨氧化菌转录变化 …… 34
2.5.1 溶解氧抑制时厌氧氨氧化菌的差异表达基因 …… 35
2.5.2 N_2 吹脱去除溶解氧时厌氧氨氧化菌的差异表达基因 …… 37
2.5.3 零价铁去除溶解氧后厌氧氨氧化菌的差异表达基因 …… 39
2.5.4 厌氧氨氧化菌受抑制及活性恢复阶段 mRNA 全局调控 …… 40
2.6 总结与展望 …… 43

第 3 章 亚硝酸盐对厌氧氨氧化菌的抑制机理及其调控机制 …… 44
3.1 高浓度亚硝酸盐对厌氧氨氧化菌的胁迫抑制 …… 44
3.1.1 厌氧氨氧化菌对高浓度亚硝酸盐的响应 …… 44
3.1.2 实验方案 …… 46
3.2 无胁迫条件下典型周期氮素转化及功能基因 mRNA 水平变化 …… 47
3.3 亚硝酸盐冲击下厌氧氨氧化菌功能基因的 mRNA 水平变化 …… 49
3.4 活性恢复阶段厌氧氨氧化功能基因的 mRNA 水平变化 …… 51
3.5 联氨脱氢酶蛋白在亚硝酸盐冲击及活性恢复阶段的变化 …… 53
3.6 总结与展望 …… 54

第 4 章 基质匮乏条件下厌氧氨氧化菌的代谢机制与生存策略 …… 55
4.1 基质匮乏条件对厌氧氨氧化菌的影响 …… 55
4.2 厌氧氨氧化富集污泥在短期饥饿过程的活性衰减 …… 56
4.2.1 短期饥饿胁迫实验方案 …… 56
4.2.2 短期饥饿过程的活性衰减变化 …… 58
4.3 短期饥饿过程厌氧氨氧化富集污泥特征变化 …… 60
4.3.1 EPS、HDH 和糖原水平变化 …… 60
4.3.2 硝酸盐转化与 EPS 和 HDH 水平下降之间的关联性 …… 62
4.3.3 ATP 水平变化 …… 63
4.4 短期饥饿过程厌氧氨氧化菌功能基因的 mRNA 水平变化 …… 64

4.5 长期饥饿胁迫下厌氧氨氧化污泥颗粒形态与代谢活性变化……………… 65
4.5.1 长期饥饿胁迫实验方案 …………………………………………… 65
4.5.2 厌氧氨氧化颗粒外观形态在长期饥饿过程的变化 ……………… 66
4.5.3 厌氧氨氧化富集污泥代谢活性变化 ………………………………… 67
4.6 长期饥饿胁迫下厌氧氨氧化污泥的活性衰减与胞内蛋白质变化……… 68
4.6.1 厌氧氨氧化菌胞内大分子物质在长期饥饿过程的变化 ………… 68
4.6.2 厌氧氨氧化菌胞内蛋白质在长期饥饿过程的变化 ……………… 71
4.7 厌氧氨氧化菌在长期饥饿过程中的生存与调控策略…………………… 76
4.7.1 *Candidatus* K. stuttgartiensis 在长期厌氧和缺氧饥饿过程的常规调控 ………………………………………………………… 76
4.7.2 *Candidatus* K. stuttgartiensis 在长期厌氧饥饿过程的生存机制………… 77
4.7.3 *Candidatus* K. stuttgartiensis 中 DNRA 途径在长期缺氧饥饿过程的作用 ………………………………………………………… 78
4.8 小结与展望………………………………………………………………… 79

第5章 低温条件下厌氧氨氧化菌的应激调控策略 ………………………… 80
5.1 低温下厌氧氨氧化反应器的脱氮效能…………………………………… 80
5.1.1 实验方案 ……………………………………………………………… 80
5.1.2 降温阶段脱氮效能 …………………………………………………… 83
5.2 低温条件下厌氧氨氧化活化能与污泥特性变化………………………… 85
5.2.1 厌氧氨氧化活性变化 ………………………………………………… 85
5.2.2 污泥含量变化 ………………………………………………………… 85
5.2.3 颗粒污泥粒径分布 …………………………………………………… 86
5.2.4 颗粒污泥的微观结构 ………………………………………………… 88
5.2.5 颗粒污泥的流变特性 ………………………………………………… 88
5.2.6 颗粒污泥的 EPS 变化及其三维荧光图像分析 …………………… 92
5.3 低温条件下厌氧氨氧化体系的微生物种群结构演替…………………… 95
5.3.1 微生物聚类及多样性分析 …………………………………………… 95
5.3.2 微生物群落结构分析 ………………………………………………… 96
5.4 低温条件对厌氧氨氧化菌活性的影响…………………………………… 97
5.5 厌氧氨氧化菌应对低温的蛋白组应激调控策略………………………… 98
5.5.1 *Candidatus* Kuenenia 属厌氧氨氧化菌应对低温的蛋白组调控策略………………………………………………………………… 101
5.5.2 不同属厌氧氨氧化菌应对低温的蛋白组调控策略………………… 106
5.6 小结与展望 ……………………………………………………………… 108

第 6 章　厌氧氨氧化工艺应用于污泥消化液处理 …… 109
6.1　污泥消化液水质分析 …… 109
6.2　工艺流程及运行参数 …… 110
6.2.1　污泥消化液处理工艺流程 …… 110
6.2.2　实验装置与运行参数 …… 110
6.3　两段式 PN/A 工艺处理污泥消化液运行性能与有机物组成变化 …… 111
6.3.1　工艺运行性能 …… 111
6.3.2　水相有机物组成变化 …… 121
6.4　污泥消化液对体系污泥特性与微生物群落的影响 …… 126
6.4.1　污泥消化液对短程硝化污泥的影响 …… 126
6.4.2　污泥消化液对厌氧氨氧化污泥的影响 …… 135
6.5　小结与展望 …… 145

第 7 章　厌氧氨氧化工艺应用于垃圾渗沥液处理 …… 147
7.1　垃圾渗沥液水质分析 …… 147
7.2　工艺流程及运行参数 …… 148
7.3　工艺长期运行性能 …… 150
7.3.1　厌氧消化反应器运行性能 …… 150
7.3.2　短程硝化反应器运行性能 …… 152
7.3.3　Anammox 反应器运行性能 …… 156
7.4　有机物组成与污泥特性变化 …… 159
7.4.1　有机物组成变化分析 …… 159
7.4.2　污泥浓度与活性变化 …… 164
7.5　垃圾渗沥液对体系微生物群落功能的影响 …… 166
7.5.1　基于 16S rDNA 测序的物种组成分析 …… 166
7.5.2　基于宏基因组的功能组成分析 …… 170
7.6　小结与展望 …… 177

第 8 章　厌氧氨氧化工艺应用于主流市政污水处理中的稳态控制 …… 178
8.1　厌氧氨氧化工艺在主流市政污水中的应用难点 …… 178
8.2　工艺流程及运行参数 …… 179
8.3　高低氨氮交替运行强化 CANON 工艺处理市政污水 …… 180
8.3.1　反应器启动与工艺调控 …… 180
8.3.2　CANON 反应器微生物种群演替 …… 187

8.4 侧流富集/主流强化实现 CANON 工艺处理市政污水 …… 188
8.4.1 CANON 反应器运行 …… 188
8.4.2 侧流富集/主流强化过程中脱氮性能的变化 …… 188
8.4.3 侧流富集/主流强化过程中功能微生物活性变化 …… 189
8.5 小结与展望 …… 192

参考文献 …… 193

第1章
绪　　论

1.1 厌氧氨氧化反应原理

厌氧氨氧化（anaerobic ammonium oxidation，Anammox）是指厌氧氨氧化菌（anaerobic ammonium oxidation bacteria，AnAOB）在厌氧条件下以亚硝酸根（NO_2^-）作为电子受体，将铵根（NH_4^+）直接转化为氮气（N_2）的反应。早在1977年，奥地利理论化学家Engelbert Broda便根据化学反应中标准自由能变化的热力学理论，预测了以硝酸根（NO_3^-）或亚硝酸根（NO_2^-）作为电子受体的氨氧化反应可在自然界发生。Broda推测的理论依据是：与以氧气为电子受体的氨氧化反应相比（$\Delta G^\Theta=-241kJ/mol$），以硝酸根（$\Delta G^\Theta=-297kJ/mol$）或亚硝酸根（$\Delta G^\Theta=-358kJ/mol$）为电子受体的氨氧化反应所释放的自由能更高，而自然界存在氨氧化菌（ammonia oxidizing bacteria，AOB）可进行以氧气为电子受体的氨氧化反应，那么理论上也应该存在一种未知的自养微生物，可催化以NO_3^-或NO_2^-为电子受体的氨氧化反应。遗憾的是，在之后的十多年中，Broda的预言一直未得到相关研究的证实。

直到1995年，Mulder等人在荷兰代尔夫特理工大学微生物技术实验室的厌氧脱氮流化床中发现，除正常反硝化反应之外，还出现NH_4^+与NO_2^-、NO_3^-同步消失的现象，并伴有N_2的产生。他们在该现象基础上，又进行了分批培养实验，证实了NH_4^+与NO_3^-可同步转化产生N_2。但传统观点认为，NH_4^+在无氧条件下无法被生物降解，因此Mulder等人认为该废水处理系统中NH_4^+与NO_3^-发生的反应是按照Broda预言方式进行的，并将该反应过程命名为厌氧氨氧化。1996年，Van de Graaf等人基于同位素^{15}N示踪结果，推测出Anammox反应中真正的电子受体是NO_2^-而非NO_3^-，并提出Anammox可能的代谢模型，如图1-1所示。至此，Broda的预言获得证实。

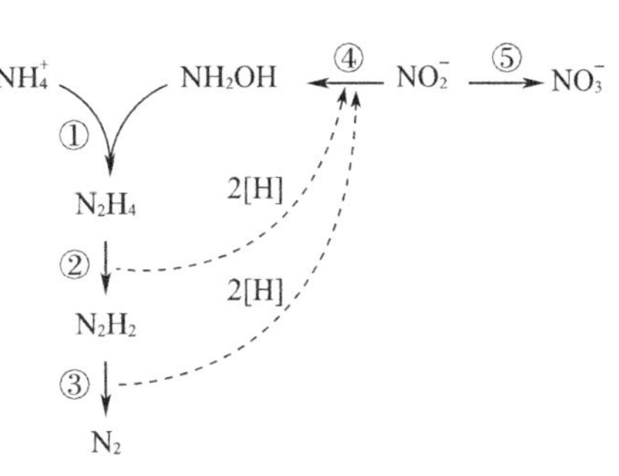

图1-1　厌氧氨氧化化学反应模型

在此模型中，NO_2^-接受电子并产生能源物质腺嘌呤核苷三磷酸（ATP），进一步与还原型辅酶Ⅱ NADPH提供的［H］生成羟胺（NH_2OH）。随后NH_2OH作为电子受体，NH_4^+作为电子供体，经过多种酶促反应作用后生成N_2。Strous等人利用序批式反应器（sequencing batch reactor，SBR）调控灵活的特点成功富集得到 Anammox 菌，纯度达 74%，并进行大量批次实验推算出 Anammox 生化反应方程式，如式（1－1）所示：

$$NH_4^+ + 1.32NO_2^- + 0.066HCO_3^- \longrightarrow 1.02N_2 + 0.26NO_3^- + 0.066CH_2O_{0.5}N_{0.15} + 2.03H_2O \tag{1-1}$$

2011 年，Kartal 等人证实了一氧化氮（NO）和联氨（N_2H_4）为 Anammox 反应的中间产物，并成功纯化了 *Candidatus* Kuenenia stuttgartiensis 的关键代谢酶——联氨合成酶（hydrazine synthase，HZS）和联氨脱氢酶（hydrazine dehydrogenase，HDH），自此 Anammox 反应的机理得以确认（图 1－2）。

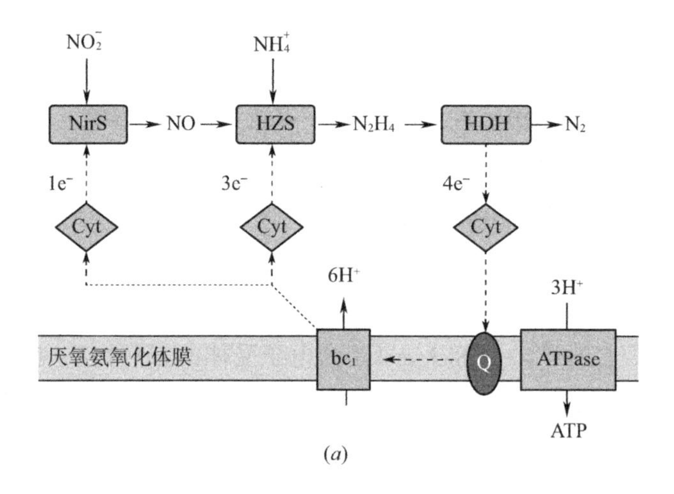

(*a*)

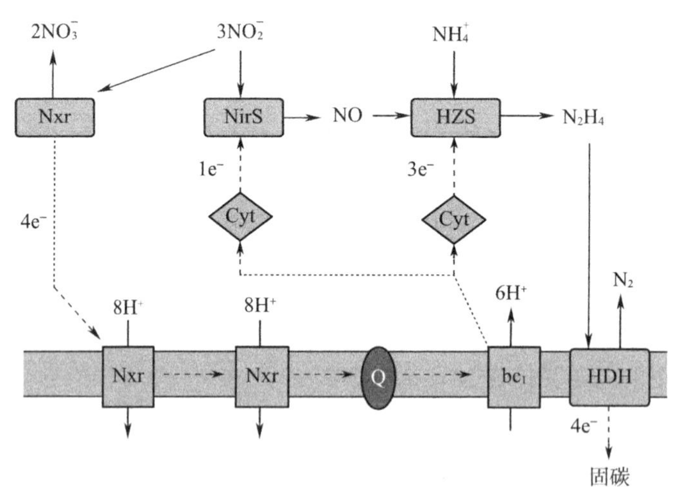

(*b*)

NirS：亚硝酸氧化还原酶；HZS：联氨合成酶；Nxr：亚硝酸盐氧化还原酶；HDH：联氨脱氢酶；Cyt：细胞色素c；bc_1：细胞色素bc_1；Q：辅酶Q

图 1－2　厌氧氨氧化代谢机理图

（*a*）分解代谢；（*b*）合成代谢

因此，式（1－1）可以拆为两个部分，分解（产能）代谢［式（1－2）］：电子供体 NH_4^+ 与电子受体 NO_2^- 以 1∶1 的比例进行反应，生成 N_2 和水，反应过程释放的能量储存于 ATP 中；合成代谢［式（1－3）］：以 NO_2^- 作为电子供体，CO_2 作为碳源，通过还原乙酰辅酶 A 途径进行细胞物质的合成，并产生少量 NO_3^-。

$$NH_4^+ + NO_2^- \longrightarrow N_2 + 2H_2O\,(\Delta G^{\theta} = -357\,\text{kJ/mol}) \qquad (1-2)$$

$$0.27NO_2^- + 0.066HCO_3^- \longrightarrow 0.26NO_3^- + 0.066CH_2O_{0.5}N_{0.15}\,(\text{biomass}) \qquad (1-3)$$

基于当前理解，微生物能够分别利用 14 种氧化还原反应转化-3 价～+5 价的氮化合物，如图 1－3 所示。而厌氧氨氧化菌的发现，也证实了其在自然界氮素循环中起关键作用。

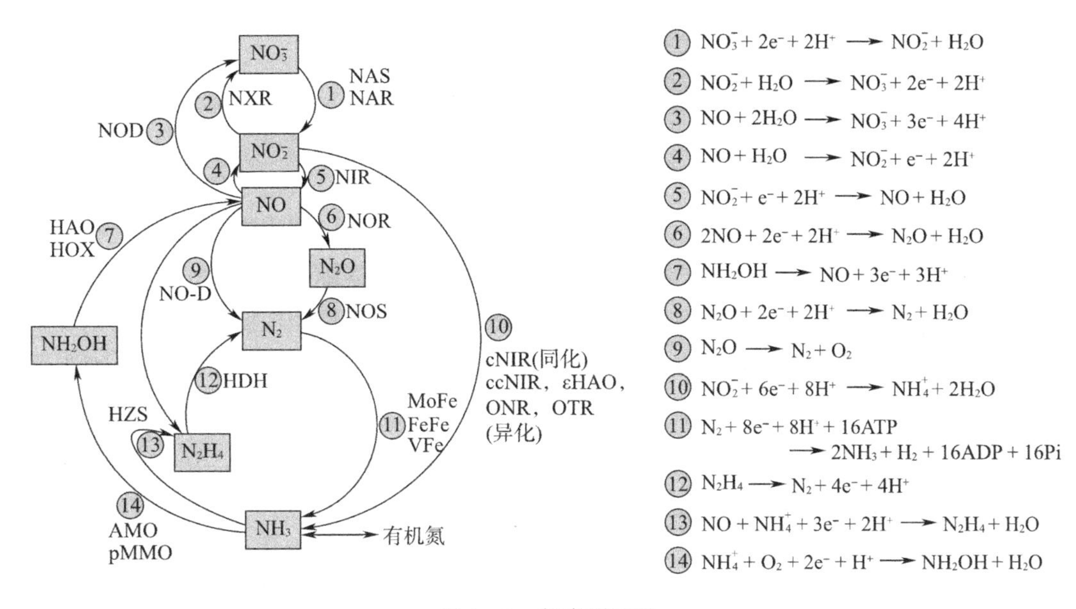

图 1－3　氮素循环图

1.2　厌氧氨氧化菌的生理特性

1.2.1　厌氧氨氧化菌的形态结构概述

厌氧氨氧化菌属于浮霉菌门，与 AOB 同为化能自养菌。厌氧氨氧化菌在其生态生理学、细胞结构和 Anammox 能力等方面十分独特。如图 1－4 所示，厌氧氨氧化菌在形态上多为球形或卵形，平均直径介于 0.8～1.1μm 之间，胞外无荚膜，少数有菌毛，细胞壁表面有火山口状结构，为革兰氏阴性菌，其胞内具有厌氧氨氧化菌特有的细胞器结构——厌氧氨氧化体。厌氧氨氧化体是进行 Anammox 反应的重要场所。厌氧氨氧化菌还存在独特的阶梯烷脂，称为 Ladderanes。Ladderanes 可将有毒的 N_2H_4 保持在 Ladderane 脂质中，已被用做检测厌氧氨氧化菌的生物标志物。厌氧氨氧化菌因含丰富的细胞色素 c 而呈现红色，颜色可以作为判断厌氧氨氧化菌富集成功与否的直接依据。

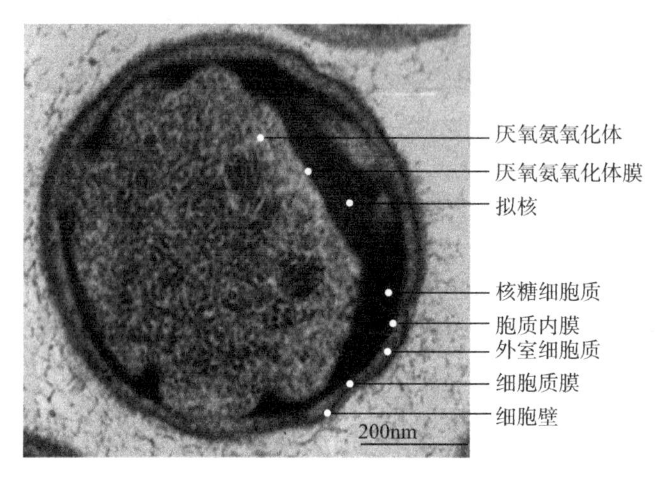

图 1-4　厌氧氨氧化菌的细胞结构图

厌氧氨氧化菌的细胞内存在多重膜结构：厌氧氨氧化体膜、胞质内膜及细胞质膜，这些膜结构将细胞从内到外分割为三腔室：厌氧氨氧化体、核糖细胞质及外室细胞质。外室细胞质相当于革兰氏阴性菌的细胞周质，核糖细胞质中含有拟核和核糖体，并含有大部分 DNA。处于最里层的厌氧氨氧化体是厌氧氨氧化菌的一个重要特征，近似于一个细胞器，在高倍放大的图片中可以通过观察有无厌氧氨氧化体来初步鉴别厌氧氨氧化菌。同时，厌氧氨氧化体是厌氧氨氧化菌的“能量工厂”，类似真核细胞中的线粒体。Anammox 反应分解代谢途径的联氨合成酶和联氨脱氢酶均位于厌氧氨氧化体内。

厌氧氨氧化菌生长极为缓慢，目前仍无法获取纯培养厌氧氨氧化菌株。Strous 等基于 SBR 反应器中高度富集的厌氧氨氧化菌开展了相关研究，获得厌氧氨氧化菌的最大比增长速率为 0.0027h^{-1}，倍增时间约 11d。

1.2.2 厌氧氨氧化体

厌氧氨氧化体为厌氧氨氧化体膜包裹的密闭区域，占整个细胞超过一半的体积（表 1-1），为厌氧氨氧化菌的特有结构。对 *Candidatus* Kuenenia stuttgartiensis 进行细胞色素过氧化物酶染色发现，细胞色素 c 蛋白位于厌氧氨氧化体内并靠近厌氧氨氧化体边缘约 150nm 的范围内。此外，在厌氧氨氧化体膜弯曲程度较高区域还发现明显染色现象。因此，厌氧氨氧化体是发生厌氧氨氧化反应的场所。

厌氧氨氧化菌细胞中厌氧氨氧化体所占比例　　**表 1-1**

厌氧氨氧化菌	细胞平均直径（nm）	厌氧氨氧化体占比（%）
Candidatus Kuenenia stuttgartiensis	800	61±5
Candidatus Brocadia fulgida	800	61±5

续表

厌氧氨氧化菌	细胞平均直径（nm）	厌氧氨氧化体占比（%）
Candidatus Scalindua spp.	950	51±8
Candidatus Anammoxoglobus propionicus	1100	66±6

包裹厌氧氨氧化体的厌氧氨氧化体膜具有特殊的结构。组成厌氧氨氧化体膜其中的一种膜脂质确定为 C_{20} 的脂肪酸甲酯，该脂肪酸甲酯结构包含 5 个线性串联的环丁烷并连接一个庚基链，在庚基链末端的碳原子上又连接一个甲基酯。另一种脂质确定为 C_{20} 的 sn-2-甘油单醚，该 sn-2-甘油单醚结构包含 3 个线性串联的环丁烷和 1 个环己烷并连接一个辛基链，在辛基链末端的碳原子上以醚键连接一个甘油。此外还有一种更特殊的膜脂质被确定为混合型甘油醚酯，该混合型甘油醚酯包含以上两种脂质结构。值得注意的是，所有线性串联的环烷烃都以顺式方式进行连接，由于顺式结构无法旋转，因此其三维结构以阶梯形状进行排列，因而被称为阶梯烷脂。阶梯烷脂并非是厌氧氨氧化体膜所独有的，其也存在于厌氧氨氧化菌的其他膜结构上，并且能与非阶梯烷脂相结合从而改善膜的渗透性。

包裹厌氧氨氧化体的阶梯烷脂的结构是十分紧凑的，这种脂质分子可使膜高度不透。通过对厌氧氨氧化体膜开展渗透性研究后发现，荧光分子很容易透过细胞质膜和胞浆内膜，但无法透过厌氧氨氧化体膜。加热厌氧氨氧化菌细胞至 92℃并且持续 90min 后，荧光分子仍然无法透过厌氧氨氧化体膜。只有用 100% 的乙醇使细胞完全脱水或将细胞干燥处理后，荧光分子才能透过厌氧氨氧化体膜。此外，通过对厌氧氨氧化体膜进行模型模拟，发现阶梯烷脂部分的密度高达 $1.5kg/dm^3$，而普通细菌的膜脂密度一般不超过 $1.2kg/dm^3$。具有高致密程度的阶梯烷脂可有效防止厌氧氨氧化菌在分解代谢过程产生的有毒中间产物（如 N_2H_4 和 NO 等）泄漏，从而保护细胞。同时，厌氧氨氧化菌依赖电化学离子梯度跨膜来产生 ATP；由于厌氧氨氧化菌代谢异常缓慢，单位时间内转移的质子数有限，因此阶梯烷脂也有利于长时间维持厌氧氨氧化体内外的质子浓度梯度，防止质子流失。目前，在自然界中阶梯烷脂只在厌氧氨氧化菌中被发现，因此除了 16S rDNA 测序外，阶梯烷脂的分析也可作为鉴定厌氧氨氧化菌的手段之一。

厌氧氨氧化体内存在一些管状组织，其横截面呈六边形，且由三个相同单元所构成。每个平均宽度为 9.4nm，共同组成了长又细的管状组织，该结构有时也会排列成组，并可充分伸展。据推测，该管状组织可作为细胞骨架以维持厌氧氨氧化体膜的弯曲形态，或者在厌氧氨氧化体分裂时起关键作用，也可能是厌氧氨氧化体内某种关键代谢酶的高度聚集而形成的高级结构。厌氧氨氧化体内也存在一些储存颗粒，其在厌氧氨氧化体内数量不定，直径为 16～25nm，对该储存颗粒进行元素分析发现其主要包含铁和磷两种元素，比值为 0.83。关于储存颗粒的功能目前有两种假设：（1）厌氧氨氧化体储存颗粒与铁呼吸有关；（2）厌氧氨氧化体储存颗粒是为了应对环境中铁含量不足的条件，当环境中铁含量稀缺时，储存颗粒中的铁可被利用。

1.2.3 核糖细胞质

核糖细胞质相当于普通细菌的细胞质，含有拟核和核糖体，是基因转录和翻译的场所。*Candidatus* Kuenenia stuttgartiensis 基因组中包含糖原合成基因 *glgA*、*glgB* 和 *glgC*，以及编码糖酵解与糖质新生的基因。通过对 *Candidatus* Kuenenia stuttgartiensis 进行透射电镜分析证明，核糖细胞质中确实含有糖原，其直径大约为 55nm。目前仅推测核糖细胞质中的糖原物质与生物膜形成有关，但糖原物质的确切生理功能尚不明确，需进一步深入研究。

开展厌氧氨氧化菌 *Candidatus* Brocadia fulgida 和 *Candidatus* Anammoxoglobus propionicus 细胞电子断层扫描及透射电镜分析发现，其核糖细胞质中还有类似聚羟基烷酸酯（Polyhydroxyalkanoates，PHA）或聚磷酸盐的颗粒物，其通常呈球状，偶尔呈管状，平均粒径为 83nm，它们的存在可能与这两种厌氧氨氧化菌具有高效氧化小分子有机酸的能力有关。*Candidatus* Kuenenia stuttgartiensis 和 *Candidatus* Scalindua spp. 中未检测发现有该颗粒物，因此可认为核糖细胞质中含有的颗粒物可能是某些厌氧氨氧化菌种所特有的。此外，对 *Candidatus* Kuenenia stuttgartiensis 的基因组序列进行研究时，未发现编码 PHA 合成基因，这与电镜中观察到 *Candidatus* Kuenenia stuttgartiensis 的核糖细胞质不存在类似 PHA 颗粒物的现象相符。截至目前，关于核糖细胞质中颗粒物的生理功能尚无定论。

1.2.4 外室细胞质

细胞质膜和胞质内膜间所包裹的区域称为外室细胞质。目前尚不清楚厌氧氨氧化菌的外室细胞质的确切功能。但利用透射电镜观察可发现，处在分裂状态下的厌氧氨氧化菌外室细胞质中存在疑似细胞分裂环高电子密度的物质，它们可能在细胞分裂过程起关键作用。在大多数细菌分裂过程中，三磷酸鸟苷（GTP）会发生水解并驱动 FtsZ 蛋白在细胞内装配成环状结构，环状结构逐渐收缩实现细胞分裂。然而在 *Candidatus* Kuenenia stuttgartiensis 基因组却未发现编码 *fts*Z 基因，但找到一个拥有 GTP 结合位点的 kustd1438 蛋白，利用免疫胶体金技术对 kustd1438 蛋白进行细胞原位检测，发现该蛋白的确分布在外室细胞质分裂环处，并在细胞分裂过程中起关键作用。可见，在厌氧氨氧化菌中与分裂环相关的基因并非是普通细菌中的 *fts*Z，而是厌氧氨氧化菌所特有的 kustd1438 蛋白。

1.2.5 厌氧氨氧化菌的代谢方式

1. 厌氧氨氧化菌的分解代谢

首先，在亚硝酸氧化还原酶（nitrite reductase，NirS）的作用下，NO_2^- 被还原为 NO，此过程需要 1 个电子；随后在 HZS 作用下，NO 与 NH_4^+ 反应产生 N_2H_4，此过程需要 3 个电子；最后 N_2H_4 作为高能物质，在 HDH 的作用下产生 N_2，同时释放 4 个电子，再次进入下一轮 N_2H_4 合成的循环；伴随电子传递，质子被排至厌氧氨氧化体膜外侧，在该膜两侧形成质子电势，质子回流激活位于厌氧氨氧化体膜上的 ATPase 以产生 ATP。同时，部分 N_2H_4 在 HDH 作用下生成氮气而释放的4个电子用于固定 CO_2；因固定 CO_2 失去的4个电子则由 NO_2^- 在亚硝酸盐氧化还原酶（nitrite oxidoreductase，Nxr）的作用下转化为 NO_3^- 来补充。

2. 厌氧氨氧化菌的合成代谢

化能自养型微生物对 CO_2 固定的途径主要是卡尔文循环（Calvin cycle），又称为还原戊糖磷酸循环，多存在于好氧的化能自养菌中。对一些严格厌氧菌和部分微氧菌，还存在逆三羧酸循环途径（reverse tricarboxylic acid cycle）、还原性乙酰辅酶 A 途径（reductive acetyl-CoA pathway）和3-羟基丙酸途径（3-hydroxypropionate pathway）。2006年，通过宏基因组技术对 *Candidatus* Kuenenia stuttgartiensis 的基因组进行解析，发现其基因组中存在编码还原性乙酰辅酶 A 途径关键酶的所有基因，而编码其他固碳途径的关键酶基因缺失或不完整。此外，在 *Candidatus* Kuenenia stuttgartiensis 基因组中检测出8个编码甲酸脱氢酶（formate dehydrogenase，FDH）的基因和5个编码一氧化碳脱氢酶（carbon monoxide dehydrogenase，CODH）的基因（FDH 和 CODH 是还原性乙酰辅酶 A 途径的关键酶），并检测到蛋白 FDH 和 CODH 酶活性，说明基因成功翻译并表达。由此证实厌氧氨氧化菌通过还原性乙酰辅酶 A 途径进行 CO_2 固定。

还原性乙酰辅酶 A 途径的完整过程为：（1）CO_2 在氢质子参与下由 FDH 催化还原为甲酸；（2）甲酸在甲酰四氢叶酸合成酶（formyltetrahydrofolate synthetase）、甲酰四氢叶酸环水解酶（formyltetrahydrofolate cyclohydrolase）、亚甲基四氢叶酸脱氢酶（methylenetetra hydrofolate dehydrogenase）和亚甲基四氢叶酸还原酶（methylenetetrahydrofolate reductase）逐一催化下转变生成甲基四氢叶酸（CH_3-H_4F）；（3）甲基四氢叶酸在甲基转移酶（methyltrans feras）的催化下将其甲基转移给钴铁硫蛋白（corrinoid ironsulfur protein），形成甲基钴铁硫蛋白（CH_3-CoFeSP）；CH_3-CoFeSP 再将其甲基转移给乙酰辅酶 A 合成酶（acetyl-CoA synthase，ACS）形成甲基乙酰辅酶 A（CH_3-ACS）。CODH 还原一分子的 CO_2 生成 CO。在乙酰辅酶 A 合成酶催化下由 CH_3-ACS 的甲基与 CO 和辅酶 A（CoA）合成乙酰辅酶 A，从而完成整个合成通路。整个合成代谢消耗1个 ATP、4个 H_2 和1个 CoA，固定2个 CO_2，形成1个乙酰辅酶 A（acetyl-CoA）。

3. 厌氧氨氧化菌的基质运输

已有基因组研究发现，厌氧氨氧化菌利用通道转运蛋白实现基质转运。其中，CO_2 转运可能依赖于细胞膜上的多肽蛋白，NH_4^+、NO_2^- 和 NO_3^- 的转运可能依赖于具有双向运输机制的主要协助转运蛋白超家族（major facilitator superfamily，MFS）。NH_4^+、NO_2^- 和 NO_3^- 的转运分别依赖于 MFS 中的 AmtB/Rh 蛋白、FocA/NirC 蛋白以及 NarK 蛋白。但迄今为止，上述蛋白均未分离纯化，因此不排除存在其他转运机制。

4. 厌氧氨氧化菌的有机物代谢

最初的研究认为，厌氧氨氧化菌是专性化能自养型微生物，但随着对厌氧氨氧化菌研究的深入，人们还发现部分厌氧氨氧化菌（如 *Candidatus* Kuenenia stuttgartiensis，*Candidatus* Brocadia anammoxidans，*Candidatus* Anammoxoglobus propionicus 和 *Candidatus* Brocadia fulgida）可在硝酸盐存在的条件下降解甲酸盐、乙酸盐和丙酸盐等有机物，其最大降解速率可达（7.6±0.6）μmol/(g protein · min)（表 1－2）。目前认为厌氧氨氧化菌可能通过异化硝酸盐还原为铵（dissimilatory nitrate reduction to ammonium，DNRA）途径降解有机物：NO_3^- 在异化硝酸还原酶的作用下还原生成 NO_2^- 和 NH_4^+，然后厌氧氨氧化菌再通过正常分解代谢途径将 NO_2^- 和 NH_4^+ 转化为 N_2。值得注意的是，厌氧氨氧化菌无法直接吸收有机物，而是将有机物转化为 CO_2 后以间接方式吸收。

不同厌氧氨氧化菌的有机物降解速率［μmol/(g protein · min)］　　表 1－2

厌氧氨氧化菌	*Candidatus* Brocadia anammoxidans	*Candidatus* Kuenenia stuttgartiensis	*Candidatus* Anammoxoglobus propionicus	*Candidatus* Brocadia fulgida
甲酸盐	6.5±0.6	5.8±0.6	6.7±0.6	7.6±0.6
乙酸盐	0.57±0.05	0.31±0.03	0.79±0.07	0.95±0.04
丙酸盐	0.12±0.01	0.12±0.01	0.64±0.05	0.31±0.007

厌氧氨氧化菌代谢有机物的能力对厌氧氨氧化工艺的发展有重要意义。根据厌氧氨氧化的理论代谢公式［式（1－1）］，厌氧氨氧化反应必然产生占初始总氮（NH_4^++NO_2^-）11%的 NO_3^-，这就导致了厌氧氨氧化工艺的总氮（total nitrogen，TN）去除率无法超越 89%；但适当添加有机物，如果能通过耦合 DNRA 途径去除厌氧氨氧化反应生成的 NO_3^-，则厌氧氨氧化工艺的总氮去除率有可能接近 100%。同时，若当进水化学需氧量（chemical oxygen demand，COD）与 N 的比值（COD/N）较小时，厌氧氨氧化菌或可与反应器内的异养菌竞争有机物，从而有效抑制异养菌增殖。

1.2.6 厌氧氨氧化菌的分类

1999 年，Strous 等人在《Nature》上首次报道采用密度梯度离心法成功分离了厌氧氨氧化菌株，并通过 16S rDNA 扩增了测序，确认厌氧氨氧化菌属于浮霉菌门（Planctomycetes），并在 2006 年完成了厌氧氨氧化菌 *Candidatus* Kuenenia stuttgartiensis 的全基因组测序。随后厌氧氨氧化的研究进入白热化阶段，截至目前，共发现 6 属 19 种的厌氧氨氧化菌株，均归为细菌域（Bacteria）浮霉菌门（Planctomycetes）下的厌氧氨氧化菌科（*Anammoxaceae*）。6 个属分别为：*Candidatus* Brocadia、*Candidatus* Kuenenia、*Candidatus* Jettenia、*Candidatus* Scalindua、*Candidatus* Anammoxoglobus 和 *Candidatus* Anammoxomicrobium。

不同种属的厌氧氨氧化菌生存环境和习性略有不同。其中 *Candidatus* Brocadia 和 *Candidatus* Kuenenia 主要存在于污水处理系统中，前者在底物浓度较高时拥有更高的生长速率，而后者对底物亲和力更强。*Candidatus* Scalindua 菌属则主要发现于海洋这一类高盐环境中；相反地，*Candidatus* Jettenia 则对盐度更为敏感，主要存在于淡水环境中。*Can-*

didatus Anammoxomicrobium 常发现于河流泥沙。此外，当环境中存在乙酸盐和丙酸盐时，*Candidatus* Anammoxoglobus propionicus 和 *Candidatus* Brocadia fulgida 均可利用两种有机物并成为优势菌种。

1.2.7 厌氧氨氧化菌的生态分布

厌氧氨氧化反应在污水处理反应器中获得证实后，彻底改变了反硝化是自然生物氮循环中氮气产生唯一过程的传统观念，并迅速在自然生态环境领域受到关注。近年来诸多研究表明，厌氧氨氧化菌在自然界中的分布也非常广泛，包括海洋、沉积物、淡水流域、稻田、湿地等生态系统。此外，在一些极端的生态环境中，如深海热泉、高盐度流域、海上浮冰、永久冻土和石油污染地带等，也检测到厌氧氨氧化菌的存在。这充分说明厌氧氨氧化菌在缺氧生境中是无处不在的。

厌氧氨氧化菌在自然界的广泛分布对氮循环的研究来说有着重要的意义。早先科学家们认为海洋中的 N_2 仅来自海洋中反硝化细菌的反硝化作用，但在 2002 年，Thamdrup 和 Dalsgaard 在波罗的海过渡区大陆架沉积物中发现 24%～67%的 N_2 生成源自于厌氧氨氧化菌，这是在海洋环境中首次报道厌氧氨氧化菌的存在。2003 年，在哥斯达黎加的海湾的厌氧水层中，通过 N 同位素示踪法证明厌氧氨氧化菌贡献了该地区 19%～35%的 N_2 产量。大量研究使科学家们意识到厌氧氨氧化作用与全球氮循环密切相关，这从根本上改变了人们对全球氮循环的传统认识。

1.3 厌氧氨氧化菌的活性影响因素

厌氧氨氧化菌为化能自养型细菌，生长缓慢，倍增时间长（约 11d），细胞产率低，污泥富集困难，反应器启动时间长，并且对环境条件变化具有高度敏感性。低生长速率和高环境敏感性极大地阻碍了 Anammox 在废水实际处理中的应用。实现厌氧氨氧化菌良好持留是增强污水处理系统中 Anammox 效果的关键，因此有必要确定影响 Anammox 过程的环境因素，如基质浓度、温度、pH、溶解氧、有机物、盐度等。

1.3.1 基质浓度

NH_4^+ 和 NO_2^- 这两种不同价态的无机氮形式都是厌氧氨氧化菌进行 Anammox 反应所需的基质。在一定浓度范围内，厌氧氨氧化菌活性与基质浓度正相关，但过高的基质浓度也会抑制厌氧氨氧化菌活性。Dapena-Mora 等人提出 NH_4^+-N 对厌氧氨氧化菌的半抑制浓度（IC_{50}）为 770mg/L，认为其抑制本质是游离氨（free ammonia，FA），这一结果进一步被 Jin 等人证实。此外，微生物体系（活性污泥或生物膜）或培养模式（如反应器类型）的不同也会造成 FA 抑制阈值的差异。

NO_2^- 作为一种公认的毒性物质，通常也是污水处理系统中厌氧氨氧化菌的抑制性底物。Strous 等人发现高浓度 NO_2^--N（>100mg/L）会完全抑制厌氧氨氧化菌活性。Egli 等人则认为 NO_2^--N 浓度须达到 185mg/L 才会抑制 Anammox 过程。此外，厌氧氨氧化菌的代谢状态也会直接影响其受 NO_2^- 的抑制程度，饥饿状态下 NO_2^--N 的半抑制浓度（7mg/L）远远低于非饥饿状态下的半抑制浓度（52mg/L）。一般认为，NO_2^- 对厌氧氨氧化菌造成抑制的真正原因是形成游离亚硝酸（free nitrous acid，FNA），其抑制机理为：（1）作为解偶联剂，通过提高质子透过膜的通透性而破坏质子驱动力，进而破坏氧化磷酸化作用的进行；（2）抑制胞内酶的活性，或造成酶的不可逆失活。

NO_2^- 对厌氧氨氧化菌的活性造成抑制后，一般通过降低负荷或者添加 N_2H_4、硝酸盐等措施进行活性恢复。Kimura 等人发现将基质中的 NO_2^- 浓度从 750mg N/L 降至 274mg N/L 后，活性抑制 90% 的厌氧氨氧化菌在 3d 后恢复活性；而 Strous 等人发现当 NO_2^- 浓度高于 100mg N/L 时，Anammox 反应会被完全抑制，但通过添加少量厌氧氨氧化反应中间产物（1.4mg/L 的 N_2H_4 或者 0.7mg/L 的 NH_2OH）可解除抑制。Li 等人认为，在厌氧氨氧化菌被 NO_2^- 抑制后，添加 NO_3^- 可刺激厌氧氨氧化体膜上 NO_3^-/NO_2^- 逆向转运酶的活性，促使厌氧氨氧化菌将胞内的 NO_2^- 排到膜外，从而达到解毒目的。虽然 NO_2^- 造成的抑制可通过一系列措施得到缓解，但其仍是制约 Anammox 工艺发展的一个关键因素。

由于不同研究报道中亚硝酸盐的抑制浓度存在较大差异，对实际厌氧氨氧化工艺的设计规划造成了一定的困难。因此亟需利用分子生物学技术，从转录和翻译等分子生物学水平揭示亚硝酸盐对厌氧氨氧化菌的抑制机理，并阐明厌氧氨氧化菌在亚硝酸盐胁迫下的生理生态特性及防御调控机制。

1.3.2 温度

温度会通过影响酶活性来对细胞生长代谢产生影响。在自然环境中，厌氧氨氧化菌可存在于-2.5～80℃条件下，然而，Anammox 反应最适温度仅在 30～40℃。低于 15℃的温度会明显抑制厌氧氨氧化菌活性；而在高于 45℃的温度下，厌氧氨氧化菌会发生不可逆失活。在实际应用中，通常利用加热方式来保证 Anammox 反应在最佳温度下进行。

厌氧氨氧化工艺在实际运行中，由于四季交替以及所处地理位置不同，温度变化会对厌氧氨氧化反应器的稳定运行产生影响，特别是低温将会抑制厌氧氨氧化活性。随着厌氧氨氧化技术在城市污水主流工艺中的推进，对厌氧氨氧化在室温和低温条件下的反应效率以及污泥特性变化亟需了解和掌握。事实上自然界中的厌氧氨氧化菌对低温具备很强的适应能力，在-1.3℃的北极圈沉积物中和 15℃的波罗的海沉积物中依然可检测到有活性的厌氧氨氧化菌。因此，有很多学者对低温下厌氧氨氧化工艺的运行进行了研究，结果发现，在适宜温度下积累足够的生物量后，再通过长期驯化方式，可使厌氧氨氧化菌逐渐适应 20℃室温温度，这种方式不仅可保持较高脱氮效率，污泥物理形态和菌群结构也不会发生明显变化。

1.3.3　溶解氧（DO）

厌氧氨氧化菌是一种专性厌氧菌，对氧气的存在十分敏感。但目前已发现厌氧氨氧化活动存在的区域多处于缺氧或低氧状态，如海洋、淡水湖泊、永冻土壤、陆地热泉、泥质碳土、极地海冰和河口沉积物以及地下水等。对本格拉上升流水域的研究表明，当氧的浓度达到 9μmol/L 时，厌氧氨氧化菌活性仍未表现出滞后现象，反而是异养反硝化菌活性遭受抑制，这一结果表明在这种自然条件下反硝化反应比厌氧氨氧化反应对氧更加敏感，这种反常现象可能是由于在天然缺氧状态下，厌氧氨氧化菌可处于休眠状态。

但在厌氧氨氧化污泥处理体系中，Strous 等人发现小于 0.5%空气饱和度的溶解氧分压便会完全抑制厌氧氨氧化菌活性，只不过这种抑制是可逆的，当通入氩气将 DO 去除之后，厌氧氨氧化菌活性即可恢复。然而在 DO 分压超过 18%的环境中，厌氧氨氧化菌发生不可逆抑制。因此，厌氧氨氧化反应器必须严格控制溶解氧浓度。

DO 对厌氧氨氧化菌抑制浓度与反应系统有关，如 Anammox 颗粒污泥相比絮体污泥具有更优越的 DO 耐受能力。有报道称，在稳定运行的 Anammox 反应器中若是存在一定数量的 AOB，能够为厌氧氨氧化菌解除氧的毒性。并且，厌氧氨氧化被低浓度氧气抑制为可逆过程，因此理论上可通过间歇曝气方式在一个反应器内同时进行短程硝化和厌氧氨氧化反应。

1.3.4　pH

通常认为厌氧氨氧化菌适宜 pH 为 6.7～8.3，最佳 pH 为 8.0。当 pH 在 6.5～9.0 范围之外时，可能会导致厌氧氨氧化菌失活。有研究提出 pH 对 Anammox 过程的影响并非由于溶液中高浓度游离氨和游离亚硝酸的抑制作用导致，而是由于 pH 的变化直接或间接地引起厌氧氨氧化菌生理活动的改变，进而影响了 Anammox 反应。

1.3.5　有机物

厌氧氨氧化菌一直被认为是严格的化能自养型细菌，以 CO_2 作为唯一碳源，Anammox 系统在有机物的作用下必然会发生明显变化。因此，进水中有机物对 Anammox 体系的影响一直是研究热点。总的来说，根据有机物的种类和浓度，其对厌氧氨氧化系统的影响可分为以下三类：竞争抑制作用、刺激作用和毒性抑制作用。

（1）竞争抑制作用

随着进水有机物浓度的升高，易造成 Anammox 体系中反硝化菌的大量繁殖。反硝化菌会与厌氧氨氧化菌竞争 NO_2^-，从而降低厌氧氨氧化菌的反应效率。但在未达到完全抑制时，通过降低进水有机物的浓度，一般可以解除此类抑制作用。Ni 等人对 Anammox 颗粒污泥反应器的研究表明，当 COD/N 为 3.1 或者 COD 为 400mg/L 时，Anammox 的反应活性会下降 80%；Tang 等人发现，随着进水碳氮比逐渐提升，反硝化脱氮贡献率随之上升，而 Anammox 脱氮途径所占比例随之下降，当 COD/NO_2^- 为 2.92 时，体系内转化为完全反硝化脱氮，且长时间运行后厌氧氨氧化脱氮难以恢复；Chamchoi 等人的研究结果表明，当 COD/N 大于 2.0 或者 COD 大于 300mg/L 时，厌氧氨氧化菌失活并从反应器中流失；同样，Zhu 等人通过研究发现，将进水 COD 从 480mg/L 提高至 720mg/L 时，比厌氧氨氧化活性降低了 50%。此外，有机物存在的 Anammox 系统中，优势菌群由厌氧氨氧化菌转变为反硝化菌，且厌氧氨氧化菌自身主要种群也会发生改变。Shu 等人研究表明厌氧氨氧化菌的主要种群从"*Candidatus* Brocadia sinica"转变为"*Candidatus* Jettenia caeni"和"*Candidatus* Kuenenia stuttgartiensis"，这与 Russ 等人发现的"*Candidatus* Kuenenia stuttgartiensis"能够耐受较高浓度有机物的结果相吻合。

（2）刺激作用

结构简单的有机物（小分子有机酸）能够诱导某些厌氧氨氧化菌进行有机物代谢，从而提高 Anammox 反应活性，降低出水 NO_3^- 浓度，提高总氮去除率。目前公认的厌氧氨氧化菌代谢有机物的方式是将小分子有机酸氧化为 CO_2 后，再利用其合成细胞自身物质。Zhu 等人研究表明在进水 COD≤480mg/L 时，厌氧氨氧化菌的活性不降反增，系统的脱氮效率基本维持稳定。Güven 等人研究发现，经过 50d 的适应期后，丙酸盐能够一定程度地提升 Anammox 系统的运行性能，过程中丙酸盐被氧化为 CO_2。张少辉在进水中投加 1.16mmol/L 的乙酸盐，运行一段时间后，总氮去除效率提高，在相同的进水氮负荷下，总氮去除率从 75% 增至 81%。Huang 等人研究发现，在较低的有机物浓度（乙酸盐≤120mg/L，丙酸盐≤200mg/L）下，Anammox 系统能够保持良好的脱氮性能，不会受到显著影响。

（3）毒性抑制作用

醇类等物质进入 Anammox 系统后，会在羟胺氧化还原酶的作用下生成甲醛等物质，甲醛易和某些关键酶结合使其失活，对厌氧氨氧化菌产生严重破坏，从而在根本上抑制 Anammox 的脱氮效率，该抑制程度强且不可恢复。Güven 等人研究表明当甲醇浓度达到 0.5mmol/L 时，比厌氧氨氧化反应活性降低了约 30%，该抑制作用不可逆。Rencu 等人研究发现，在 Anammox 系统中加入苯酚等物质时，厌氧氨氧化菌的活性会受到严重抑制。

除此之外，腐殖酸等有机物也可能对 AnAOB 产生直接的抑制作用。Kraiem 等人研究了腐殖酸对厌氧氨氧化菌活性的影响，发现当腐殖酸浓度高于 70mg/L 时，会影响厌氧氨氧化菌活性，且体系中异养菌对腐殖酸的生物降解过程可能会导致酚类和重金属释放，进而进一步抑制厌氧氨氧化菌活性。

1.3.6 盐度

高盐产生的高渗透压，会导致微生物死亡、质壁分离或者休眠，因此，高盐度废水会严重抑制微生物活性。海鲜产品加工、纺织印染、石油和天然气生产以及制革厂等工厂都会排放大量的含盐废水。尽管厌氧生物处理易受高盐抑制，但采用厌氧氨氧化技术处理高盐度废水不失为一种有应用前景的方法。实验室研究发现，经过驯化的厌氧氨氧化菌可适应浓度高达30g/L的盐溶液，且菌体的最大活性和淡水环境中的厌氧氨氧化菌体活性相同；当盐溶液浓度增至45g/L时，菌体活性会迅速降至零，但其造成的抑制作用是可逆的。但也有研究指出，一定浓度的盐溶液还会促进厌氧氨氧化体系内污泥的颗粒化并增加反应器内菌体的停留时间。此外，厌氧氨氧化菌对不同类型盐的耐受程度存在差异，例如Dapena-Mora等人研究表明Na_2SO_4、NaCl和KCl对厌氧氨氧化反应的半抑制浓度分别为11.36g/L、13.46g/L和14.9g/L。

研究者们在厌氧海洋环境中频繁发现了厌氧氨氧化菌的代谢活动，甚至从海洋沉积物中富集获得厌氧氨氧化菌，并通过驯化使得厌氧氨氧化菌能够处理高盐度废水。在含盐生态系统中，一般只检测到Scalindua属的厌氧氨氧化菌，其他厌氧氨氧化菌属一般是在淡水环境下被发现。然而有趣的是，即使经过30g/L的高盐环境驯化360d，厌氧氨氧化反应器内的主要菌群依然是*Candidatus* Kuenenia stuttgartiensis，而不是*Candidatus* Scalindua wagneri。因此，*Candidatus* Kuenenia stuttgartiensis可能也是一种可耐受高盐环境的厌氧氨氧化菌。

1.3.7　饥饿

由于污水处理厂进水水量水质波动、日常维护和雨水径流等原因，活性污泥中的微生物可能遭遇不定时基质匮乏。此外，出于缩短厌氧氨氧化反应器启动所需时间的需求，需要对厌氧氨氧化富集污泥进行长期保存，而此时也会导致厌氧氨氧化菌面临长期饥饿的胁迫环境。在基质匮乏状态下（可能持续数天甚至数月），微生物一般利用胞内物质代谢产生能量来维持生存，也就是所谓的内源代谢。然而，内源代谢过程往往引起活性污泥中微生物丰度减少和活性下降，甚至可能导致污水处理厂运行崩溃。

由于厌氧氨氧化菌生长缓慢，倍增时间长（10～12d），细胞产率低[(0.066±0.01)mol-C/mol ammonium]，饥饿过程的内源代谢引发的细胞死亡和活性损失，可能需要较长恢复时间。虽然饥饿过程中厌氧氨氧化菌的死亡衰减和活性衰减已有研究，然而目前并无报道其内源代谢过程的分子机理以及抵抗饥饿的生存机制。因此，结合分子生物学技术揭示厌氧氨氧化菌在长期饥饿状态下的内源代谢特性，提出应对饥饿所采取的调控机制，有利于强化实际厌氧氨氧化工艺的调控，进一步促进厌氧氨氧化工艺的推广应用。

1.3.8　重金属

重金属是一类难以生物降解的物质，易在生物体内积累并造成微生物蓄积毒性，对污水生物处理工艺来说，重金属的冲击将导致微生物活性降低影响处理效率。重金属离子可取代生物大分子活性点位上原有金属、破坏核酸和蛋白质结构以及干扰渗透压平衡。在一些高氨氮的废水中，如垃圾渗滤液和养殖废水，往往含有高浓度的重金属，这些重金属的存在可能对厌氧氨氧化菌产生不利影响。

尽管研究证实重金属对厌氧微生物的代谢有明显抑制作用，但即使是同种重金属，由于实验条件和种泥厌氧氨氧化种群的差异，其抑制效果也不尽相同。例如，Yang 等人通过线性拟合回归方程计算得出，Cu（Ⅱ）对厌氧氨氧化菌的半抑制浓度为 12.9mg/L，当 Cu（Ⅱ）浓度达到 5mg/L 时即可引起厌氧氨氧化菌细胞裂解，使其短期内丧失 94% 的活性。Zhang 等人发现 25mg/L 的 Zn（Ⅱ）会对厌氧氨氧化菌产生 50% 的抑制作用；且移除重金属后，厌氧氨氧化菌的活性可在短期内恢复，污泥形态也不受影响。但 Lotti 等人通过指数拟合回归方程算得 Zn（Ⅱ）和 Cu（Ⅱ）的半抑制浓度仅为 1.9mg/L 和 3.9mg/L。随后，Bi 等人的研究表明，Cd（Ⅱ）、Ag（Ⅰ）和 Hg（Ⅱ）均对厌氧氨氧化菌的活性产生抑制作用，半抑制浓度分别为 11.16mg/L、11.52mg/L 和 60.35mg/L；其中 Cd（Ⅱ）和 Hg（Ⅱ）对微生物造成的抑制是不可逆的，而 Ag（Ⅰ）造成的抑制作用在一段时间后会逐渐恢复。

总的来说，目前重金属离子对厌氧氨氧化菌影响的研究仍不完善。深入理解重金属离子对厌氧氨氧化菌的作用机理，防止重金属离子对厌氧氨氧化菌的毒性效应，对厌氧氨氧化工艺用于含高浓度重金属的高氨氮废水（如垃圾渗滤液和养殖废水）具有重要意义。

1.4 厌氧氨氧化工艺及其组合工艺形式

由于厌氧氨氧化菌只能以亚硝酸盐为电子受体，因此若要将厌氧氨氧化技术用于废水处理，首先需要将氨氮转化为亚硝酸盐氮。目前厌氧氨氧化工艺的实现形式主要有两种，分别为“短程硝化—厌氧氨氧化”和“硝化—短程反硝化—厌氧氨氧化”。在“硝化—短程反硝化—厌氧氨氧化”中，硝化阶段与普通“硝化—反硝化”工艺过程相同，随后通过控制 C/N 比由短程反硝化工艺将 NO_3^- 反硝化为 NO_2^-，再通过控制回流比并利用厌氧氨氧化菌将进水中的 NH_4^+ 和短程反硝化生成的 NO_2^- 共同转化为 N_2。相较之下，“短程硝化—厌氧氨氧化”工艺形式更加简洁，能耗节省更具优势，故将重点介绍“短程硝化—厌氧氨氧化”。在“短程硝化—厌氧氨氧化”中的重要生理学参数见表 1-3。

好氧和厌氧氨氧化菌的重要生理学参数 **表 1-3**

参数	硝化菌	厌氧氨氧化菌	单位
最大比好氧氨转化速率	2～5	0	g/(g·d)，氨氮/(蛋白·天)
最大比厌氧氨转化速率	<0.05	1.1	g/(g·d)，氨氮/(蛋白·天)
产率系数	0.1	0.07	g/g，蛋白/氨氮
活化能	70	70	kJ/mol
对氨的亲和力	$\geq 10^{-4}$	$\leq 10^{-4}$	g-N/L
对亚硝酸盐的亲和力	NA	$\leq 10^{-4}$	g-N/L
亚硝酸盐对氨转化的抑制	一般	$K_i=0.8$，$a=0.8$	g-N/L

续表

参数	硝化菌	厌氧氨氧化菌	单位
亚硝酸盐对亚硝酸盐转化的抑制	NA	$K_i=1$，$a=0.7$	g-N/L
温度	≤42	20～43	℃
pH	4～8.5	6.7～8.3	—
生物体蛋白含量	变化	0.6	g/g，蛋白/生物体干重
蛋白密度	变化	50	gN/L，蛋白/混合液

注：NA 表示该项对所属微生物不适用；K_i 为 Luong 底物抑制模型中的半饱和常数；a 为底物抑制常数。

目前"短程硝化—厌氧氨氧化"主要存在两种运行模式：一种是 CANON 工艺（completely autotrophic nitrogen removal over nitrite，CANON），即短程硝化和厌氧氨氧化在同一个反应器中进行；另一种是两段式的 SHARON（single reactor high activity ammonia removal over nitrite，SHARON）-Anammox 工艺，即短程硝化和厌氧氨氧化分别在两个不同的反应器中进行。

1.4.1 CANON 工艺

一段式的 CANON 工艺是通过将反应器环境控制在微氧的前提下，将短程硝化和 Anammox 两种反应耦合在同一个反应器中。AOB 在消耗 DO 进行氨氧化的同时，可构建适合厌氧氨氧化菌生长的厌氧条件。CANON 工艺代谢方程式如下：

$$1.3NH_4^+ + 1.95O_2 \longrightarrow 1.3NO_2^- + 1.3H_2O + 2.6H^+ \tag{1-4}$$

$$NH_4^+ + 1.3NO_2^- \longrightarrow 0.26NO_3^- + 1.02N_2 + 2H_2O \tag{1-5}$$

$$NH_4^+ + 0.85O_2 \longrightarrow 0.445N_2 + 0.11NO_3^- + 1.43H_2O + 1.13H^+ \tag{1-6}$$

式（1-4）为短程硝化反应式；式（1-5）为 Anammox 反应式；式（1-6）为 CANON 工艺总反应式。相比传统硝化反硝化，CANON 工艺具有多方面优势：（1）节约 57.5% 理论需氧量，大幅降低曝气能耗；（2）无需外加有机碳源，减少运行成本；（3）污泥沉降性好，易于工程应用中进行泥水分离；（4）AOB 和厌氧氨氧化菌生长速率缓慢，产泥少，剩余污泥处置成本低；（5）耗碱量少，碱度投加量小；（6）在一个反应器中实现单级废水脱氮，占地面积小，基建成本低。Schmid 等人在容积为 240m^3 生物转盘（rotating biological contactor，RBC）反应器中成功启动 CANON，在处理实际垃圾渗滤液时脱氮负荷可达 1.17kg N/(m^3·d)。然而，CANON 工艺也存在瓶颈问题。例如，由于仅采用一个反应器，往往难以平衡 AOB 与厌氧氨氧化菌之间的供氧关系，因此一段式 CANON 系统可能存在易失稳、崩溃后恢复期长的缺点。

2001 年，Sliekers 等人采用限制溶解氧方式，在 SBR 中首次实现 CANON 工艺，总氮去除负荷为 0.075kg N/(m^3·d)。CANON 工艺的启动方式包括向厌氧氨氧化反应器接种硝化污泥并通入空气保持微氧条件，以及向低氧操作的短程硝化反应器中接种厌氧氨氧化污泥。Sliekers 等人采用了第一种方式在气提式反应器中启动了 CANON 工艺，进水 NH_4^+-

N 浓度为 1.5g/L，最大脱氮负荷达到了 1.5kg N/(m^3·d)。而后诸多研究表明，为保证 CANON 工艺的稳定运行，必须控制以下运行参数：(1) 反应器内形成较大颗粒污泥或者投加填料形成生物膜，为厌氧氨氧化菌提供缺氧环境；(2) 反应器具有良好的污泥持留能力；(3) 采用在线控制的方式，控制反应器内较低的 NO_2^--N 浓度 (<15mg/L)，以降低 NO_2^- 对厌氧氨氧化菌的抑制并防止亚硝酸盐氧化菌 (nitrite oxidizing bacteria, NOB) 的增殖；(4) 对溶解氧浓度进行在线监控，一方面溶解氧浓度不能太高而抑制厌氧氨氧化菌活性，另一方面溶解氧浓度不能太低而降低反应器的脱氮效率；(5) 保证出水有一定浓度的 NH_4^+ (>30mg-N/L)，防止由于 NH_4^+ 不足造成溶解氧升高、NO_2^- 积累和 NOB 增殖等问题。

如今，CANON 工艺已走出实验室，在市政污水的侧流线即污泥消化液的脱氮处理中有较多实际应用。Wett 等人采用 CANON 工艺处理奥地利 Strass 污水处理厂的消化液，脱氮负荷达到 0.68kg N/(m^3·d)。该污水处理厂还通过厌氧消化产甲烷、热电联产和共消化等技术，不仅实现能源自给自足，还能向外供应能量，实现盈利。

1.4.2 SHARON－Anammox 工艺

SHARON－Anammox 工艺是由短程硝化与 Anammox 组合的另一种新型脱氮工艺。SHARON 工艺是荷兰代尔夫特理工大学开发的一种新型氮转化工艺。该工艺是根据 AOB 和 NOB 对生长条件的不同需求，逐渐淘汰 NOB 并使 AOB 成为反应器的优势菌属，进而控制反应器内一半左右 NH_4^+ 只氧化至 NO_2^- [式 (1－7)]，使得 NH_4^+-N 与 NO_2^--N 能以接近 1∶1 的进水比例进入厌氧氨氧化反应器，通过厌氧氨氧化反应将 NH_4^+ 与 NO_2^- 转化为 N_2。该工艺十分适合处理高氨氮和低 C/N 的废水。

两段式 SHARON－Anammox 工艺将好氧型 AOB 和厌氧型厌氧氨氧化菌置于两个不同反应器内进行培养，可单独对短程硝化和厌氧氨氧化反应进行灵活调控，除具备 CANON 工艺大部分优点外，还具有启动时间短、操作可靠性高、脱氮效率高等优点，更适合处理含较高有机物浓度和有毒物质的废水。2002 年，荷兰代尔夫特理工大学和帕克公司的研究人员在荷兰鹿特丹的一座污水处理厂中建成并运行了世界上首座全规模的 SHARON－Anammox 系统，并应用于污泥消化滤液的处理，SHARON 反应器容积为 1800m^3，厌氧氨氧化反应器总体积为 70m^3；经过 3 年多的启动期，工艺达到稳定运行，最大容积转化率达到 9.5kg N/(m^3·d)，脱氮负荷甚至达到 10.7kg N/(m^3·d)。此外，Strass 污水处理厂采用相同工艺处理污泥消化滤液，去除每千克氮的能耗降低 1.50～2.66kWh。

SHARON－Anammox 工艺由两步序列反应完成，其化学计量式如下：

(1) 氨氧化部分：

$$NH_4^+ + 1.5O_2 \longrightarrow NO_2^- + 2H^+ + H_2O \tag{1-7}$$

(2) 厌氧氨氧化部分：同式 (1－1)。

SHARON 工艺成功的关键在于逐渐淘汰 NOB 并使 AOB 成为反应器的优势菌属，而影响该过程的因素主要有温度、溶解氧和游离氨等。

（1）温度

在5～20℃的条件下，由于AOB生长速率小于NOB，前者产生的亚硝酸盐很容易被后者继续氧化成硝酸盐，因此，在此温度范围内的传统污水生物脱氮工艺通常进行全程硝化—反硝化。而提升反应器温度（20～35℃）后，AOB的生长速率开始高于NOB，并随温度的升高两者差距逐渐增大，再结合较低的污泥停留时间（sludge retention time，SRT）即可逐渐淘汰NOB，使AOB成为系统中优势菌种，实现亚硝酸盐的累积。荷兰代尔夫特理工大学基于这一原理开发的SHARON工艺，已在荷兰鹿特丹污水处理厂成功运行，其运行温度为35℃。

（2）溶解氧

AOB和NOB都是好氧自养菌，因此溶解氧的浓度会影响硝化细菌的活性。据文献报道，AOB和NOB的溶解氧饱和常数分别为0.033～0.090mg/L和0.17～5.3mg/L。由此可见，与NOB相比，AOB对溶解氧的亲和力更强，因此低溶解氧有利于实现AOB的富集。此外，间歇曝气也可实现淘汰NOB，从而实现AOB富集。Kornaros等人认为，当环境由缺氧转为好氧时，AOB可迅速恢复活性，而NOB需要一定时间才能恢复活性，达到最大生长速率。因此，可通过缩短缺氧/好氧交替的时间，达到抑制NOB活性的目的。间歇曝气对NOB淘汰的原因可能是一些中间代谢产物（如羟胺）对NOB产生抑制作用。

（3）游离氨

游离氨对AOB和NOB都有抑制作用，但NOB对游离氨更加敏感。据文献报道，游离氨对AOB的抑制浓度为10～150mg NH_3-N/L，对NOB的抑制浓度为0.1～1mg NH_3-N/L。因此，可通过高浓度游离氨使AOB生长速率大于NOB，使AOB成为优势菌种，实现亚硝酸盐的积累，并逐渐将NOB从系统中淘汰出去。但低氨氮浓度的城镇污水处理厂主流线污水中，游离氨浓度往往达不到抑制浓度。同时，文献也有报道NOB会渐渐适应游离氨对其的抑制作用，而且这种适应是不可逆的。这为城镇污水处理厂实现稳定的短程硝化带来了困难。

1.4.3 SNAD工艺

短程硝化—厌氧氨氧化—反硝化耦合脱氮工艺（simultaneous partial nitrification, anaerobic ammonium oxidation and denitrification，SNAD）是将短程硝化工艺、厌氧氨氧化工艺以及传统反硝化工艺耦合在同一反应器中，通过优化反应器运行条件，完成对氮素和有机物的同时去除：AOB与厌氧氨氧化菌作用后，会有少量的NH_4^+转化为NO_2^-［式（1-8）］；随后厌氧氨氧化菌将NO_2^--N和部分剩余的NH_4^+转化为N_2［式（1-9）］；最终，反硝化菌（DNB）在有机物存在的情况下，将自养脱氮产生少量的NO_3^-转化为N_2［式（1-10）］；同时，有机物作为电子供体被异养菌转化为二氧化碳。脱氮工艺三种菌协同实现脱氮除碳，达到高效稳定的出水效果（图1-5）。

$$NH_4^+ + 1.5O_2 \longrightarrow NO_2^- + 2H^+ + H_2O \quad (1-8)$$

$$NH_4^+ + 1.31NO_2^- + 0.066HCO_3^- + 0.13H^+ \longrightarrow$$
$$0.26NO_3^- + 1.02N_2 + 0.066CH_4O_{0.5}N_{0.15} + 2.03H_2O \quad (1-9)$$

$$2NO_3^- + 1.25CH_3COOH \longrightarrow 2.5O_2 + N_2 + 2OH^- + 1.5H_2O \quad (1-10)$$

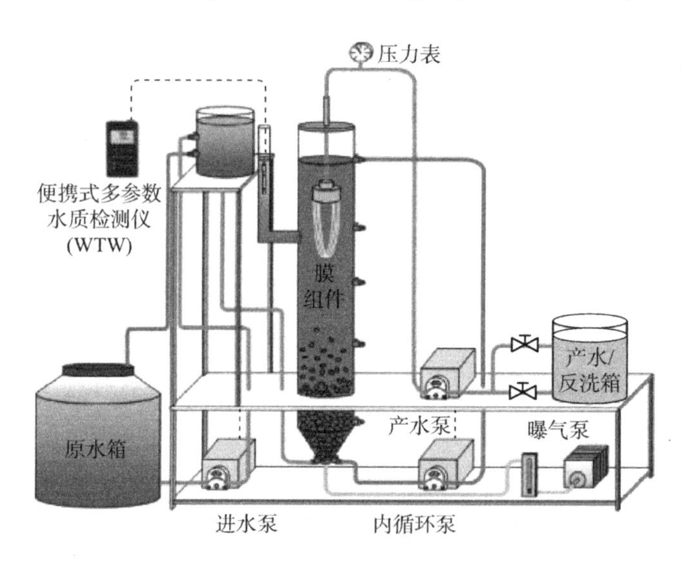

图 1-5　SNAD-MBR 工艺流程图

SNAD 工艺能够（兼具）不同脱氮工艺特点，通过控制运行条件来适应不同水质。当废水碳氮比过高时，可适当增加曝气量，使反应器内异养细菌进行硝化反硝化反应，降低反应器内部有机物对厌氧氨氧化菌的影响，同时提高对有机物的处理能力。范强等人通过人工模拟配水考察了 SNAD 系统中各种细菌丰度的变化，并对主要脱氮菌群进行荧光定量 PCR（fluorogenic quantitative PCR，qPCR）分析，发现了 AOB 和厌氧氨氧化菌是系统中的优势菌群。已有研究在氧化沟工艺中，通过人工配水在连续流态下成功启动 SNAD 工艺，并实现实际生活污水中 85.6% 的 NH_4^+-N 和 76.1% 的 TN 最大去除率。

目前，关于 SNAD 工艺的研究主要集中在高氨氮废水处理上，如垃圾渗滤液、污泥消化液等。也有部分学者将 SNAD 工艺成功应用到低氨氮主流城市污水领域，并取得了良好的处理效果。

1.5　厌氧氨氧化工艺在国内外的应用现状

目前全球已有超过 200 个以厌氧氨氧化技术为主的污水处理实际工程，广泛分布在亚洲和欧洲一些国家，用于处理污泥消化液、垃圾渗滤液及食品、制革、半导体制造厂等产生的含氨氮废水。厌氧氨氧化技术在中国的应用见表 1-4，厌氧氨氧化技术在国外的应用见表 1-5。

厌氧氨氧化技术在中国的应用实例　　表 1-4

地点	年份	容积 (m^3)	处理水	处理负荷 [kg N/(m^3·d)]
台湾	2006	384	垃圾渗滤液	0.8
湖北	2009	500	酵母生产废水	2.0
内蒙古	2009	4100	味精废水	2.2
内蒙古	2010	6600	味精废水	1.7
江苏	2011	1600	甜品生产废水	1.4
新疆	2011	5400	味精废水	2.0
山东	2011	4300	淀粉废水和味精废水	1.4
浙江	2011	560	酿酒厂废水	1.6

厌氧氨氧化技术在国外的应用实例　　表 1-5

地点	年份	容积 (m^3)	处理水	处理负荷 [kg N/(m^3·d)]
荷兰	2002	70	污泥消化液	10
荷兰	2004	100	制革厂废水	1
奥地利	2004	500	污泥消化液	0.6
德国	2004	1250	污泥消化液	0.15
日本	2006	58	半导体生产废水	3
瑞士	2006	400	污泥消化液	0.4
德国	2008	134	污泥消化液	0.5
瑞士	2008	606	污泥消化液	0.67
荷兰	2009	7920	土豆加工废水	0.09
意大利	2010	1509	土豆加工废水	0.23
德国	2011	400	污泥消化液	0.6
丹麦	2012	600	垃圾渗滤液	0.2
荷兰	2013	1000	污泥消化液	0.99
荷兰	2013	3000	肉类加工废水	2
丹麦	2013	140	污泥消化液	0.7

但目前在厌氧氨氧化技术实际应用中仍面临诸多问题，主要包括：

（1）接种物缺乏。我国对厌氧氨氧化技术的研究多处于实验室小试阶段，中试及生产性装置较少。获取足够量且活性高的厌氧氨氧化富集污泥是厌氧氨氧化在中国工程应用所面临的主要挑战。

（2）富集培养难。由于厌氧氨氧化菌生长缓慢，细胞产率低，其富集培养困难，富集高活性的厌氧氨氧化菌也是厌氧氨氧化工艺应用必须攻克的难题。

（3）启动时间长。由于接种物缺乏和富集培养难，导致厌氧氨氧化工艺启动缓慢，大部分启动所需时间均在 6 个月以上。世界上第一个生产性装置的启动时间长达 3.5 年，加快厌氧氨氧化工艺的启动过程是其工程应用面临的巨大挑战。

（4）运行易失稳。首先，由于厌氧氨氧化菌的环境敏感性，厌氧氨氧化反应前常需设置预处理工艺（如预脱碳、预脱磷、预脱硫等）。同时，厌氧氨氧化菌对溶解氧浓度变化敏感，易受环境中溶解氧抑制，尤其当厌氧氨氧化工艺与短程硝化工艺联用时，厌氧氨氧化菌需经历长期、反复的溶解氧抑制过程，可能降低厌氧氨氧化效能。其次，厌氧氨氧化的基质为氨和亚硝酸盐，均具毒性，尤以亚硝酸盐毒性更大。在厌氧氨氧化工艺的运行过程中，当基质浓度较高时，易出现基质自抑制而导致反应器运行失稳。此外，温度变化直接影响酶的活性，进而影响细胞的代谢活性。温降无疑将对厌氧氨氧化工艺的运行稳定性产生影响。厌氧氨氧化工艺运行的稳定性是工程应用中必须解决的难题。

厌氧氨氧化技术还需根据现有工程经验深入研究，以实现厌氧氨氧化技术在污水生物脱氮工艺中的广泛应用。因此，在本书后续章节中将围绕关键胁迫条件下厌氧氨氧化体系微生物适应性分子机制与技术调控原理展开介绍，包括溶解氧暴露（第2章）、亚硝酸盐冲击（第3章）、饥饿条件（第4章）、低温（第5章），最后介绍了厌氧氨氧化工艺在污泥消化液处理（第6章）、垃圾渗沥液处理（第7章）和城市污水处理的稳态控制策略（第8章）与工程应用前景。

第2章 溶解氧抑制下厌氧氨氧化菌适应性分子机制与活性调控

2.1 厌氧微生物的氧化应激反应

氧气（O_2）对厌氧微生物活性影响极为显著。非极性的分子氧通过自由扩散进入细胞内，能够直接使微生物能量代谢过程中氧化还原电位较低的酶失活。此外，分子氧能够作为最终电子受体，接受来自一价电子供体的单电子（如来自金属原子、黄素和呼吸醌中的有机自由基未配对电子）后依次生成超氧阴离子·O_2^-、H_2O_2、·OH 等。这三种物质的氧化性和活跃度均强于分子氧，因此被统称为活性氧簇（reactive oxygen species，ROS）（图 2-1）。其中·OH 的氧化还原电势高达 2.73V，具有极强的氧化能力，在自然界中仅次于氟。当胞内 ROS 含量较高时能破坏细胞内部酶和核酸结构（图 2-1）。

在氧化磷酸化过程中，电子由电子供体[如葡萄糖、NH_4^+、Fe（Ⅱ）]通过一系列氧化还原中心转移到最终电子受体上。对于好氧呼吸来说，最终电子受体是 O_2，而厌氧呼吸过程可以利用一系列其他电子受体，如 NO、Fe（Ⅲ）、NO_3^-、NO_2^- 和 SO_4^{2-} 等。与化学反应不同，氧化磷酸化过程主要是电子之间的反应，而当环境中溶解氧浓度较高时，容易争夺电子并形成 ROS，这也是造成氧化应激的本质。化学渗透假说认为，在所有形式的氧化磷酸化中，电子从供体到受体的转移过程通过跨膜的质子梯度与 ATP（adenosine triphosphate）合成过程耦合，即产能过程必然伴随电子传递。因此，厌氧微生物与好氧微生物体内 ROS 的形成机制相同，均由电子传递过程中电子泄露引起。除溶解氧外，低温、有毒中间产物、高浓度基质、重金属和抗生素等不同胁迫因素均会导致胞内电子传递失衡，造成胞内 ROS 积累。

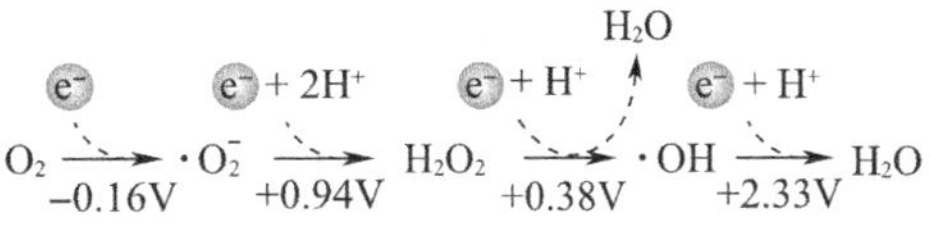

$$O_2 \xrightarrow[-0.16V]{e^-} \cdot O_2^- \xrightarrow[+0.94V]{e^- + 2H^+} H_2O_2 \xrightarrow[+0.38V]{e^- + H^+} \cdot OH\ (+H_2O) \xrightarrow[+2.33V]{e^- + H^+} H_2O$$

图 2-1 具有标准氧化还原电位的活性氧簇氧化还原态

2.1.1 微生物的抗氧化系统

好氧微生物及兼性好氧微生物拥有复杂的抗氧化系统和抗氧化酶，能够将胞内 ROS 控制在较低水平内，维持正常生化功能，因此能够耐受较高氧气浓度。以大肠杆菌为例，在ROS清除过程中，最典型的酶系统为超氧化物酶（superoxide dismutase，SOD）和过氧化物酶（peroxidase），它们能够将·O_2^-分步还原为水，如式（2-1）和式（2-2）所示。对·O_2^-无法跨膜的生物来说，为保护细胞免受损害，超氧化物歧化酶均位于它们所保护的细胞室内。高SOD活性是微生物生长和避免酶损伤的重要保证。Fe SOD和Mn SOD同工酶在铁吸收调节蛋白（ferric uptake regulator，Fur）作用下协同调控，受胞内铁浓度调控。在铁浓度较高时，Fur阻断Mn SOD合成；在铁浓度较低时，Fur失活，刺激Mn SOD合成，刺激RhyB转录过程，降解胞内编码Fe SOD的mRNA。此外，当存在易引发·O_2^-的抗生素时，Mn SOD也会在SoxRS系统调控下合成。在普通需氧生物中，没有引发·O_2^-生成的外源刺激物条件下，该系统并不活跃。

早期研究认为，O_2对于厌氧微生物的毒害机理在于厌氧微生物体内缺乏抗氧化酶。然而，最新研究表明，部分厌氧微生物体内也编码一系列能够实现ROS清除作用的抗氧化酶基因。如式（2-1）所示，典型的SOD在还原·O_2^-过程中会生成O_2，这对厌氧微生物代谢过程仍然不利。1999年，Jenney等人发现，除了典型的超氧化物还原酶以外，厌氧菌中还有较为特殊的超氧化物还原酶（superoxide reductase，SOR），能够将·O_2^-还原为过氧化氢（H_2O_2）而不产生O_2，见式（2-3）。

$$2\cdot O_2^- + 2H^+ \longrightarrow O_2 + H_2O_2 \tag{2-1}$$

$$2H_2O_2 \longrightarrow O_2 + 2H_2O \tag{2-2}$$

$$\cdot O_2^- + 1e^- + 2H^+ \longrightarrow H_2O_2 \tag{2-3}$$

H_2O_2的清除调控更加复杂，标准培养条件下有三种酶在大肠杆菌胞内起重要作用：烷基过氧化物还原酶（Ahp）、过氧化氢酶G（KatG）和过氧化氢酶E（KatE）。Ahp是一种双组分（AhpC-AhpF）巯基过氧化物酶，是常规生长条件下主要的H_2O_2清除酶，它将电子从NADH转移至H_2O_2并将其还原为水。KatG属于过氧化氢酶—过氧化物酶家族，仅在指数期中弱表达，但当细胞受到外源H_2O_2胁迫时，OxyR系统会强烈诱导AhpCF和KatG表达，而KatE由RpoS系统诱导，仅在细胞稳定期表达。过氧化氢酶较过氧化物酶存在更多问题，当H_2O_2浓度较低时，过氧化氢酶两步催化反应会因血红素中间自由基而停止，这种自由基是强氧化剂，可从周围的多肽中吸收电子。与之相比，Ahp不会形成危险的氧化物质，在H_2O_2浓度低时，是一种更高效的清除酶。此外，Ahp还能够清除有机过氧化物。然而实际中，Ahp必须依赖新陈代谢提供的NADH作为还原剂，在胞内H_2O_2浓度超过20μmol/L或当细胞出现饥饿时，Ahp变得饱和，而过氧化氢酶变得更加高效。

如式（2-4）、式（2-5）所示，当Fe（Ⅱ）存在时，H_2O_2可以与其分步反应生成氧化性更强的·OH，即芬顿反应。该反应生成的·OH几乎与所有有机分子在接近扩散极限速率下反应。因此，涉及铁转移及隔离过程的铁封存蛋白（Dps）通常也受OxyR系统调控。当细胞受到H_2O_2刺激时，Dps被诱导合成，导致胞内非结合态的铁水平显著下降，并抑制DNA损伤。

$$Fe^{2+}+H_2O_2 \longrightarrow [FeO]^{2+}+H_2O \tag{2-4}$$

$$[FeO]^{2+}+H^+ \longrightarrow Fe^{3+}+\cdot OH \tag{2-5}$$

目前，针对好氧型微生物和兼性好氧型模式微生物氧化应激系统的研究较为完善，针对厌氧微生物的氧化应激状态的研究较少，主要集中在纯菌中抗氧化酶的分离、鉴定，以及纯菌在多种氧化应激条件（如 O_2、H_2O_2、抗生素）下的转录变化。文献报道中胞内含有抗氧化酶的厌氧微生物分别有硫还原菌 *Desulfovibrio vulgaris Hildenborough*、厌氧微生物 *Candidatus* methylomirabilis Oxyfera、*Clostridium* perfringens、*Methanosarcina barkeri* 和反硝化菌 *Pseudomonas aeruginosa* 等。

2.1.2 厌氧氨氧化菌与硝化/反硝化菌的细胞结构差异

如前所述，厌氧氨氧化菌的电子传递链位于厌氧氨氧化体内，这种独特的细胞结构意味着溶解氧对厌氧氨氧化菌的抑制模式、ROS 的生成机制以及厌氧氨氧化菌的抗氧化机制与普通原核微生物相比可能存在差异（图 2-2）。

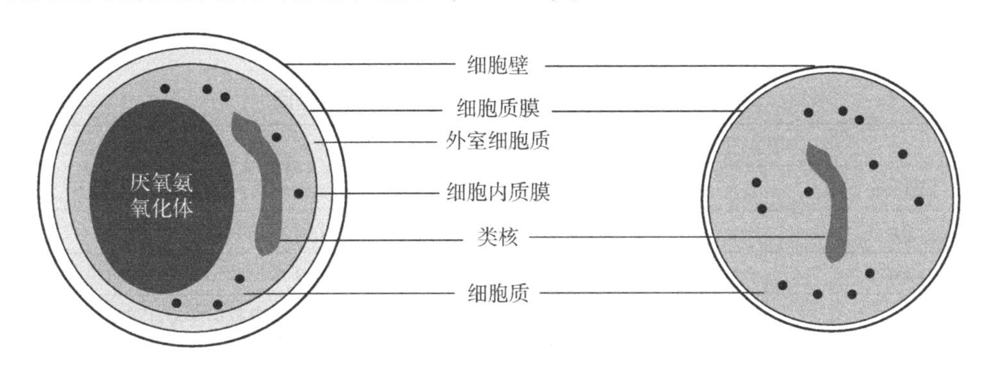

图 2-2 厌氧氨氧化菌（左）与普通原核细胞（右）模式图

ROS 生成过程中需要 O_2 分子得到电子传递链中的高能电子。硝化菌和反硝化菌的电子传递链位于细胞膜上，很容易受到外界刺激（如溶解氧、重金属离子、抑制剂、抗生素等）造成电子传递失衡。由于厌氧氨氧化菌的中心代谢酶均位于厌氧氨氧化体内，目前尚不明确 O_2 能否穿透致密的梯烷脂并得到来自电子传递链的电子，因此也不能明确厌氧氨氧化菌受氧气冲击时胞内 ROS 的生成机制；此外，当纳米颗粒接触微生物时也容易造成电子传递失衡，且粒径较小的纳米颗粒甚至可以穿透微生物细胞膜，但此类接触对厌氧氨氧化菌的活性影响仍未可知。

2.1.3 厌氧氨氧化菌的抗氧化基因

具有较高 O_2 耐受能力的严格厌氧菌通常也具有一定的抗氧化酶活性。由于厌氧氨氧化菌的生理结构较为特殊，又极难实现分离培养，因此有关厌氧氨氧化菌的氧化应激反应以及抗氧化系统研究仍处于空白状态。当厌氧氨氧化工艺应用于废水脱氮时，无论是两级反应前设短程硝化（好氧）反应器或单级自养脱氮反应需要曝气，都不可避免地会在水中引入溶解氧。虽然反应器内污泥含有的好氧微生物能够为厌氧氨氧化菌创造无氧微环境，从而减少溶解氧对厌氧氨氧化菌的抑制，但厌氧氨氧化菌本身仍然有暴露于高溶解氧环境中的风险。有研究系统探究了多个溶解氧浓度水平对厌氧氨氧化菌的影响，揭示了厌氧氨氧化菌受溶解氧抑制后“可逆”恢复活性动力学，表明厌氧氨氧化菌具有应对氧化应激的潜力。

厌氧氨氧化菌 *K. stuttgartiensis* 全基因组测序结果表明，厌氧氨氧化菌体内存在抗氧化应激相关基因，如 *sor*（kustc0565）、*kat*（kustd1301）和 *sod*（kustd1303）。通常，由 *sod* 编码的超氧化物歧化酶能够催化 O_2^- 生成 H_2O_2 和 O_2，生成的 H_2O_2 进一步由 *kat* 编码的过氧化氢酶催化分解为 H_2O 和 O_2，而 *sor* 编码的超氧化物还原酶为厌氧微生物特有的抗氧化酶，能够将 O_2^- 还原为 H_2O_2 而不生成 O_2。然而，测序结果仅由序列相似性推定基因的功能，这些基因产物尚未经过纯化实验验证，因此功能并未明确（表 2-1）。由于低温也能引起微生物氧化应激反应，Lin 等人利用蛋白质组学技术研究低温对厌氧氨氧化菌的影响，结果表明低温能够诱导厌氧氨氧化菌胞内大量表达过氧化氢酶（kustd1301），这进一步说明厌氧氨氧化菌可能拥有具有应对氧化应激的酶系统。

表 2-1　*K. stuttgartiensis* 基因组中抗氧化酶同源基因

同源基因		结构域族数据库
基因名	基因编号	
kat	kustd1301	uniprot 蛋白数据库 Q1PY90
sod	kustd1303	uniprot 蛋白数据库 Q1PY88
sor	kustc0565	uniprot 蛋白数据库 Q1PVQ5

在 *K. stuttgartiensis* 基因组中，kustd1301 序列与变形菌纲多个物种的过氧化氢酶高度相似，相应的蛋白序列相似度可达 62.2%（NCBI blastn），因此该基因暂定名为 *kat*，但该基因蛋白产物功能尚未通过实验验证。此外，过氧化氢酶活性位点结构与 HZS 的 α 亚基（kuste2861）中血红素 αI 位点周围的结构类似，研究者发现，HZS 的远端配位点——血红素 αI 可极化 N-O 键，将 NO 还原为 NH_2OH，再与 NH_3 一起合成为 N_2H_4。因此，过氧化氢酶活性位点结构与 HZS 的 α 亚基的蛋白结构相似性暗示了 kustd1301 在厌氧氨氧化菌中可能也有催化中间产物的功能。

2.2 溶解氧暴露条件下厌氧氨氧化活性变化特征

2.2.1 实验方案

首先采用批次实验考察了 *K. stuttgartiensis* 在溶解氧抑制时及不同活性恢复策略下的活性变化。实验用厌氧氨氧化富集污泥取自运行 270d 的厌氧氨氧化母反应器，污泥采用不含基质的配水（成分与厌氧氨氧化母反应器进水相同，但不含 NH_4Cl 和 $NaNO_2$）清洗3遍后移入500mL的SBR，实验过程混合液挥发性悬浮固体（mixed liquor volatile suspended solid，MLVSS）浓度为2000mg/L。批次反应时间持续5h，包含缺氧阶段（90min）、溶解氧抑制实验阶段（90min）和活性恢复阶段（120min）。反应开始时利用 N_2 吹脱的方式使反应器内溶解氧浓度低于0.05mg/L，随后加入基质浓缩液，使 NH_4^+-N 和 NO_2^--N 浓度分别为100mg/L和120mg/L，启动反应并维持缺氧条件90min。

在活性抑制实验中，利用针筒向反应器内注入空气，并利用溶解氧仪测定，将溶解氧浓度控制在（2.0±0.2）mg/L，持续90min（O_2）。溶解氧抑制阶段结束后，分别采用 N_2 吹脱（N_2）、投加5mg/L纳米零价铁（nano zerovalent iron，nZVI）（n5）、25mg/L nZVI（n25）和75mg/L nZVI（n75）的方式进行活性恢复。反应沿程定时取水样，分别测定 NH_4^+-N、NO_2^--N 和 NO_3^--N 浓度，反应结束后采用线性回归法计算总氮去除速率，除以污泥浓度后获得该批次反应器内比厌氧氨氧化活性（specific anammx activity，SAA）。溶解氧抑制实验和恢复实验中的SAA都进行归一化，即都除以缺氧对照组（0～90min）中所测得的SAA：normalized SAA（nSAA，%）=（$SAA_{inhibited}$/$SAA_{control}$）×100。

2.2.2　厌氧氨氧化活性变化情况

在初始的缺氧90min内，反应器中 NO_2^--N 和 NH_4^+-N 的转化遵循经典厌氧氨氧化反应计量学关系，即1.32∶1（表2-2）。

不同实验条件下厌氧氨氧化反应计量关系　　表2-2

实验设置	计量学关系	
	ΔNO_2^- : ΔNH_4^+	ΔNO_3^- : ΔNH_4^+
缺氧（对照组）	1.28±0.14	0.16±0.04
DO暴露（2.0mg/L）	—	—
N_2 purging	1.32±0.14	0.20±0.05
nZVI=5mg/L	1.40±0.11	0.20±0.03
nZVI=25mg/L	1.44±0.10	0.13±0.04
nZVI=75mg/L	3.25±0.64	0.24±0.09

如图2-3所示，当在2.0mg/L溶解氧中暴露90min后，厌氧氨氧化活性迅速降至缺氧段的8.0%±3.0%，此时胞内 $\cdot O_2^-$ 含量变化不显著。当使用 N_2 吹脱法将溶解氧降至0.05mg/L以下后，厌氧氨氧化活性恢复至缺氧段的39%±3.0%，仍有约60%的厌氧氨氧化活性丧失。Seuntjens等人曾使用约1mg/L溶解氧抑制厌氧氨氧化菌活性长达4h，恢复厌氧条件后约9%的厌氧氨氧化活性无法可逆恢复。这些结果表明，溶解氧对厌氧氨氧化菌的抑制具有持续性，且无法立刻完全恢复。这也许是一段式短程硝化-厌氧氨氧化反应器中厌氧氨氧化活性始终低于两段式厌氧氨氧化反应器的原因之一。

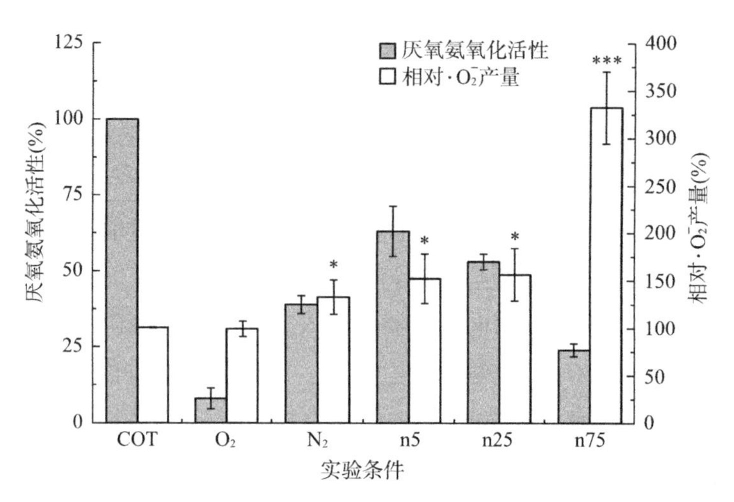

图 2-3 缺氧控制阶段、DO 暴露阶段和利用 N_2 吹脱或 nZVI 投加恢复活性阶段 *K. stuttgartiensis* 的生理生化特征

注：* 代表显著性（*** $p<0.001$，* $p<0.05$）。

低溶解氧（0. 2mg/L）和高溶解氧（2. 0mg/L）暴露条件对厌氧氨氧化菌活性呈现不同的抑制特征（表 2-3）。当溶解氧浓度为 0. 2mg/L 时，厌氧氨氧化活性为对照组的 76% ±5. 4%（$p<0.05$）；而当溶解氧浓度为 2. 0mg/L 时，厌氧氨氧化活性下降到对照组的 8. 0% ±3. 0%（$p<0.05$）。显然，高溶解氧浓度冲击 90min 显著抑制了厌氧氨氧化菌（*Candidatus* K. stuttgartiensis）的活性。

实验条件以及相对厌氧氨氧化活性变化 **表 2-3**

实验编号	批次实验	实验类型	DO (mg/L)	比厌氧氨氧化活性［mg N/(g VSS·d)］（相对活性，%）[a]			铁投加量 (mg/L)
				缺氧[b] 90min	DO 抑制[c] 90min	投加铁[d] 120min	
1	An-$O_{2\ low}$-N_2	生物实验	0. 2	269. 3±17. 9 (100)	204. 7±5. 5 (76±5. 4)	177. 7±2. 7 (66±4. 5)	0
2	An-$O_{2\ low}$-nZVI	生物实验	0. 2			191. 2±0. 5 (71±4. 7)	nZVI=5
						212. 75±6. 7 (79±5. 8)	nZVI=25
						75. 4±5. 4 (28±2. 0)	nZVI=75
3	An-$O_{2\ high}$-N_2	生物实验	2. 0	264. 1±26. 6 (100)	21. 1±9. 0 (8±3. 4)	103. 0±3. 0 (39±4. 0)	0
4	An-$O_{2\ high}$-nZVI	生物实验	2. 0			166. 4±13. 6 (63±8. 2)	nZVI=5
						140. 0±6. 6 (53±5. 9)	nZVI=25
						63. 4±1. 2 (24±2. 5)	nZVI=75

续表

实验编号	批次实验	实验类型	DO (mg/L)	比厌氧氨氧化活性（mg N/(g VSS·d)］（相对活性，%）[a]			铁投加量 (mg/L)
				缺氧[b] 90min	DO 抑制[c] 90min	投加铁[d] 120min	
5	An-nZVI	生物实验	—	266.6±3.5 (100)	—	218.6±3.5 (82±1.7)	nZVI=5
						181.3±8.5 (68±3.3)	nZVI=25
						104.0±5.4 (39±2.0)	nZVI=75
6	An-$O_{2\ high}$-Fe（Ⅱ）	生物实验	2.0	270.8±17.6 (100)	22.8±9.0 (8±3.4)	111.0±21.7 (41±8.0)	Fe（Ⅱ）=5
						146.2±36.6 (54±13.5)	Fe（Ⅱ）=25
						119.2±15.8 (44±6.7)	Fe（Ⅱ）=75
7	Abiotic-nZVI	无生物实验	—	—	—	—	nZVI=5
							nZVI=25
							nZVI=75

a 表示厌氧氨氧化活性均以缺氧段活性为标准归一化处理。

b 表示生物实验 1～6 中，第一缺氧段均作为活性控制组。

c 表示生物实验 1～4 中，曝气段溶解氧浓度均控制在 0.2mg/L 或 2.0mg/L。

d 表示在投加铁阶段，向反应器中投加 nZVI 或 Fe（Ⅱ）离子，终浓度为 5mg/L、25mg/L 或 75mg/L。

2.3　零价铁去除溶解氧后厌氧氨氧化活性恢复

纳米零价铁（nZVI）对厌氧氨氧化系统而言是良好的除氧剂。nZVI 因其比表面积大而具有很强的还原能力，因此可以快速消耗溶液中残留的溶解氧，降低氧化还原电位，为厌氧氨氧化菌创造有利生境。此外，nZVI 腐蚀产生的铁离子［Fe（Ⅱ）和 Fe（Ⅲ）］可以刺激厌氧氨氧化活性，这主要因为它们是含血素酶（如细胞色素 c 蛋白、HZS 和 HDH）的重要组成部分，在厌氧氨氧化菌代谢中起关键作用。由此推测，在厌氧氨氧化菌遇到溶解氧冲击后，nZVI 在恢复厌氧氨氧化菌活性方面有较大潜力。

目前，nZVI 对微生物的影响受到越来越多的关注。一方面，nZVI 可能对微生物的生长表现出抑制作用。例如，纯培养的细胞实验表明，nZVI 具有生物毒性，能够使大肠杆菌和硝化菌失活、生成胞内 ROS 并引起细胞膜损伤。另一方面，在厌氧氨氧化工艺、厌氧消化、反硝化和脱氯中投入 nZVI 又能够增强微生物活性。例如，长期投加低剂量 nZVI

（4×10^{-5}mg/L）可通过增强胞外多聚物分泌和强化颗粒化来增强厌氧氨氧化活性。虽然目前已有研究探索 nZVI 对厌氧氨氧化菌活性的影响，但相关研究总体较少，并且这些研究主要关注 nZVI 在缺氧条件下对厌氧氨氧化菌活性的影响，但对于 nZVI 能否促进受溶解氧抑制的厌氧氨氧化菌活性尚无报道。

为验证投加 nZVI 是否能加速受溶解氧抑制的厌氧氨氧化菌恢复活性，本章节通过设计系列批次实验，检测厌氧氨氧化菌在高浓度溶解氧（2.0mg/L）和低浓度溶解氧（0.2mg/L）两种曝气条件下持续 90min 的脱氮活性；随后，批次实验中分别采用 N_2 吹脱（N_2）、投加 5mg/L nZVI（n5）、25mg/L nZVI（n25）和 75mg/L nZVI（n75）的方式进行活性恢复。

如图 2－4 所示，曝气阶段结束后，投加 5mg/L 和 25mg/L nZVI 可以将厌氧氨氧化活性分别提升至缺氧段的 63%±8.2% 和 53%±2.5%，均高于使用 N_2 吹脱法恢复的厌氧氨氧化活性。该结果表明，厌氧氨氧化菌不仅渡过了由溶解氧带来的氧化应激过程，而且投加的少量铁有利于厌氧氨氧化菌活性恢复。然而，当铁投量进一步增至 75mg/L 时，厌氧氨氧化活性仅为缺氧段的 24%±2.1%。相应地，此时胞内 $\cdot O_2^-$ 浓度显著增至缺氧段的 333%，推测认为，胞内芬顿反应生成的 ROS 可能是导致厌氧氨氧化菌活性下降的原因。

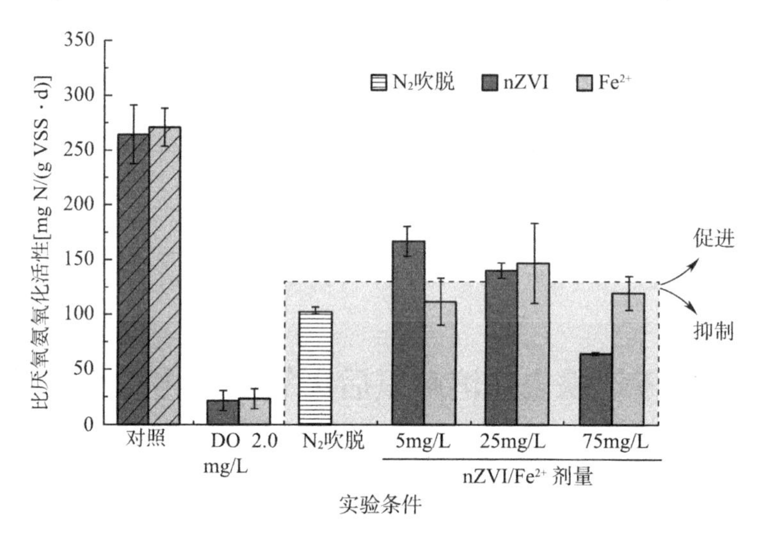

图 2－4 高溶解氧冲击及恢复后厌氧氨氧化活性变化

采用 nZVI 来去除溶液中的溶解氧，即 An－$O_{2\ low/high}$－nZVI 实验。结果表明，低投量的 nZVI（5mg/L 及 25mg/L）相比于 N_2 吹脱法能够更好地恢复厌氧氨氧化活性。在低溶解氧（0.2mg/L）冲击条件下，投加 5mg/L 或 25mg/L nZVI 恢复后，厌氧氨氧化活性分别为对照组的 71%±4.7% 和 79%±5.8%（表 2－3），均高于 N_2 吹脱法恢复的厌氧氨氧化活性（66%±4.5%）（$p<0.05$）。在高溶解氧（2.0mg/L）冲击条件下，投加 5mg/L 或 25mg/L nZVI 恢复后，厌氧氨氧化活性分别为对照组的 63%±8.2% 和 53%±5.9%（表 2－3），显著高于 N_2 吹脱法恢复的厌氧氨氧化活性（39%±4.0%）（$p<0.05$），说明在高溶解氧冲

击条件下，nZVI 相比 N_2 吹脱方式能更有效恢复厌氧氨氧化活性。然而，当 nZVI 投加量进一步增至 75mg/L 时，受低/高溶解氧抑制的厌氧氨氧化菌活性仅为对照组的 8%±2.0% 和 24%±2.5%（$p<0.05$），说明高投量 nZVI 具有生物毒性（表2-3和图2-4）。

为验证 nZVI 除了去除溶解氧功能外，能否在缺氧条件下直接提升厌氧氨氧化菌活性，在缺氧条件下直接在系统中投加 5mg/L、25mg/L 或 75mg/L nZVI（即 An-nZVI 实验）。结果表明，在缺氧条件下，nZVI 不能促进厌氧氨氧化活性，且投加 5mg/L nZVI 还导致厌氧氨氧化活性下降约 20%（表2-3和图2-4）。这一结果与 Lee 等人的研究结果类似，由于 O_2 能够导致 nZVI 的吸氧腐蚀，并在 nZVI 表面形成氧化物壳结构以减缓氧化还原反应速率，因此相比于有氧条件，nZVI 在无氧条件下（与水分子、硝酸根或亚硝酸根等物质）反应速率快，可能释放更高浓度的铁离子。

值得注意的是，厌氧氨氧化体系中除厌氧氨氧化菌对总氮去除有贡献外，还共存多种与氮转化相关的微生物，尤其是反硝化菌也对总氮去除有贡献。为了识别硝化菌、反硝化菌和厌氧氨氧化菌对总氮去除的贡献，使用特定抑制剂进行批次实验［丙烯基硫脲（ATU）、青霉素 G 和甲醇，表2-4］。

抑制实验中脱氮途径 **表2-4**

序号	nZVI (mg/L)	ATU (mg/L)	甲醇 (mmol/L)	青霉素 G (mg/L)	总氮去除速率 [mg·g/(SS·d)]	可能的脱氮过程
1	5	—	—	—	240.7±4.5	厌氧氨氧化、硝化—反硝化、化学反硝化
2	5	10	—	—	219.7±4.2	厌氧氨氧化、生物反硝化、化学反硝化
3	5	—	—	800	241.9±11.5	厌氧氨氧化、化学反硝化
4	5		10	800	—	

注：1～4号表示添加抑制剂的小瓶编号，1号为控制样；2号中投加 ATU 以抑制硝化过程；3号中投加青霉素 G 以抑制生物反硝化过程；4号中投加甲醇和青霉素 G 同时抑制厌氧氨氧化和生物反硝化过程。

结果表明，硝化过程在实验系统中并不显著。与对照组1号厌氧瓶相比，2号中 ATU（10mg/L）对总脱氮效能的影响很小（$p=0.05$）。事实上，硝化过程不能去除溶液中的氮，只能与反硝化作用耦合实现氮素去除。因此，在3号厌氧瓶中加入 800mg/L 青霉素 G（高于抑制浓度），考察异养反硝化是否参与脱氮。结果表明，与1号厌氧瓶中脱氮速率［(240.7±4.5)mg·g/(SS·d)］相比，青霉素 G 对3号小瓶中的总氮去除速率无明显影响［(241.9±11.5)mg·g/(SS·d)］，表明异养反硝化对总氮去除无明显贡献。为进一步探索总氮是否通过厌氧氨氧化途径或其他途径去除，添加甲醇和青霉素至4号小瓶中以同时阻止厌氧氨氧化和异养反硝化途径。4号中去除约 1mg N/L 后停止，处于 nZVI 化学反硝化的脱氮范围内。因此，短期内无论投加 nZVI 与否，本章实验体系中总氮去除均由厌氧氨氧化菌活性变化引起，与活性污泥中可能共存的其他脱氮微生物活性无关。

2.4 零价铁去除溶解氧后体系 pH、铁离子及超氧阴离子变化

2.4.1 投加零价铁引起的铁离子及 pH 变化

nZVI 的化学性质活泼，还原性强，因此不仅能够在有 O_2 时发生吸氧腐蚀，当溶解氧耗尽后，剩余的 nZVI 能够继续与水反应发生析氢腐蚀，并引起溶液中铁离子浓度和 pH 变化。由于厌氧氨氧化反应同样能够引起 pH 升高，在厌氧氨氧化反应器中直接投加 nZVI 可能会掩盖由化学反应引起的 pH 变化，因此，另将 nZVI 投入无生物、无氧的基质中，通过对比 nZVI 在生物反应器/无生物反应器中引起的 pH 及铁离子浓度变化，进一步探究溶解氧、生物质以及 nZVI 三者引起的水化学变化。

如图 2-5 所示，对于投加 nZVI 生物实验组，即 An-$O_{2\ low/high}$-nZVI，在溶解氧暴露阶段结束后投加 nZVI 并未引起明显的 pH 变化，这可能是因为 nZVI 在溶解氧存在时发生了吸氧腐蚀反应，同时消耗 H^+和 OH^-。在没有溶解氧的缺氧组直接投加 nZVI 也未引起明显

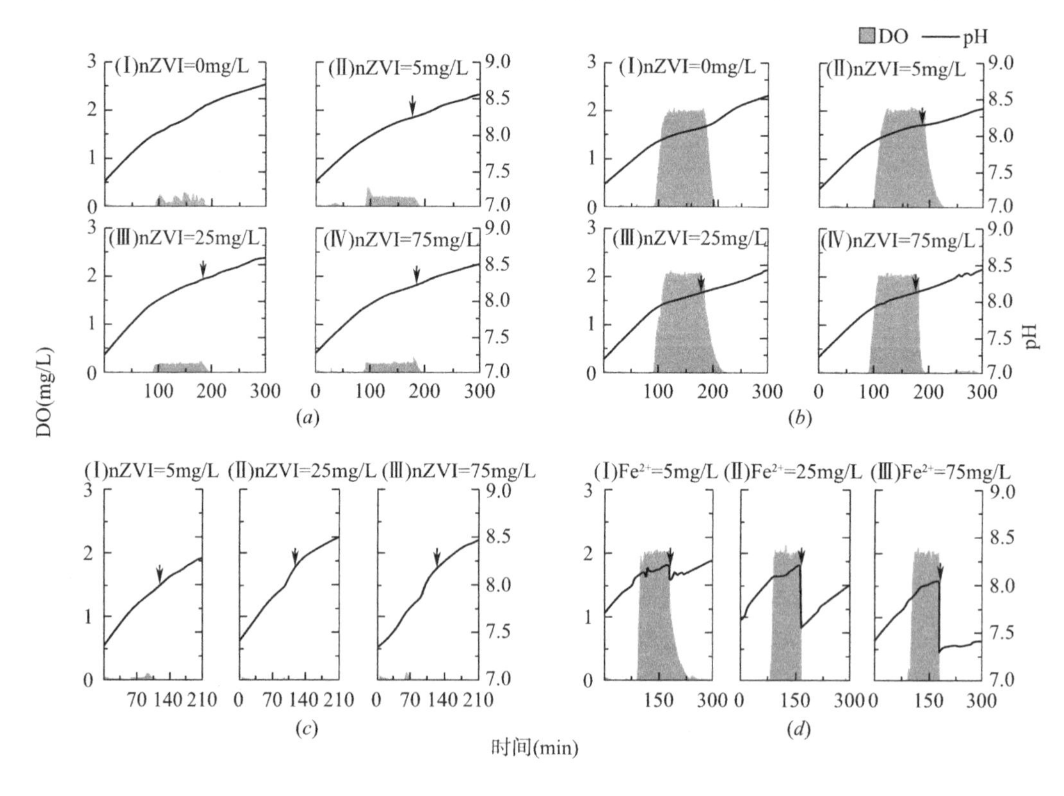

图 2-5 生物批次实验溶解氧和 pH 变化

(a) An-$O_{2\ low}$-nZVI 实验组；(b) An-$O_{2\ high}$-nZVI 实验组；(c) An-nZVI 实验组；(d) An-$O_{2\ high}$-Fe（Ⅱ）实验组

注：箭头表示 nZVI 或 Fe（Ⅱ）投加时间点。

的 pH 变化。然而，如图 2-6 所示，无生物实验系统中的 pH 发生了明显变化，在投加 25mg/L 和 75mg/L nZVI 的初始 10min 内从 7.3 上升至 8.4。这表明在缺氧条件下投加 nZVI 后，生物实验和无生物实验系统中 pH 变化规律明显不同，这种显著差异可能是由厌氧氨氧化污泥的存在引起的，污泥表面包裹的胞外聚合物可能引起纳米颗粒团聚或附着以减少 nZVI 的反应速率。上述结果表明，生物质的存在可起到 pH 缓冲溶液的作用，避免由投加 nZVI 带来的 pH 大幅上升。

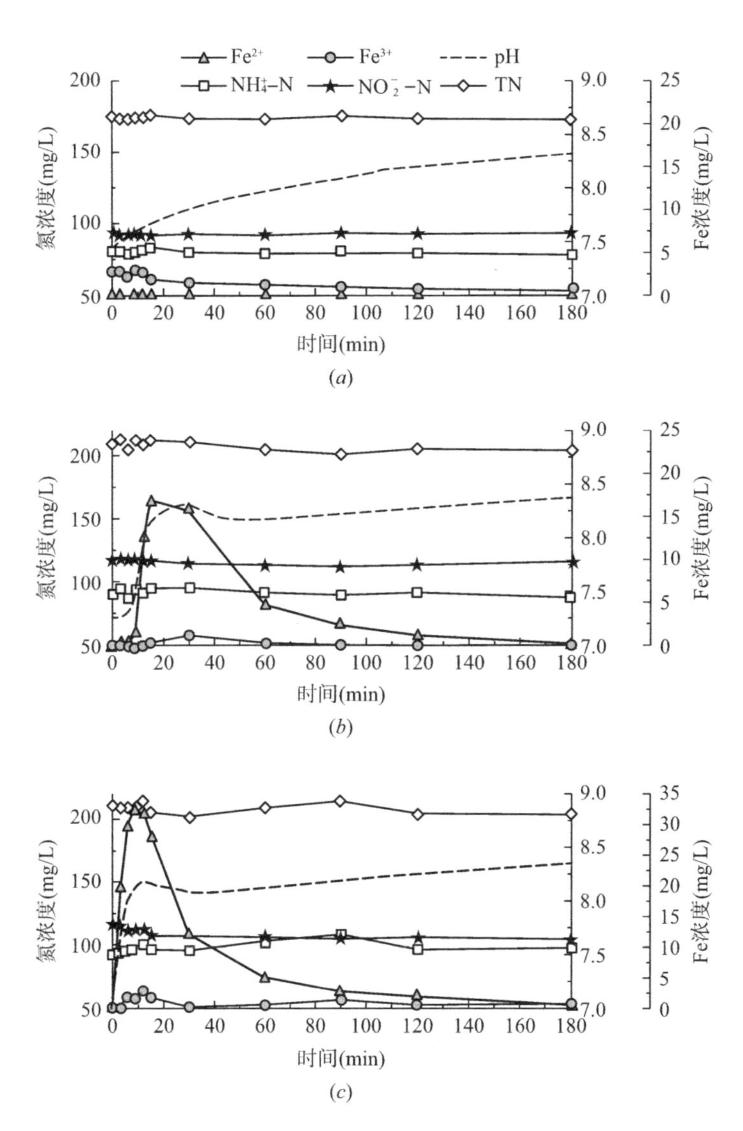

图 2-6　无生物实验 NH_4^+、NO_2^-、铁离子浓度及 pH 变化

(*a*) 投加 5mg/L nZVI；(*b*) 投加 25mg/L nZVI；(*c*) 投加 75mg/L nZVI

如图 2-7 所示，在溶解氧暴露实验组中（An-$O_{2\ low/high}$-nZVI），投加 5mg/L 或 25mg/L nZVI 时上清液中 Fe（Ⅱ）/Fe（Ⅲ）浓度均低于检测限（<0.01mg/L）。当 nZVI 投加量

达到75mg/L时，An－$O_{2\,low}$－nZVI和An－$O_{2\,high}$－nZVI两个实验组中的上清液总铁浓度在300min内分别缓慢增至0.9mg/L±0.04mg/L和2.4mg/L±0.1mg/L。而缺氧条件下直接投加nZVI时（An－nZVI），上清液中Fe（Ⅱ）/Fe（Ⅲ）浓度随nZVI投量增加而增加，并在30min内快速增加并达到平台期，其Fe（Ⅲ）浓度在5mg/L、25mg/L和75mg/L nZVI投量下分别达到（0.2±0.02）mg/L、（1.5±0.1）mg/L和（3.2±0.03）mg/L。

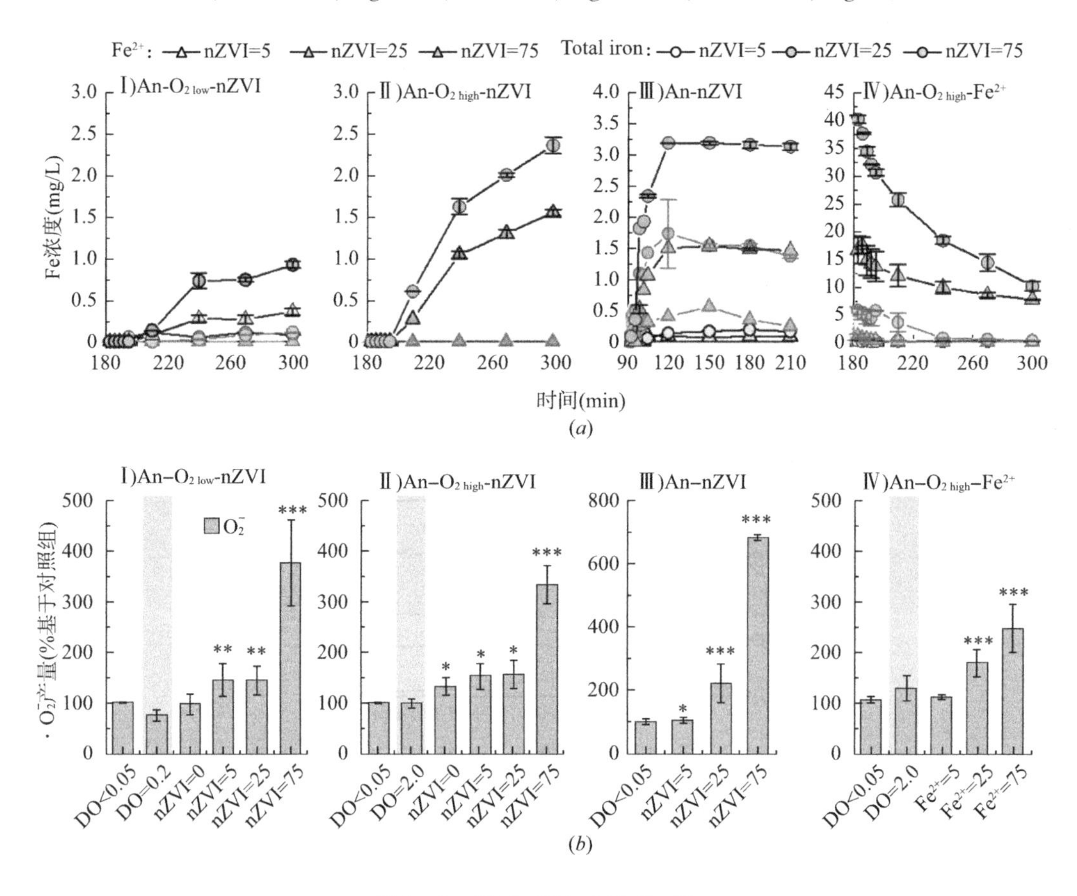

图2－7 投加nZVI或$FeCl_2$后

（a）溶液中铁离子浓度；（b）胞内·O_2^-产量

注：灰色阴影表示实验中溶解氧暴露阶段，星号表示one-way ANOVA方差分析显著性（＊＊＊，$p<0.001$；＊＊，$p<0.01$；＊，$p<0.05$）。

相反，在无生物实验中投加5mg/L、25mg/L和75mg/L nZVI后，溶液中Fe（Ⅱ）/Fe（Ⅲ）总量在15min时达到峰值，分别为（2.9±0.01）mg/L、（17.0±0.1）mg/L和（4.5±0.5）mg/L（图2－6）。无生物实验中上清液铁离子浓度约为生物实验上清液铁离子浓度的10倍，这表明生物实验中有大量铁离子被厌氧氨氧化污泥表面的胞外聚合物络合或在较高的环境pH条件下快速生成铁氧化物沉淀并离开溶液相，如式（2－6）和式（2－7）所示。

$$Fe^{3+}+3OH^- \longrightarrow Fe(OH)_3 \tag{2-6}$$

$$Fe^{3+}+2H_2O \longrightarrow FeOOH+3H^+ \quad (2-7)$$

本章的研究中，厌氧氨氧化污泥中的胞外聚合物（extracellular polymeric substances，EPS）（含蛋白、多糖和腐殖酸）总含量为（158.6±14.0）mg/g-SS（表 2-5）。如表 2-6 所示，投加 5mg/L 或 25mg/L nZVI 后，厌氧氨氧化污泥 EPS 中总铁含量为（1.1±0.2）～（1.8±0.3）mg/g-SS，约为 N_2 吹脱处理组中总铁含量［（0.7±0.2）mg/g-SS］的 2～3 倍，说明 EPS 具有络合 Fe（Ⅱ）和 Fe（Ⅲ）离子的作用。然而，当 nZVI 投加量进一步增至 75mg/L 时，EPS 中总铁含量并未进一步增加，说明 EPS 对铁的络合已趋于饱和。

EPS 中蛋白、腐殖酸和多糖浓度　　　**表 2-5**

组分	蛋白质 (mg/g-SS)	腐殖酸 (mg/g-SS)	多糖 (mg/g-SS)	总 EPS (mg/g-SS)
Slime	44.5±11.6	6.00±2.7	11.1±1.6	—
LB	19.1±3.4	5.9±3.6	11.05±4.2	—
TB	51.8±5.4	12.7±5.8	11.6±2.4	—
sum	100.2±10.8	24.6±7.3	33.8±5.1	158.6±14.0

注：LB 表示疏松层 EPS；TB 表示紧密结合层 EPS。

N_2 吹脱或投加 nZVI 处理组污泥 EPS 中总铁含量　　　**表 2-6**

批次实验	铁投加量（mg/L）	EPS 中的铁含量（mg/g-SS）
$An-O_{2\ low}-N_2$	0	0.7±0.2
$An-O_{2\ low}-nZVI$	5	1.1±0.2
	25	1.8±0.3
	75	1.6±0.3
$An-O_{2\ high}-N_2$	0	0.9±0.1
$An-O_{2\ high}-nZVI$	5	1.2±0.2
	25	1.6±0.2
	75	±0.1

2.4.2　零价铁对胞内超氧阴离子水平的影响

胞内 ROS 水平上升是厌氧菌遭受溶解氧冲击或高剂量 nZVI 刺激时的直接生理反应，可能会对多种生理代谢途径产生较大影响。首先采用了 ROS 检测试剂盒，即 DCFH-DA 荧光探针来检测总 ROS 水平。然而，无论是溶解氧冲击或投加 nZVI 均未引起荧光值的显著变化（$p>0.05$）；随后，尝试使用 WST-1 探针来单独检测胞内超氧阴离子水平。

如图 2-7（*b*）Ⅰ和（*b*）Ⅱ所示，无论低溶解氧或高溶解氧冲击后，投加低剂量（5mg/L 或 25mg/L）nZVI 都会使胞内 $\cdot O_2^-$ 水平较温和地上升至 140%～150%；而投加高剂量 nZVI（75mg/L）会使胞内 $\cdot O_2^-$ 水平显著上升至缺氧末的 375% ±86% 和 332% ±37%，几乎是投加低剂量 nZVI 时的 2 倍。投加 Fe（Ⅱ）离子也出现类似规律，即高溶解氧冲击后投加 25mg/L 或 75mg/L Fe（Ⅱ）离子，胞内 $\cdot O_2^-$ 水平分别上升至缺氧末的 179% ±27% 和 248% ±49%，如图 2－7（*b*）Ⅳ所示。缺氧条件下投加 nZVI 会引起更加显著的胞内 $\cdot O_2^-$ 水平变化，其在 5mg/L、25mg/L 和 75mg/L nZVI 投量下分别上升至缺氧末的 104% ±8.0%、219% ±62% 和 683% ±6.5%，如图 2－7（*b*）Ⅲ所示。

对比溶解氧冲击后投加 nZVI 和 Fe（Ⅱ）离子引起的 $\cdot O_2^-$ 水平可见，当铁投加量不超过 25mg/L 时，引起的 $\cdot O_2^-$ 水平均较为温和，即小于控制样的 200%；但缺氧条件下投加同样投量的 nZVI 却引起了超过 200% 的阴离子水平，75mg/L nZVI 更是引起了胞内 $\cdot O_2^-$ 水平的显著上升。这三组实验中，铁的投加形态对 $\cdot O_2^-$ 水平影响较小，而铁投加量和溶液中溶解氧存在与否却对 $\cdot O_2^-$ 水平至关重要。需要注意的是，当铁投加量较高时，溶解氧消耗殆尽后溶液中仍有较多 Fe（Ⅱ）以离子或络合态形式存在，可持续催化芬顿反应。

胞内芬顿反应是生物系统中生成 ROS 的重要来源。本章实验中，加入 nZVI 后在厌氧氨氧化系统中检测到了 ROS 水平上升，且 $\cdot O_2^-$ 水平与溶液中溶解 Fe（Ⅱ）/Fe（Ⅲ）浓度呈现良好的正相关关系（r=0.863）（图 2－8）。

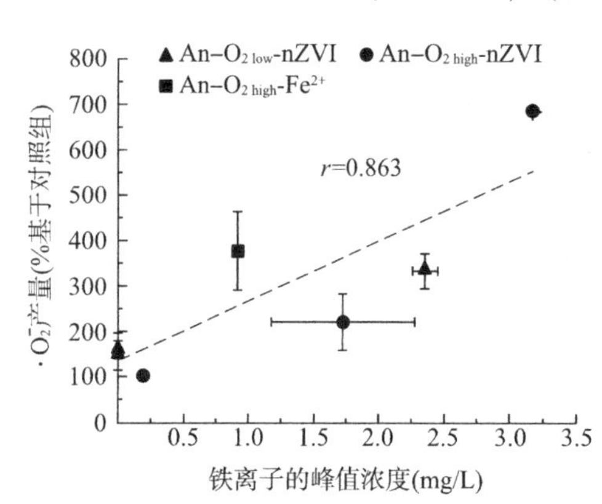

图 2－8　溶液中铁离子峰值浓度与胞内 $\cdot O_2^-$ 产量的关系

综上所述，本研究推测了 nZVI 和 Fe（Ⅱ）离子添加后细胞内 $\cdot O_2^-$ 生成的可能机制：Fe（Ⅱ）离子作为芬顿反应的基本反应物，可通过 nZVI 腐蚀或氧化产生，并通过外膜孔自由扩散到细胞周质中，随后再通过 FeoB 转运蛋白运输进入细胞质。芬顿反应的另一反应物——H_2O_2，可以在溶液中直接通过 nZVI 反应生成，或者通过 Fe（Ⅱ）引起的自氧化作用生成，随后自由扩散通过磷脂双分子层进入微生物胞内，其扩散系数与水相近。此外，胞内氧化还原酶的自氧化作用也能生成 H_2O_2，一旦胞内同时具有 Fe（Ⅱ）和 H_2O_2，就会发生芬顿反应并生成 $\cdot O_2^-$。因此，减少水环境中游离铁离子有助于避免由于 nZVI 引起的生物毒性。

2.5　溶解氧抑制及活性恢复条件下厌氧氨氧化菌转录变化

虽然厌氧氨氧化菌是专性厌氧微生物，但基于工程实践经验表明，厌氧氨氧化菌能够耐受一定程度的溶解氧暴露，并从溶解氧抑制状态下“可逆”恢复活性。这一特点使得厌氧氨氧化工艺能够与好氧亚硝化工艺联合使用，即短程硝化—厌氧氨氧化工艺。然而，由于厌氧氨氧化菌无法纯培养，以往的研究仅关注溶解氧对厌氧氨氧化宏观活性或对厌氧氨氧化混合菌群结构的影响，缺乏厌氧氨氧化菌在溶解氧抑制及活性恢复过程中的分子调控机制。

为考察溶解氧对厌氧氨氧化菌的活性抑制，以及探讨不同活性恢复策略条件下厌氧氨氧化菌的分子调控机制，检索了厌氧氨氧化菌（*K. stuttgartiensis*）的基因组，查询与典型抗氧化酶具有相似序列的基因，包括：（1）与过氧化氢酶极相似的 kustd1301；（2）与超氧化物歧化酶相似的 kustd1303；（3）与超氧化物还原酶相似的 kustc0565。建立了高溶解氧（2.0mg/L）抑制实验并利用 N_2 吹脱和投加 nZVI（5mg/L、25mg/L、75mg/L）的方式分别进行活性恢复实验。取缺氧阶段末（COT）、溶解氧抑制阶段末（O_2）、N_2 吹脱（N_2）、投加 5mg/L nZVI（n5）、25mg/L nZVI（n25）和 75mg/L nZVI（n75）阶段末的污泥样本进行宏转录组学测试，比对分析不同实验条件下污泥转录水平变化，重点考察厌氧氨氧化菌中类抗氧化酶基因及中心代谢酶基因转录变化，同时从全局角度对差异表达基因进行聚类，分析厌氧氨氧化菌在受溶解氧抑制时可能的分子调控机制。

鉴于溶解氧可能导致厌氧氨氧化菌胞内分子水平的代谢波动，但目前尚无针对厌氧氨氧化菌抗氧化系统的研究，难以从酶活性角度验证厌氧氨氧化菌的抗氧化能力，因此，以 *K. stuttgartiensis* 菌基因组为参考基因组，利用宏转录组技术来分析厌氧氨氧化菌在受溶解氧抑制及活性恢复过程中的调控状态。重点比对了厌氧氨氧化菌在缺氧阶段末、溶解氧抑制阶段末和活性恢复阶段末与反应初始时的转录变化，得到 *K. stuttgartiensis* 的差异表达基因（differentially expressed genes，DEGs），数据处理流程如图 2-9 所示。

2.5.1 溶解氧抑制时厌氧氨氧化菌的差异表达基因

溶解氧抑制末共检测到 4628 条 DEGs。受溶解氧抑制时仅有 5 个差异基因发生显著变化，其中有 2 个显著上调，3 个显著下调。

1. 受溶解氧抑制时上调基因

厌氧氨氧化菌受溶解氧抑制后，两个显著上调的基因分别是 kuste2481 和 kuste2473。其中，kuste2481 尚未被确定功能，而上调了 2.67-LFC 的 kuste2473（P-adj. <0.01）则被注释为“Can protein B-type protein”，与 *Brocadia sp.*（DB853_08940）中含有羧基多肽调节域的蛋白结构类似。含有这种特征域的微生物序列注释多样化，且涉及多种生化反应途径。本课题组前期研究表明，当厌氧氨氧化菌受低温胁迫时，kuste2473 的蛋白产物显著增加。由于低温条件也是导致微生物产生氧化应激反应的重要因素之一，即使在本研究中尚不能确定 kuste2473 的具体功能，但依据其蛋白产物在低温胁迫下增加且转录水平在溶解氧胁迫下显著上调的特征推断，kuste2473 可能在应激条件下发挥重要作用。

虽未达统计学显著性，编码金属离子泵出蛋白 CzcC 的基因（kuste4619）在溶解氧抑

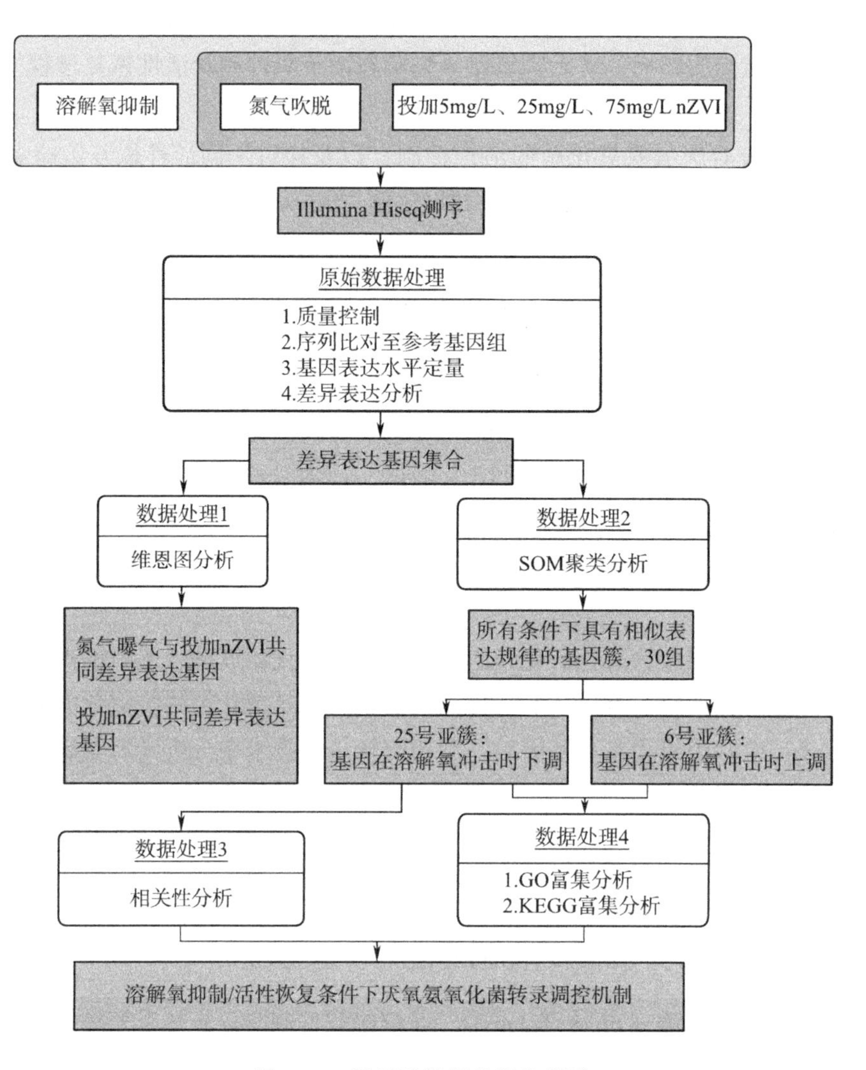

图 2-9　转录组数据分析流程图

制过程中上调了 1.98-LFC（图 2-10，efflux protein）。CzcC 是 CzcCBA 泵出复合蛋白中的外膜蛋白，在革兰氏阴性菌中常涉及重金属解毒机制。以模式菌大肠杆菌为例，金属—硫蛋白中的 4Fe-4S 簇在氧化应激条件下易被 ROS（如 $\cdot O_2^-$ 和 H_2O_2）破坏并在细胞质中释放 Fe（Ⅱ）离子，而胞内游离 Fe（Ⅱ）极易引发芬顿反应并生成氧化性极强的 ·OH，进一步破坏微生物胞内大分子。由于胞内含有的其他游离过渡金属离子（如 Cu、Co、Ni）也会引起类芬顿反应，本研究观测到的泵出系统上调可能是由于厌氧氨氧化菌将胞内易引发氧化还原循环反应的金属离子泵出细胞质，从而减少胞内芬顿反应的可能性，避免胞内大分子受到严重破坏。

另外，即使 *K. stuttgartiensis* 基因组中含有可能编码 ROS 清除系统的酶，例如 *kat*（kustd1301）、*sod*（kustd1303）和 *sor*（kustc0565），这些抗氧化酶在厌氧氨氧化菌被溶解

氧抑制时却略微下调了，这与模式菌在氧化应激条件下的调控方式相悖，推测可能是因为非模式微生物的抗氧化调控策略较特殊，也可能因为这几个基因编码的蛋白质同时执行其他的分子功能。

2. 受溶解氧抑制时下调基因

显著下调的三个基因有kustd1770、kustd1771和kustd2215，分别下调3.3-LFC、3.1-LFC和2.4-LFC（P-adj. <0.05）。kustd1771编码应激响应蛋白，kustd1770对应的序列则与辅助蛋白-10（Cpn10）——一种辅助蛋白折叠的冷适应伴侣蛋白序列极为相似。kustd2215则编码一种冷敏型伴侣蛋白（groES），同样也能够辅助蛋白折叠或受损蛋白再次折叠。

另外，尽管在统计学意义上不显著，另有10个编码热激蛋白（HSPs）和冷敏感型伴侣蛋白（chaperonin）（Hsp1、Hsp2、Hsp21、groEL和groES）的基因在受溶解氧抑制时下调（P-adj. > 0.05，Table S3）。这些HSPs和伴侣蛋白被统称为应激响应蛋白（stress response protein），通常，应激响应蛋白在应激条件（如低温、氧化应激条件）下上调，将变性的蛋白重新折叠以恢复其功能。其中，groES对细胞生长至关重要，这种钟形七聚物需消耗ATP以协助GroEL完成蛋白折叠过程。本实验条件下，厌氧氨氧化活性在溶解氧暴露条件下显著下降至原有的8.0%±3.0%，继而厌氧氨氧化菌产能过程受到抑制，无法提供足够ATP（energy metabolism），因此观测到的应激响应蛋白下调。

2.5.2 N_2吹脱去除溶解氧时厌氧氨氧化菌的差异表达基因

曝气90min后，向厌氧氨氧化反应器中通入高纯氮以去除残留溶解氧，随后厌氧氨氧化活性部分恢复至缺氧段的39%±3.0%。此时，厌氧氨氧化菌的转录调控比受抑制时更加活跃，共有220个显著上调和142个显著下调的DEGs。

1. N_2吹脱溶解氧后上调基因

上调的差异基因主要集中于多种药物抗性（M00707）、钴/镍转运系统（M00245）和镍转运系统（M00246）。例如，表达量最大的基因是acrB（kuste4616）、acrAB（kuste2278-79）和czcBC（kuste4618-19），其蛋白产物与微生物抗药性有关。其中，czcC在氧气暴露时已有轻微上调，当氧气去除后仍在持续上调。此外，编码多种药物及金属传输蛋白的基因，如kustc0905（msbA，编码药物传输蛋白ABC的亚基）和kuste3711（cbiO，编码钴传输蛋白ATP结合蛋白）在氧气暴露时并未上调，但在利用N_2吹脱法去除氧气后分别上调了1.5-LFC和1.2-LFC，这可能是由于厌氧氨氧化菌恢复部分活性后重新开始产能并为这些蛋白提供ATP。

2. N_2吹脱溶解氧后下调基因

在142个下调基因中，最显著下调的是编码辅助蛋白GroEL的基因（kustd2128-29、kustd1769-71和kustd2214-16）以及编码热激蛋白HSP2的基因（kustd2500-02、d1795、 d2217、e2497-98、e2883 和 e3991）（P-adj. <0.001）。这些基因在之前受溶解氧抑制时也表现出下调的趋势，并且在溶解氧去除后仍然持续下调，表明这些蛋白折叠过程在抑制物去除后仍未恢复。

涉及厌氧氨氧化中心代谢的关键基因，如 kuste2859、kuste2861、kustc0694 和 kustc1061，在厌氧氨氧化活性恢复后仍然显著下调（图 2－10）。例如，编码联氨合成酶复合物的基因 *hzsCBA*（kuste2859，kuste2861）下调，表明厌氧氨氧化反应中将氨（NH_3）和一氧化氮（NO）转化为联氨（N_2H_4）的过程并不活跃。这可能是由基质 NH_4^+ 缺乏引起的，因为编码氨转移蛋白的基因（kustc1015，*amt*）此时正处于下调状态中，无法将必要的 NH_4^+ 转输入胞内。联氨合成过程的延后也进一步妨碍 HDH 将联氨转化为 N_2 过程中的 4 电子氧化过程，相对应的，编码联氨脱氢酶的 *hdh*（kustc0694）此时也下调（图 2－10）。另一个可能导致 *hdh* 下调的因素是编码血红素 c 型细胞色素羟胺氧化还原酶（HOX）的 kustc1061 的下调，kustc1061 能够特异性将羟胺（NH_2OH）氧化为一氧化氮（NO），该基因的下调可能导致胞内 NH_2OH 积累，而过量 NH_2OH 能够竞争性抑制 HDH 的活性。

	ORF	COT	O2	N2	n5	n25	n75	gene
Efflux pump	kuste4280	285.68	225.623	223.406	256.954	185.588	220.347	
	kuste4300	256.093	278.301	221.055	278.536	312.406	270.872	
	kuste4618	26.2099	141.396	126.69	165.286	39.2325	205.374	*czcB*
	kuste4619	21.0346	193.416	150.777	194.559	39.0865	386.879	*czcC*
	kuste4634	101.308	214.51	186.382	224.884	62.2954	240.535	
	kuste4635	147.745	227.831	224.945	254.799	85.8639	238.598	*czc*
	kuste4616	35.9198	196.481	143.741	197.262	37.7917	221.055	*acrB*
	kustd1922	209.24	263.659	200.955	195.778	190.17	211.201	*acr*
	kuste2278	12.1927	140.097	76.3965	138.806	18.3065	175.901	
	kuste2279	11.7339	150.648	66.9368	153.501	14.9699	162.815	
	kuste2908	149.691	206.45	252.044	255.472	107.55	232.83	*acrA*
	kuste2909	237.818	341.442	281.755	258.155	187.853	264.197	*acrB*
	kuste3013	41.2278	110.13	95.3339	154.99	55.9169	150.508	
Substrate trafficking	kustd1720	47.559	131.124	95.0517	166.89	48.7762	171.904	*focA*
	kustd1721	39.6799	228.789	118.921	227.531	43.1236	260.166	*focA*
	kustc3055	1021.88	893.2	762.354	788.813	982.313	784.022	
	kustc0381	120.25	259.059	193.958	262.686	92.3794	280.052	*aiiitB/c*
	kustc1009	193.388	347.675	206.708	272.597	133.959	297.276	*aiiit*
	kustc1012	349.838	383.952	329.87	419.182	359.587	389.218	*aiiit*
	kustc1015	328.02	294.142	193.246	362.219	236.198	276.084	*aiiit*
	kuste2308	216.939	265.226	157.767	258.045	128.27	308.152	*narK*
	kuste2335	424.376	384.512	723.492	440.638	539.64	638.825	*narK*
Stress response gene	kustd1769	4618.87	823.377	655.195	2326.37	1974.3	383.641	
	kustd2129	6044.46	910.027	584.817	1555.75	1542.32	331.855	*groEL*
	kustd2214	3009.4	568.417	379.236	1194.2	1441.87	340.189	*groEL*
	kustd2215	1375.19	315.469	347.142	1511.24	589.475	252.967	*groES*
	kustd2216	4042.95	999.945	680.225	1559.7	1334.17	446.891	*groEL*
	kustd1770	3014	315.242	573.452	3492.92	1633.12	291.028	*cpnl0*
	kustd1771	1356.66	172.958	212.506	869.3	790.961	134.388	*divK*
	kustd2127	355.617	169.365	388.166	397.185	329.919	312.503	*hsp*
	kuste2497	971.707	443.635	497.536	1212.51	1189.94	742.75	*hsp70*
	kuste2498	566.949	192.813	326.358	701.067	633.98	279.676	*Hsp70*
	kuste2500	5300.31	783.447	1329.2	8901.61	8297.24	939.384	*Hsp2*
	kuste2501	1222.36	282.751	385.584	1805.18	1801.53	379.121	*Hsp1*
	kuste2502	1259.06	233.655	406.834	2602.97	1530.61	372.625	*hsp21*
	kuste2883	6237.97	1984.2	4271.22	4268.55	5756.58	3036.51	*hsp*
	kustc0567	5746.03	2276.82	4283.41	4149.55	5293.32	2605	*hsp*
	kustc0568	4780.67	1876.94	3087.64	3270.91	3862.1	1686.75	*hsp*
Others	kustd2115	15.7475	88.8702	58.1428	101.997	17.8994	135.323	*ywaC*
	kustd2479	81.0751	262.096	155.332	296.231	128.794	323.531	*hao*
	kustd1712	381.42	457.128	338.406	321.436	302.761	387.837	cydA
	kuste2338	103.551	169.912	190.876	239.577	175.683	255.465	
	kuste2339	118.879	213.191	231.046	270.493	156.584	330.349	

	ORF	COT	O2	N2	n5	n25	n75	gene
Energy metabolism	kustd1700	1394.85	928.635	1108.39	917.874	1464.97	789.486	*nxrA*
	kustd1703	945.866	735.013	995.055	687.618	1580.47	922.108	*nxrB*
	kustd1704	959.032	749.971	819.823	759.115	1267.08	844.613	*nxrC*
	kuste2859	2035.11	1507	1290.66	1512.22	3359.03	1265.94	*hzsC*
	kuste2860	2832.06	1515.47	2276.99	2969.9	3860.7	2527.55	*hzsB*
	kuste2861	6624.95	3704.75	3467.28	3487.79	9275.1	2925.96	*hzxA*
	kustc0694	183.56	88.8953	69.3217	74.1502	197.991	43.1538	*hdh*
	kustc1061	11866.4	4686.43	4632.14	3853.82	8913.47	2988.55	*Ksll()λ*
	kuste4136	25.4693	202.626	122.764	233.588	55.0853	255.96	*nirS*
	kuste4574	1797.28	941.478	897.633	811.76	2071.37	704.461	*hao*
	kuste0458	630.848	562.657	467.387	319.269	549.441	428.051	*han*
	kuste2855	1178.19	805.6	1105.24	830.215	1417.21	949.488	
	kuste2856	764.019	609.234	833.134	685.573	642.58	630.573	*fdol*
Rieske/cyt*b* complex	kustc4569	1246.41	734.101	1013.83	755.464	1049.73	599.354	*qcrB*
	kustc4570	1071.46	655.913	759.814	792.441	995.467	597.368	
	kustc4571	1496.77	917.066	900.781	1058.42	1493.12	714.046	*qcrB*
	kuste4572	948.566	693.121	619.818	653.672	680.59	479.374	*qcrC*
	kuste4573	1193.41	684.915	828.365	843.663	1099.82	668.323	
	kuste4574	1797.28	941.478	897.633	811.76	2071.37	704.461	*hao*
	kustd1481	336.545	309.013	343.365	312.217	489.278	313.58	*petB*
	kustd1483	287.327	258.991	253.271	284.146	508.98	267.311	
	kuste3096	581.416	448.184	546.049	410.508	483.6	374.453	*isp*
	kuste3097	541.612	406.162	441.619	466.123	550.35	365.593	*qrc*
ATPase-1	kuste3787	71.7491	95.4768	75.3524	43.9858	41.5781	95.5095	
	kuste3788	102.783	371.07	229.848	336.653	67.8646	523.158	
	kuste3789	309.212	423.91	381.779	343.014	119.106	368.907	*atpB*
	kuste3790	252.655	225.615	330.69	209.644	152.724	246.648	
	kuste3791	438.083	954.859	674.889	979.227	304.449	1170.24	
	kuste3792	192.414	268.428	283.944	273.967	134.052	321.065	
	kuste3793	334.818	304.067	298.255	246.867	215.891	291.189	*atpA*
	kuste3794	133.042	145.414	134.656	102.467	103.103	114.73	*atpG*
	kuste3795	172.947	189.433	137.456	126.328	120.787	148.955	*atpD*
	kuste3796	392.45	374	316.625	274.079	304.609	338.453	*atpC*
ATPase-2	kuste4592	121.664	294.865	227.763	284.153	121.56	351.461	*ATPD*
	kuste4594	59.6249	230.052	155.855	207.822	82.5113	329.873	
	kuste4596	64.2254	159.236	123.719	160.829	69.3428	196.829	*ATPB*
	kuste4597	19.5788	54.5443	62.3939	52.7743	22.4057	100.311	*ATPE*
	kuste4598	46.0949	136.015	109.52	147.548	62.4546	180.655	
V-ATPase	kuste3866	160.854	263.784	168.189	232.989	246.926	299.789	
	kuste3867	133.473	262.071	173.786	253.908	199.041	304.348	
	kuste3868	30.1945	119.058	64.1877	208.607	37.1098	166.391	
	kuste3871	101.672	281.219	159.555	271.791	108.785	320.702	

图 2－10　每一千基图的平均片段对参与呼吸的基因进行读取（FPKM）值

注：实验条件分别表示为 COT（缺氧控制阶段）、O_2（DO 暴露阶段）、N_2（N_2 吹脱恢复阶段）、n5、n25、n75（恢复阶段分别为 5mg/L、25mg/L、75mg/L nZVI 投加量）。

N_2 吹脱条件下下调差异基因的 GO 富集分析　　　　表 2－7

GO 号	描述	p	P-adj.	q	基因编号	数量
0016491	氧化还原酶活性(Oxidureductase activity)	2.11×10^{-5}	0.00596	0.008782	kustc0562/kustc0563/kustc1061/kustc0565/kustd2126/kustc0558/kuste4574/kuste4572/kustc0555/kuste2861/kustc0559/kustc0828/kuste4571/kustc0457/kustc0825/kuste4570/kustd2008/kustc0557/kuste4612/kuste4281/kuste2665/kustd1766/kustd2027/kustd2028/kuste4573/kustd1709/kustd1730/kuste4466/kustc0712/kuste3440/kuste3109/kustb0230/kustc0722/kustd1545	34
0009055	电子传递活性(Electron transfer activity)	5.58×10^{-5}	0.007898	0.012907	kustc0562/kustc0563/kustc1061/kustd2126/kuste4574/kuste4572/kuste2861/kustc0559/kustc0828/kuste4571/kustc0457/kuste4281/kuste4573/kustd1709/kuste3440	15
0046906	四吡咯结合(Tetrapyrrole bin-ding)	0.000134	0.012646	0.072031	kustc0562/kustc0563/kustc1061/kuste4574/kuste2861/kustc0559/kustc0457/kuste4281/kustd1998/kuste4573/kustd1709/kuste3440/kustd1893/kuste3139	14

综上所述，中心能量代谢相关基因在溶解氧冲击后在 120min 内无法完全恢复，这与基因本体（Gene Ontology，GO）富集分析所得结果一致——去除溶解氧后下调的基因高度富集在电子转移过程（GO：0009055，P-adj. =0.0081）中（表 2－7）。

2.5.3　零价铁去除溶解氧后厌氧氨氧化菌的差异表达基因

低投量的 nZVI（5mg/L 和 25mg/L）将厌氧氨氧化菌从氧气抑制状态中分别恢复至缺氧段的 63% ±8.2% 和 53% ±2.5%，而投加 75mg/L nZVI 时厌氧氨氧化活性仅为 24% ±2.1%。维恩分析表明（图 2－11），使用 N_2 吹脱和 nZVI 投加两种方式去除溶解氧有 28 个共同上调和 46 个共同下调的差异基因，而有 961 个差异基因在不同投量的 nZVI 间是特异调控的，这说明即使 N_2 和 nZVI 都能作为除氧的有效手段，它们对厌氧氨氧化菌的转录调控影响是有差异的。

如图 2－11 所示，在所有 nZVI 投量下，有 186 个差异基因共同调控，其中有 40 个共同上调和 146 个共同下调的差异基因。在 40 个共同上调的基因中，最为显著的是 kustd2014（*htrA*）、kuste2479（*hao*）、kuste2523（*fliI*）、kustd1636（*RfaF*）和 kuste3586（*RfaG*），分别涉及阳离子抗菌肽抗性（kst01503）、氮素新陈代谢（kst00910）、鞭毛组装（kst02040）和脂多糖合成（kst00540）过程。其中，*RfaF* 和 *RfaG* 涉及脂多糖合成，它们的上调可能与 nZVI 投加后厌氧氨氧化菌的适应过程相关。相关文献表明，微生物能够修饰糖蛋白，使之能够减少微生物外膜的负电荷，在环境中铁离子浓度增加的情况下减少金属离子与微生物表面的结合。

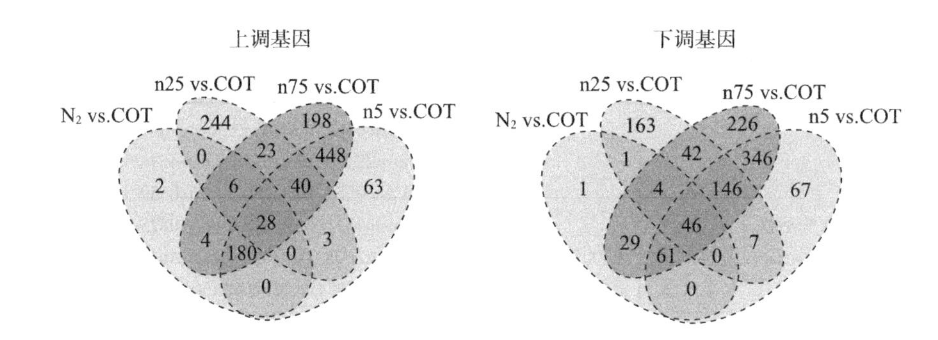

图 2-11　与对照组相比，恢复阶段各种 nZVI 投加量下不同差异表达基因（DEGs）的维恩图分析

注：实验条件分别表示为 COT（缺氧控制阶段）、O_2（DO 暴露阶段）、N_2（N_2 吹脱恢复阶段）、n5、n25、n75（恢复阶段分别为 5mg/L、25mg/L、75mg/L nZVI 投加量）。

同时，146 个共同下调的差异基因则涉及 RNA 聚合酶途径（kst03020），包括四个 sigma 因子——*rpo*B（kuste2957）、*rpo*Z（kuste3554）、*rpo*C（kuste2958）和 *rpo*D（kustc0717）。sigma 因子是一种应激响应调控因子，控制着微生物适应环境条件必须的上百个基因。值得注意的是，在厌氧氨氧化菌中参与 Fe（Ⅱ）离子吸收的金属特异性调控子 fur（kuste3126）在所有投加 nZVI 的实验组中均显著下调。虽然铁是 ROS 抗氧化酶（如 Fe-SODs 和过氧化物酶）的重要辅因子，对微生物生长至关重要，但过量的铁会导致胞内芬顿反应造成·OH 积累。因此，*K. stuttgartiensis* 可能将 *fur* 下调作为一种在富铁环境下的调节策略以减少摄入 Fe（Ⅱ）/Fe（Ⅲ）。如图 2-11 所示，低 nZVI 投加量（5mg/L）条件下，厌氧氨氧化菌胞内超氧阴离子含量适量上升，达到缺氧条件下的 150%，同时活性恢复较好；而高 nZVI 投加量条件下，厌氧氨氧化菌胞内超氧阴离子过量上升，活性恢复较差。

由于这些共同调控的基因并不直接参与厌氧氨氧化菌中心代谢，无法将投加 nZVI 与厌氧氨氧化活性增强直接联系起来。然而，从能量代谢和电子转移的角度来看，投加适量铁的确能够缓解溶解氧对厌氧氨氧化菌造成的抑制作用。以投加 25mg/L nZVI 为例，基因 *hzsC-BA*、*hdh*、*nxrABC* 和 *qcrBC* 恢复到接近缺氧末水平。不仅如此，*hzsC* 和 *nxrB* 甚至比缺氧末的转录水平上调了 0.6-LFC，这表明投加适量 nZVI 的确对厌氧氨氧化活性具有促进作用。

2.5.4 厌氧氨氧化菌受抑制及活性恢复阶段 mRNA 全局调控

上述结果给出了厌氧氨氧化菌在受氧气抑制、被 N_2 吹脱或投加 nZVI 的策略恢复活性时与缺氧末（对照组）相比最显著的转录变化。考虑到局部比对视角可能会丧失某些关键转录调控因子的信息，而具有相似表达变化的基因有可能具有相似的功能，或者参与相同的调控途径，因此，又采用自组装（self organizing map，SOM）算法对所有实验条件下的差异调控基因进行聚类以便发现具有相似表达谱的基因。如图 2-12 所示，依据聚类算法，差异基因集可以被划分为两个主要类型：Ⅰ型包含右上的 12 个亚簇，在溶解氧暴露条件下上调；Ⅱ型包含余下的 18 个亚簇，在溶解氧暴露条件下下调。

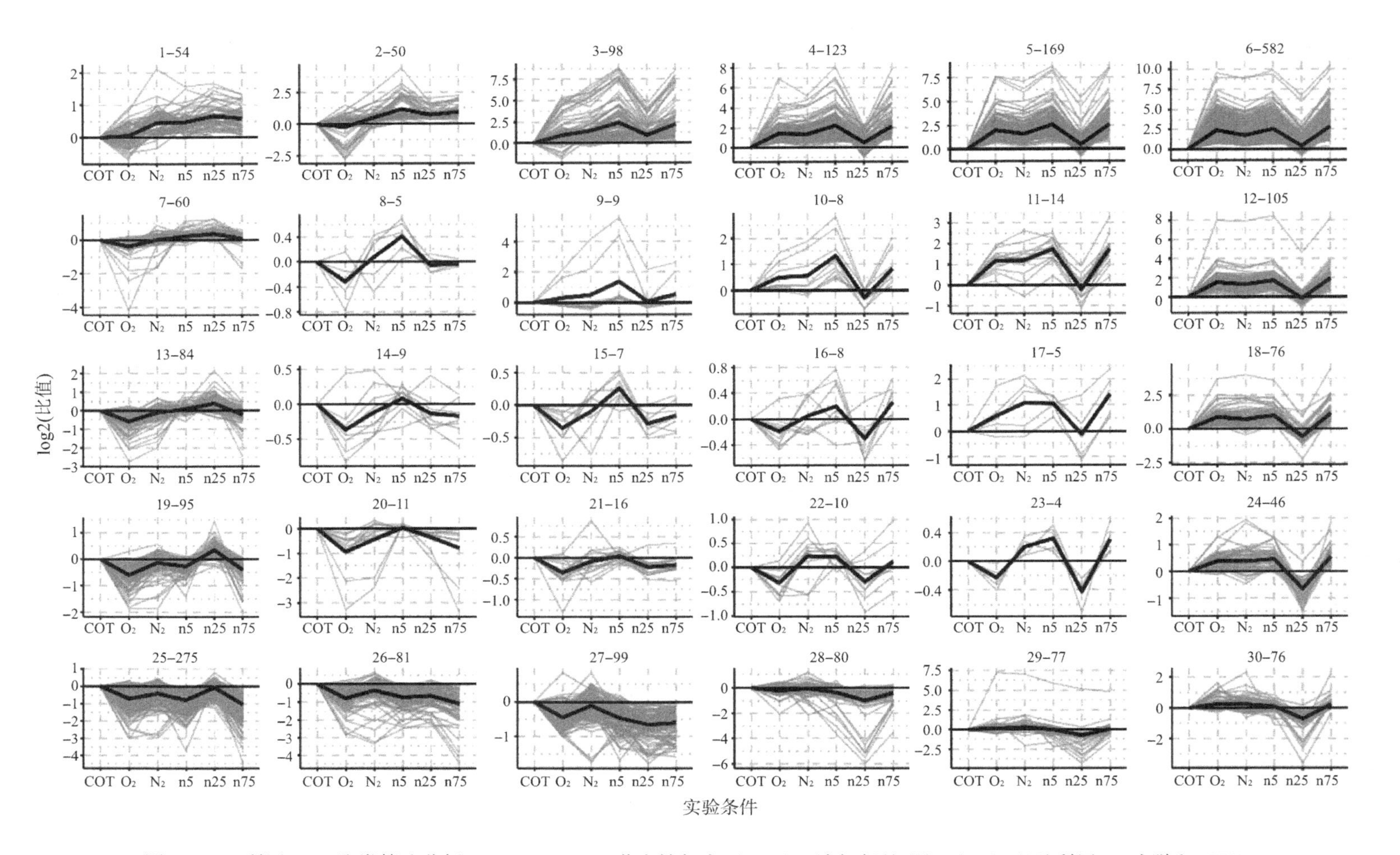

图2-12 利用SOM聚类算法分析*K. stuttgartiensis*菌在缺氧末（COT）、溶解氧处理组（O_2）以及利用N_2吹脱和nZVI投加等方式恢复阶段的差异表达基因

注：每张聚类亚簇图上第一个数字表明亚簇序列（1~30），第二个数字表示聚类至该亚簇的差异基因数量。Y轴为差异基因log2倍数变化。每条浅灰色线代表一条基因，深灰色线为该亚簇中所有差异基因倍数变化的平均值。

为更好地揭示溶解氧抑制条件下厌氧氨氧化菌可能的生存策略，重点围绕在溶解氧暴露条件下上调的Ⅰ型基因簇，这些基因可能在氧化应激条件下被激活以应对溶解氧抑制。对其中包含最多差异基因的6号亚簇（含有582个差异基因）进行KEGG富集分析。

6号亚簇中的差异基因显著富集于金属转运KEGG模块（M00245，钴/镍转移系统；M00246，镍转移系统；M00707，多重抗药性，P-adj. <0.05），表明金属胞内平衡状态与抗氧化相关。富集结果与2.5.1小节中上调差异基因结果吻合。此外，6号亚簇中也富集了鞭毛合成途径。研究表明，游离态厌氧氨氧化菌在受到不高于0.06 mmol-O_2/(L·d)时会聚集形成小絮体。由于鞭毛可以作为微生物识别环境条件的传感器，溶解氧暴露条件下鞭毛合成系统上调可能是为了形成致密的生物膜来对抗环境中的溶解氧。

与Ⅰ型亚簇相反，Ⅱ型基因簇中的差异基因在溶解氧暴露条件下下调，而在随后的活性恢复阶段重新上调。尤其是25号亚簇中的差异基因显著富集在多种代谢KEGG通路中，如微生物在多种环境中的代谢通路（kst01120，P-adj. =0.010）和碳代谢（kst01200，P-adj. =0.015），以及涉及氮代谢通路（kst00910，P-adj. =0.082）（表2-8）。不仅如此，GO富集分析表明25号亚簇中的差异基因还富集在氧化还原酶、血红素结合等GO tems中。尤其是与能量代谢相关的基因，如*hdh*（kustc0694）、*hzsCBA*（kuste2859，kuste2861）、*hao*（kustc0458，kuste4574）都被聚集在25号亚簇中，以上结果进一步证明了厌氧氨氧化活性、能量保存以及氧化应激之间具有关联性。

25号亚簇差异基因KEGG通路富集分析 **表2-8**

KEGG编号	描述	p	P-adj.	q	基因编号	数量
kst01120	不同环境下的微生物代谢	0.000288	0.010069	0.008782	kustc0297/kustc0555/kustd2214/kustc1061 kustc1061/kustd1539/kustd1545/kustd1546/ kustd1643/kustd1647/kustd1700/kuste2702/ kuste3109/kuste3113/kuste3675/kuste4574	15
kst01200	碳代谢	0.000846	0.014798	0.012907	kustc0297/kustc0555/kustd2214/kustd1539/ kustd1545/kustd1546/kustd1643/kustd1647/ kuste2702/kuste3109/kuste3113	11
kst00910	氮代谢	0.007079	0.082587	0.072031	kustc0555/kustc1061/kustd1700/kuste4574	4
kst00680	甲烷代谢	0.011847	0.103665	0.090414	kustd2214/kustd1539/kustd1546/kuste3113	4

综合Ⅰ型和Ⅱ型亚簇的变化趋势以及富集分析结果发现，厌氧氨氧化菌应对复杂环境是通过降低用于新陈代谢的能量（即Ⅱ型差异基因），转而将这部分能量用于提升外排系统并且激活鞭毛合成系统（即Ⅰ型差异基因）来实现的。

2.6　总结与展望

在一段式 PN/A 系统中发生溶解氧过量供应或厌氧氨氧化生物反应器发生溶解氧泄漏场景下，由于溶解氧冲击导致厌氧氨氧化菌活性受抑制是一个普遍存在的现象。在本章中，厌氧氨氧化富集污泥，在 2.0mg/L 溶解氧浓度下抑制 90min 后，投加 5mg/L nZVI 实现了最佳厌氧氨氧化活性恢复功能，其厌氧氨氧化活性恢复效果比使用 N_2 吹脱或 Fe（Ⅱ）离子投加等方法提升约 50%。如此高效的促活性恢复能力使得 nZVI 可用于减少厌氧氨氧化反应器的非曝气时间，同时提高一段式 PN/A 系统的脱氮性能。

虽然 Fe（Ⅱ）离子投加也可以消耗溶解氧，但其投加量需较 nZVI 多 5 倍才能有效强化被 2.0mg/L 溶解氧抑制的厌氧氨氧化活性，而大量 Fe（Ⅱ）离子投加无疑会导致大量化学污泥生成，进而增加化学污泥处理成本。从应用成本上看，虽然 nZVI 的制备成本目前仍然较高（0.05～0.10 美元/g），而微米级和散装零价铁成本低于 0.001 美元/g。本章研究结果表明，在溶解氧抑制后恢复厌氧氨氧化菌活性所需的 nZVI 剂量不仅远远低于目前应用于土壤修复、地下水和废水处理等所需的剂量，而且主要目的是解决厌氧氨氧化生物反应器溶解氧抑制的突发情况，而并非持续不间断投加。因此，该方法在经济上是可行的。但由于 nZVI 对厌氧氨氧化系统的影响可能因不同种类的厌氧氨氧化菌而异，因此需要进一步研究以开发长期应用 nZVI 于厌氧氨氧化生物反应器的投加方法，并获得优化 nZVI 投加量以避免在复杂废水环境中不同溶解氧水平下可能遭受的生物毒性影响。

第3章 亚硝酸盐对厌氧氨氧化菌的抑制机理及其调控机制

3.1 高浓度亚硝酸盐对厌氧氨氧化菌的胁迫抑制

3.1.1 厌氧氨氧化菌对高浓度亚硝酸盐的响应

亚硝酸盐（NO_2^-）是厌氧氨氧化菌必需的基质之一，但其浓度过高易对厌氧氨氧化菌代谢活性产生抑制。近年来，国内外学者针对 NO_2^- 对厌氧氨氧化菌的抑制效果已展开诸多研究。然而，由于进水基质、菌群组成、污泥活性、污泥形态结构（絮体、颗粒或生物膜）、反应器构型和运行方式等实验条件存在差异，不同研究者获得的 NO_2^- 抑制浓度相差较大（70～2000mg N/L）（表 3-1）。部分学者认为，较低的 NO_2^- 浓度，如 80mg N/L 和 82mg N/L 等，就会对厌氧氨氧化菌活性造成 50%～80% 的抑制；但也有学者却发现，NO_2^- 浓度达到 400mg N/L 才会对厌氧氨氧化菌造成 50% 的活性抑制。除 NO_2^- 的浓度外，厌氧氨氧化菌的代谢状态也会直接影响其受 NO_2^- 的抑制程度，例如饥饿状态下 NO_2^- 的半抑制浓度（7mg N/L）远远低于非饥饿状态（52mg N/L）。

文献中 NO_2^- 对厌氧氨氧化菌的抑制水平　　表 3-1

NO_2^- 浓度（mg N/L）	半抑制浓度（mg N/L）	菌种	污泥形态	是否可逆
0～800	100（complete inhibition）	—	颗粒	可逆
50～240	80（80% activity lost）	*Candidatus* Kuenenia stuttgartiensis	生物膜	不可逆
70～560	350	*Candidatus* Kuenenia stuttgartiensis	颗粒	—
7～70	—	—	颗粒	可逆
5～82	82	*Candidatus* Brocadia anammoxidans	—	—
70～420	11μg HNO_2-N/L	*Candidatus* Kuenenia stuttgartiensis	生物膜	—
0～2000	400	*Candidatus* Brocadia anammoxidans	颗粒	可逆
100～500	173±23	*Candidatus* Kuenenia Stuttgartiensis	颗粒	部分可逆
50～500	384	*Candidatus* Brocadia	颗粒	部分可逆
66、200、300、400、500	500	*Candidatus* Kuenenia Stuttgartiensis	颗粒	部分可逆

此外，厌氧氨氧化菌遭受高浓度 NO_2^- 抑制后，其活性是否可恢复，也存在争议。Strous 等人发现厌氧氨氧化菌在 100mg N/L 的 NO_2^- 浓度环境，其活性会被完全抑制，但加入 1.4mg N/L 联氨或者 0.7mg N/L 的羟胺即可完全恢复其活性；然而，有研究发现在固定床厌氧氨氧化反应器中，当进水 NO_2^- 浓度逐渐增加到 80mg N/L 后，会造成厌氧氨氧化活性损失 80%，且为不可逆抑制。由于不同研究报道间 NO_2^- 的抑制浓度存在较大差异，且就 NO_2^- 的抑制是否可逆也尚未达成一致，这为厌氧氨氧化工艺设计和调控带来了一定困难。因此，揭示 NO_2^- 对厌氧氨氧化菌的抑制机理，阐明其抑制是否可逆，对于维持厌氧氨氧化工艺稳定性和高效性是非常重要的。

厌氧氨氧化菌的代谢活性一般通过单位时间内氮气产生量或基质（NH_4^+-N 和 NO_2^--N 的总和）消耗量来反映。由于厌氧氨氧化菌目前无法纯培养，因此在厌氧氨氧化富集污泥中一般存在其他微生物与厌氧氨氧化菌竞争基质，例如厌氧氨氧化菌将与 AOB 竞争 NH_4^+，与反硝化菌竞争 NO_2^-，这可能导致厌氧氨氧化菌的活性检测产生偏差。因此，亟须发展出一种准确、灵敏、特异性强的方法，用于检测厌氧氨氧化菌在遭受 NO_2^- 抑制下的活性变化。由于细菌的 mRNA 半衰期短（0.5～50min），在活细胞中更新较快，可针对胁迫环境迅速作出反应，同时 mRNA 还是细胞内蛋白质合成调控点之一，直接决定了相关功能酶的合成，因此相比基于 DNA 或 rRNA 的分析方法，基于 mRNA 的检测技术可实时监测微生物生理功能的变化。近年来，以检测 mRNA 为目的的 RT-qPCR 技术或 Northern blot 技术，已广泛用于反映不同生境中 AOB、反硝化菌等微生物活性变化（表 3-2）。部分研究认为，微生物的活性变化与其相应的 mRNA 水平变化呈正相关：Bollmann 等发现 *Nitrosospira briensis*（AOB）在经过 14d 的饥饿处理后，其 *amoA* 基因的 mRNA 水平与氨氧化活性都呈现下降趋势；向一个强化生物除磷系统中的厌氧段充氧后，几乎观察不到聚磷菌释磷现象，同时聚磷菌的聚磷激酶（poly-P kinase1，*ppk1*）所对应的 mRNA 水平也显著降低。但是，另一部分学者却认为，mRNA 水平并不能直接反映微生物活性：在 280mg N/L 的 NO_2^- 浓度下，*Nitrosospira multiformis*（AOB）中 *amoA* 基因表达水平显著下降并未导致氨氧化速率的降低，而 *Nitrosomonas eutropha*（AOB）中氨氧化速率的显著下降与 *amoA* 的 mRNA 水平基本不变的趋势也并不一致。基因转录水平（mRNA 水平）与微生物活性关联性的不确定，意味着在胁迫条件下，即使是同属（不同种）的微生物，采用的应激调控策略也不尽相同。

mRNA 检测技术在污水脱氮除磷领域中的应用　　　　表 3-2

菌种	种属	抑制因素	功能基因	相关性
PAO	*Candidatus* Accumulibacter phosphatis	DO	*ppk1*and *nosZ*	Positive
AOB	Not reported	NaCl	*amoA*	Negative
AOB	*Nitrosomonas nitrosa*	NH_4^+-N	*amoA*	Positive

续表

菌种	种属	抑制因素	功能基因	相关性
AOB	*Nitrosospira briensis*	饥饿	*amoA*	Positive
AOB	*Nitrosomonas europaea*	DO 温度	*amoA* and *hao*	Positive
AOB	*Nitrosomonas europaea*	NO_2^-	*nirK*	Negative
AOB	*Nitrosomonas europaea*	DO	*hao*, *amoA*, *nirK* and *norB*	Negative
AOB	*Nitrosomonas europaea*	$ZnCl_2$	*merA* and *amoA*	Negative
AOB	*Nitrosomonas europaea*	$ZnCl_2$	*merTPCAD*	Negative
Denitrifying bacteria	*Pseudomonas mandelii*	KNO_3	*nirS*	Positive
Anammox bacteria	*Candidatus* Brocadia fulgida	NO_2^-	*hzo*	Positive
Anammox bacteria	*Candidatus* Brocadia sinica	饥饿	*hzsA*	Positive
Anammox bacteria	*Candidatus* Kuenenia stuttgartiensis	NO_2^-	*nirS*, *hzsA* and *hdh*	Negative or Positive

注：缩写：*ppk1*，编码 *polyP* 激酶 1 基因；*nosZ*，编码一氧化二氮还原酶基因；*amoA*，编码氨单加氧酶基因；*hao*，编码羟胺氧化还原酶基因；*nirK* 或 *nirS*，编码亚硝酸盐还原酶基因；*norB*，编码一氧化氮还原酶基因；*merA*，编码汞还原酶基因；*merTPCAD*，汞抗性基因；*hzo*，编码肼氧化还原酶基因；*hzsA*，编码肼合酶基因；*hdh*，编码肼脱氢酶基因。

3.1.2 实验方案

在本章中，采用 RT-qPCR 检测涉及厌氧氨氧化产能代谢的三个关键功能基因 *nirS*、*hzsA* 和 *hdh* 的转录水平，并采用 Western blot 检测了 HDH 蛋白水平，其主要研究目标包括：(1) 考察在不同浓度 NO_2^- 冲击阶段和恢复阶段，厌氧氨氧化菌 *Candidatus* K. stuttgartiensis 脱氮效能变化；(2) 研究厌氧氨氧化产能代谢的三个关键功能基因的表达水平以及 HDH 蛋白水平，在不同浓度 NO_2^- 冲击抑制阶段与活性恢复阶段的变化；(3) 考察厌氧氨氧化产能代谢的三个关键功能基因的转录水平与厌氧氨氧化菌活性之间的关联性，证明功能基因的转录水平是否可作为反映厌氧氨氧化菌在不同浓度 NO_2^- 冲击时其活性变化的生理指标。

1. 实验用泥

采用批次实验考察 *Candidatus* K. stuttgartiensis 在不同 NO_2^- 浓度生境下，其脱氮效率、转录水平和翻译水平的变化。实验用厌氧氨氧化富集污泥同样取自运行 270d 的厌氧氨氧化母反应器。污泥采用不含基质的配水（成分与厌氧氨氧化母反应器进水相同，但不含 NH_4Cl 和 $NaNO_2$）清洗 3 遍后移入 500mL 的 SBR，实验过程 MLVSS 为 5000mg/L。

2. NO_2^- 胁迫实验

在 NO_2^- 抑制实验阶段，所有批次中的 NH_4^+-N 浓度设定为固定的 50mg N/L，相应的 NO_2^- 浓度分别为 66mg N/L（对照组）、200mg N/L、300mg N/L、400mg N/L 和 500mg N/L，反应时间持续 5h。反应开始沿程定时取水样，分别测定 NH_4^+-N 和 NO_2^--N 浓度，按照第 2

章所述方法测定 SAA。在活性恢复实验阶段，受 NO_2^- 冲击抑制的污泥先用不含基质的配水清洗 3 遍后，按照第 2 章所述方法测定 SAA。NO_2^- 抑制实验和恢复实验中的 SAA 都进行归一化，即都除以对照组中所测得的 SAA：normalized SAA（nSAA，%）=（$SAA_{inhibited}$/$SAA_{control}$）×100。

在上述 NO_2^- 抑制实验中，定时取泥样用于检测厌氧氨氧化产能代谢的三个关键功能基因（*nirS*、*hzsA* 和 *hdh*）的 mRNA 水平和 HDH 蛋白水平，其中 NH_4^+-N 消耗完的采样点用于比较不同批次之间功能基因 mRNA 水平和 HDH 蛋白水平的大小。每个采样点所测得的功能基因的 mRNA 浓度都进行归一化，即先都除以相应的厌氧氨氧化菌的 16S rDNA 水平，然后每个批次中"mRNA/DNA"再都除以对照组的"mRNA/DNA"。RT-qPCR 中针对 *Candidatus K. stuttgartiensis* 三个关键功能基因（*nirS*、*hzsA* 和 *hdh*）所采用的引物见表 3-3。

RT-qPCR 中所采用的引物　　　**表 3-3**

目标基因	引物	5′-3′序列
16S-rRNA gene	AMX-808-F	ARCYGTAAACGATGGGCACTAA
	AMX-1040-R	CAGCCATGCAACACCTGTRATA
nirS	*nirS*-1-F	AAATTACTGGCCTCCAAGC
	nirS-2-R	TCCACAAGCAGGATGAGTC
hzsA	*hzsA*-1597F	WTYGGKTATCARTATGTAG
	hzsA-1857R	AAABGGYGAATCATARTGGC
hdh	*hdh*-1-F	GGTGGTTTGAGGGGTTCCAA
	hdh-2-R	TATGGCGACCTCTGTGCATC

注：引物是根据"*Candidatus K.* stuttgartiensis"基因组中的联氨脱氢酶脱氢酶（kustc0694）基因序列设计的。

3.2　无胁迫条件下典型周期氮素转化及功能基因 mRNA 水平变化

在无胁迫条件下，随着反应进行，NH_4^+-N 和 NO_2^--N 浓度几乎同步下降，其降解速率分别为（0.18±0.02）g N/(g VSS·d）和（0.26±0.03）g N/(g VSS·d)（反应前 135min）（表 3-4）。单位时间去除的 NH_4^+-N 和 NO_2^--N 的比值约为 1：（1.39±0.02），与文献中报道的理论值接近（1：1.32），这意味着发生了典型的厌氧氨氧化反应。

NO_2^- 冲击阶段和恢复阶段 NO_2^- 去除速率、NH_4^+-N 去除速率与 SAA　　　**表 3-4**

亚硝酸盐浓度 (mg/L)	亚硝酸盐去除速率 [g N/(g VSS·d)]		氨氮去除速率 [g N/(g VSS·d)]		SAA [g N/(g VSS·d)]	
	冲击阶段	恢复阶段	冲击阶段	恢复阶段	冲击阶段	恢复阶段
66	0.26±0.03	0.21±0.05	0.18±0.02	0.15±0.04	0.44±0.05	0.35±0.08
200	0.29±0.05	0.21±0.05	0.21±0.03	0.15±0.03	0.49±0.08	0.36±0.08

续表

亚硝酸盐浓度 (mg/L)	亚硝酸盐去除速率 [g N/(g VSS · d)]		氨氮去除速率 [g N/(g VSS · d)]		SAA [g N/(g VSS · d)]	
	冲击阶段	恢复阶段	冲击阶段	恢复阶段	冲击阶段	恢复阶段
300	0. 25±0. 03	0. 19±0. 05	0. 17±0. 02	0. 13±0. 03	0. 42±0. 03	0. 33±0. 08
400	0. 20±0. 03	0. 17±0. 04	0. 15±0. 01	0. 12±0. 02	0. 35±0. 03	0. 30±0. 06
500	0. 11±0. 04	0. 15±0. 03	0. 09±0. 01	0. 11±0. 01	0. 23±0. 02	0. 26±0. 05

在典型周期中，*Candidatus K.* stuttgartiensis 三个功能基因（*nirS*、*hzsA* 和 *hdh*）mRNA 水平变化趋势基本相同（图 3－1）。当 NH_4^+-N（50mg N/L）和 NO_2^--N（66mg N/L）投加入反应器后，*nirS*、*hzsA* 和 *hdh* 三个功能基因的 mRNA 水平便迅速上升，135min 时三个功能基因的 mRNA 水平与反应初开始的表达水平相比，分别增加了 9 倍、5 倍和 5 倍。该结果说明，NH_4^+-N 和 NO_2^--N 这两种基质可强烈诱导涉及厌氧氨氧化产能代谢的三个关键功能基因（*nirS*、*hzsA* 和 *hdh*）的表达，且三个功能基因 mRNA 水平的上升与 NH_4^+-N 和 NO_2^--N 这两种基质浓度的下降相对应。

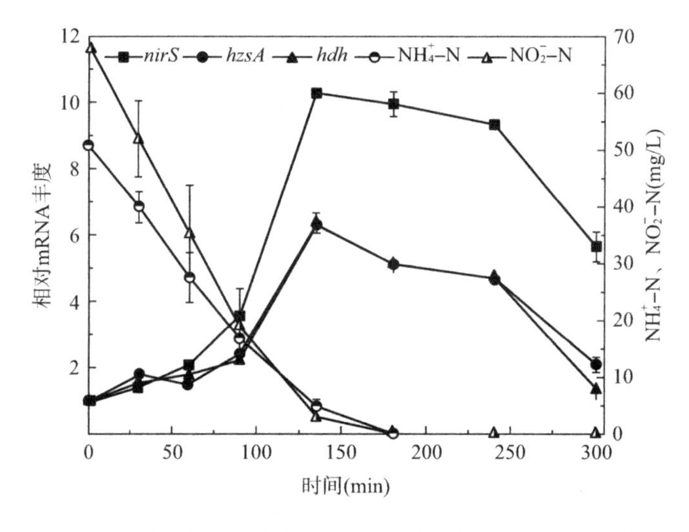

图 3－1 对照组典型周期中 NH_4^+-N、NO_2^--N 和三个功能基因（*nirS*、*hzsA* 和 *hdh*）mRNA 水平变化规律

在 AOB 和反硝化菌的相关研究中，也发现类似现象。Aoi 等人发现，在加入 600mg NH_4^+-N/L 6h 后，*Nitrosomonas europaea*（AOB）和 *Nitrosomonas eutropha* 的 *amoA* mRNA 浓度较反应初增加 15 倍；同样，*Pseudomonas mandelii*（反硝化菌）在无硝酸盐添加时，*nirS* 基因的表达量只有反应初的 12 倍，而 *nirS* 基因在添加了 1000mg N/L 的硝酸钾后，其表达量可增加至反应初的 1000 倍。以上现象都说明，微生物中涉及分解代谢的功能基因，其表达量会在基质存在时显著上调。

在反应的后 165min 内，由于 NH_4^+-N 和 NO_2^--N 这两种基质已消耗殆尽，*Candidatus*

K. stuttgartiensis 中 *nirS*、*hzsA* 和 *hdh* 三个功能基因 mRNA 水平逐渐下降（图 3－1）。这同时也说明了厌氧氨氧化菌内涉及分解代谢的 mRNA 半衰期较短，这与先前报道的细菌 mRNA 半衰期较短（0.5～50min）结论一致。

3.3　亚硝酸盐冲击下厌氧氨氧化菌功能基因的 mRNA 水平变化

如图 3－2 所示，亚硝酸盐冲击会对 *Candidatus K.* stuttgartiensis 中 *nirS*、*hzsA* 和 *hdh* 三个功能基因的转录水平造成不同程度的影响。在 200mg NO_2^--N/L 冲击下，厌氧氨氧化富集污泥的氨氧化速率和 nSAA 分别为（0.21±0.03）g N/(g VSS·d）和 117.2%±11.3%（$p<0.05$），相较于对照组反而略有提高［对照组的氨氧化速率和 nSAA 分别为（0.18±0.02）g N/(g VSS·d）和 100%±12.7%］，如图 3－3（*a*）和（*b*）和表 3－4所示。

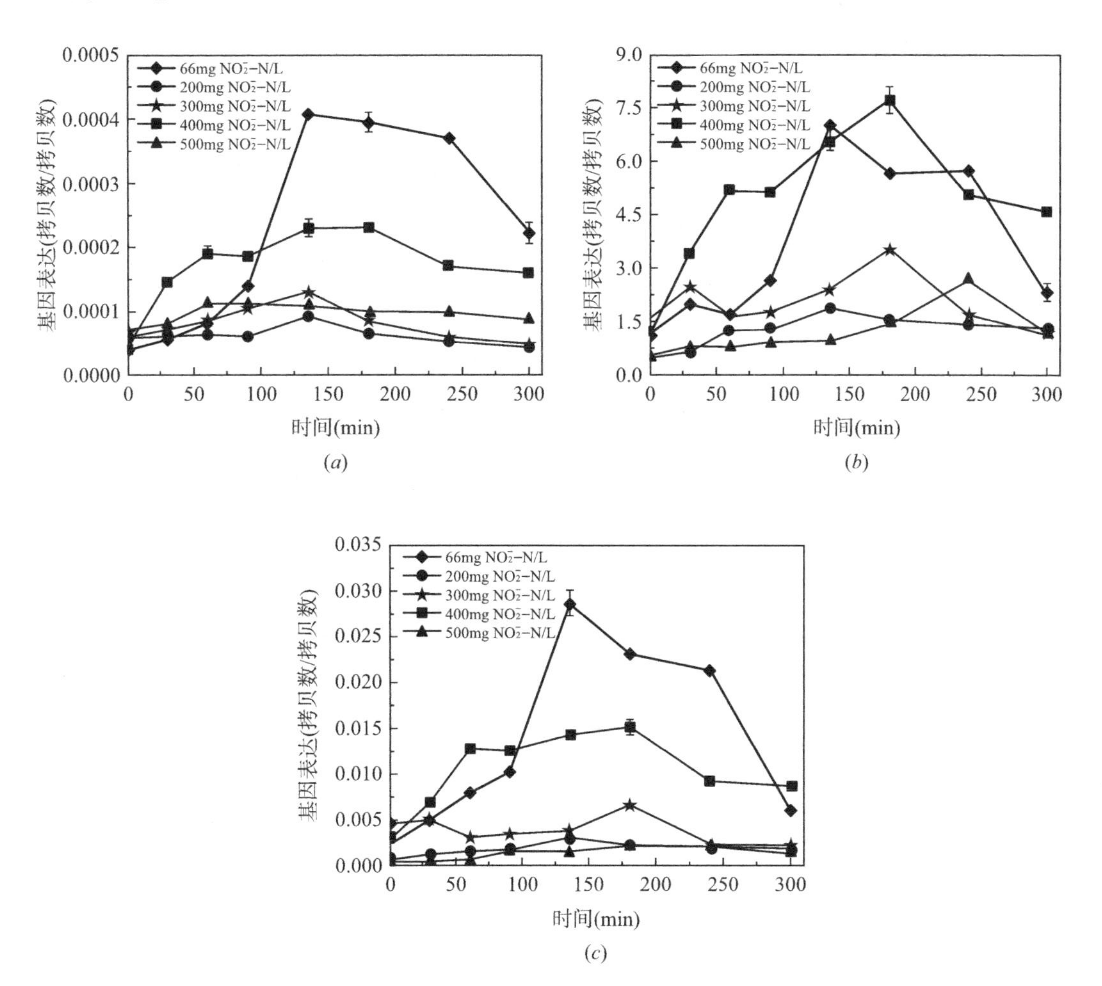

图 3－2　NO_2^- 对 *nirS*、*hzsA* 和 *hdh* 的 mRNA 水平在单周期内变化趋势的影响

（*a*）*nirS* 的 mRNA 水平变化；（*b*）*hzsA* 的 mRNA 水平变化；（*c*）*hdh* 的 mRNA 水平变化

然而，当 NO_2^- 浓度逐渐增加至 300mg N/L、400mg N/L 和 500mg N/L 时，nSAA 却分别下降至 92.2%±4.2%、80.5%±1.6%和 51.8%±3.1%（$p<0.05$）[图 3-3（b）]，其中剩余的 NO_2^- 浓度分别为（225.3±20.8）mg N/L、（333.5±17.7）mg N/L 和（438.0±1.4）mg N/L（表 3-5），这说明 300mg N/L 以上的 NO_2^- 冲击对厌氧氨氧化活性造成抑制。根据不同 NO_2^- 浓度冲击下的 nSAA 数据计算获得，本章研究中 NO_2^- 对厌氧氨氧化富集污泥的半抑制浓度（the 50% activity inhibition，IC_{50}）约为 500mg NO_2^--N/L，比 Lotti（400mg NO_2^--N/L）和 Carvajal-Arroyo（384mg NO_2^--N/L）等人获得的 IC_{50} 略高。此外，活死细胞染色结果显示，所有批次实验中的活细胞比例不存在显著差异（$p>0.05$），这意味着≤500mg NO_2^--N/L 的 NO_2^- 冲击不会导致厌氧氨氧化菌死亡（图 3-4）。

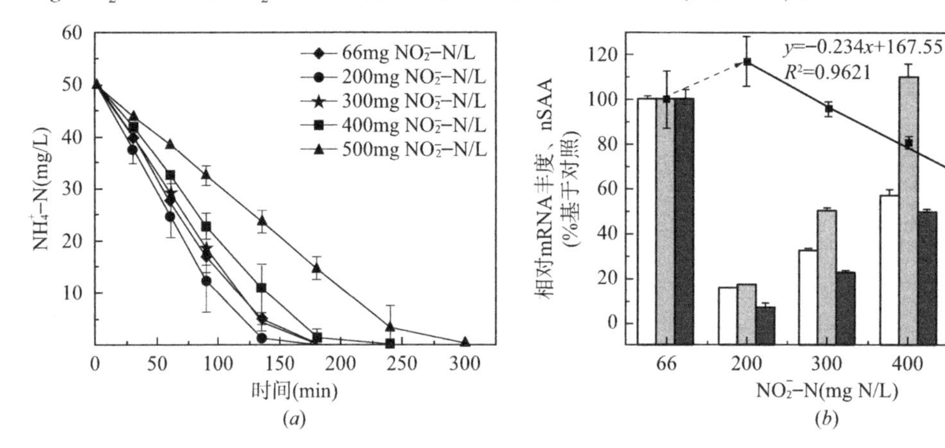

图 3-3　厌氧氨氧化菌在亚硝酸盐冲击下，NH_4^+ 降解的动态过程和厌氧氨氧化相关功能基因的 mRNA 丰度和 nSAA 大小

（a）冲击实验中不同浓度 NO_2^- 对 NH_4^+-N 降解的影响（NH_4^+-N 初始浓度为 50mg N/L）；

（b）nSAA 与 *nirS*、*hzsA* 和 *hdh* 三个功能基因的 mRNA 水平在不同浓度 NO_2^- 冲击下的变化

注：图中虚线表示 200mg N/L NO_2^- 影响下，*Candidatus* K. stuttgartiensis 的 nSAA 略微上升，而实线表示用直线拟合在 300～500mg NO_2^--N/L 冲击下，nSAA 下降的趋势线。

NO_2^- 冲击批次过程亚硝酸盐的浓度变化　　**表 3-5**

时间（min）	亚硝酸盐浓度（mg N/L）				
	66[a]	200[a]	300[a]	400[a]	500[a]
0	67.6±0.9	205.7±7.5	297.5±17.7	393.0±15.6	500.0±17.0
30	56.1±0.6	192.0±8.5	284.8±18.6	384.5±13.4	492.5±13.4
60	40.8±0.5	176.6±9.0	272.6±23.2	371.0±17.0	484.0±11.3
90	23.3±0.2	154.5±2.1	260.0±25.5	363.0±19.8	474.5±16.3
135	4.1±1.2[b]	138.5±2.1[b]	236.5±33.2	349.0±22.6	465.5±12.0
180	0	133.0±2.8	225.3±20.8[b]	333.5±17.7[b]	455.0±7.0
240	0	131.5±2.1	223.0±18.4	324.0±11.3	438.0±1.4[b]
300	0	130.5±2.1	220.5±16.3	320.0±7.0	429.5±10.6

a 代表各批次实验的初始亚硝酸盐浓度。

b 代表 NH_4^+-N 被消耗殆尽后，NO_2^--N 的残留浓度。

据文献报道，mRNA 丰度可反映微生物利用基质的效率，因此，mRNA 可在自然以及工程系统中特异性指示复杂群体中某一种微生物活性的生物指标。而在本研究中，与对照组相比，在 200mg NO_2^--N/L 冲击下 *nirS*、*hzsA* 和 *hdh* 三个功能基因的 mRNA 水平急剧下降至 15.0%±0.5%、17.6%±0.1% 和 7%±1.8%（$p<0.05$），这与此浓度下略微上升的 nSAA 并不一致［图 3－3（*b*）］。而当 NO_2^- 浓度增加至 300mg N/L 和 400mg N/L 时，和 200mg NO_2^--N/L 冲击批次相比，尽管 nSAA 继续下降，但 *nirS*、*hzsA* 和 *hdh* 的 mRNA 水平却有所上升（$p<0.05$）［图 3－3（*b*）］。在 AOB 的相关分子研究中也发现了微生物活性与功能基因的 mRNA 水平变化不一致的现象：*Nitrosococcus mobilis* 在 280mg N/L 的 NO_2^- 冲击下，*amoA* 和羟胺氧化还原酶基因（hydroxylamine oxidoreductase，*hao*）的 mRNA 水平下降，但其比耗氧速率（specific oxygen utilization rate，SOUR）却未明显变化。当 NO_2^- 浓度增加至 500mg N/L 时，原本在 400mg NO_2^--N/L 冲击下有所上升的 *Candidatus K.* stuttgartiensis 中三个功能基因（*nirS*、*hzsA* 和 *hdh*）的表达水平却又急剧下降（$p<0.05$），这与此浓度下 nSAA 下降的变化趋势一致［图 3－3（*b*）］。

在本实验条件下，不同 NO_2^- 浓度冲击下 nSAA 与 *Candidatus K.* stuttgartiensis 中的 *nirS*、*hzsA* 和 *hdh* 的 mRNA 水平之间并不存在显著关联（图 3－5），这说明 *Candidatus K.* stuttgartiensis 的基质降解速率，并不仅受三个分解代谢相关功能基因（*nirS*、*hzsA* 和 *hdh*）表达水平的影响，或许还存在转录后调节等情况。为阐明 *Candidatus K.* stuttgartiensis 在不同 NO_2^- 浓度冲击下的应激调控策略，后续采用 HDH 蛋白作为研究对象，利用 Western Blot 开展蛋白水平的研究进行证明。

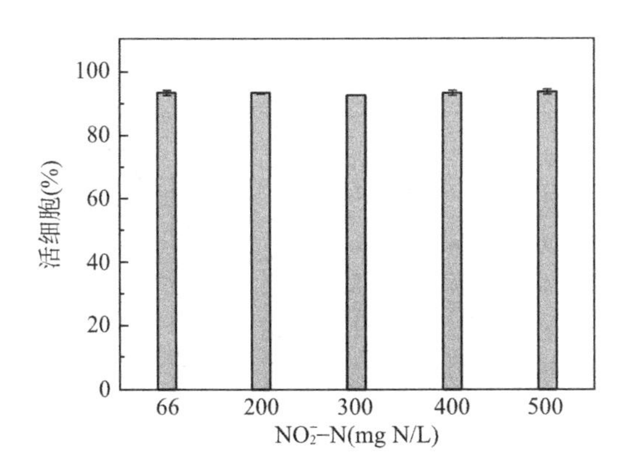

图 3－4　不同浓度 NO_2^- 冲击下厌氧氨氧化富集污泥中活细胞比例的变化

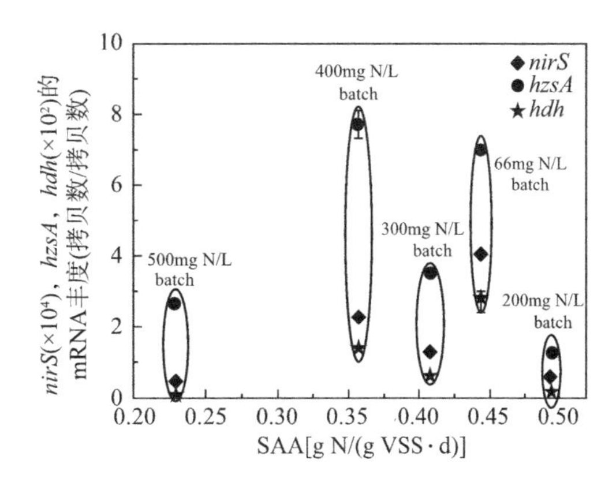

图 3－5　不同浓度 NO_2^- 冲击下厌氧氨氧化富集污泥的 nSAA 与 *nirS*、*hzsA* 和 *hdh* 三个功能基因 mRNA 水平的关联性

3.4　活性恢复阶段厌氧氨氧化功能基因的 mRNA 水平变化

针对厌氧氨氧化菌遭受不同浓度 NO_2^- 冲击后其活性抑制是否可逆，在完成 NO_2^- 抑制

实验后，将实验污泥用不含基质的配水清洗 3 遍后，按照对照组的实验条件进行活性批次实验（NH_4^+-N 浓度为 50mg N/L，NO_2^- 浓度为 66mg N/L）见图 3－6（*a*）。结果表明，厌氧氨氧化富集污泥遭受 200mg NO_2^--N/L 冲击后，在活性恢复阶段其 nSAA 几乎完全恢复（101.2%±0.2%）（$p>0.05$），这说明低于 200mg NO_2^--N/L 的冲击不会对厌氧氨氧化菌造成持续性的活性损伤［图 3－6（*b*）］。然而，厌氧氨氧化富集污泥遭受 300mg NO_2^--N/L、400mg NO_2^--N/L 和 500mg NO_2^--N/L 冲击后，在活性恢复阶段其 nSAA 依然比对照组降低了 5.9%±1.3%、13.3%±2.6% 和 23.6%±2.8%（$p<0.05$）［图 3－6（*b*）］。这说明过量的 NO_2^-（>200mg NO_2^--N/L）会对厌氧氨氧化菌活性造成持续性抑制，其基质去除效率难以在短期内完全恢复。

厌氧氨氧化富集污泥在被 200mg NO_2^--N/L、300mg NO_2^--N/L 和 500mg NO_2^--N/L 冲击后，相较于对照组，恢复实验中 *nirS* 的 mRNA 水平恢复到了 71.4%±2.9%、91.4%±0.3% 和 87.6%±3.3%，*hzsA* 的 mRNA 水平恢复到了 63.6%±1.7%、72.3%±0.5% 和 114.8%±0.7%，*hdh* 的 mRNA 水平恢复到了 87.6%±2.3%、88.0%±1.5% 和 87.8%±1.7%（$p<0.05$）［图 3－6（*b*）］。值得注意的是，相对于对照组，厌氧氨氧化富集污泥遭受 400mg NO_2^--N/L 冲击后，在恢复实验中 *nirS*、*hzsA* 和 *hdh* 的 mRNA 水平明显高于其他恢复批次（$p<0.05$），其数值达到 130.5%±8.5%、115.3%±0.6% 和 138.6%±0.9%；然而，400mg NO_2^--N/L 恢复批次中，其 nSAA 仅恢复到对照组的 87.0%±3.1%［图 3－6（*b*）］，这一结果进一步说明厌氧氨氧化活性与其功能基因的 mRNA 丰度之间存在不一致性（图 3－7）。

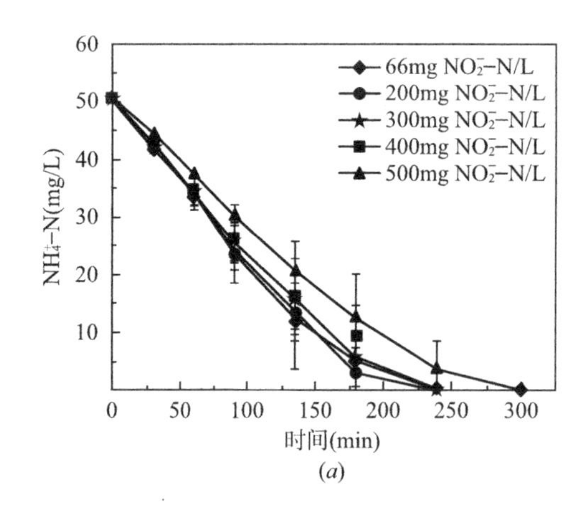

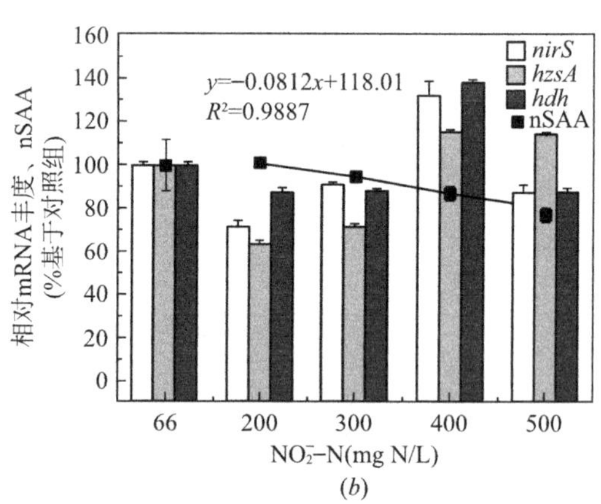

图 3－6 厌氧氨氧化富集污泥活性恢复实验中 NH_4^+ 降解的动态过程和厌氧氨氧化相关功能基因的 mRNA 丰度和 nSAA 变化

（*a*）活性恢复实验中不同浓度 NO_2^- 冲击后 NH_4^+-N 的降解过程（NH_4^+-N 初始浓度为 50mg N/L）；
（*b*）活性恢复实验中 nSAA 与 *nirS*、*hzsA* 和 *hdh* 三个功能基因的 mRNA 水平在不同浓度 NO_2^- 冲击后的变化
（图中实线表示用直线拟合在 200～500mg NO_2^--N/L 冲击后，活性恢复实验中 nSAA 下降的趋势线）

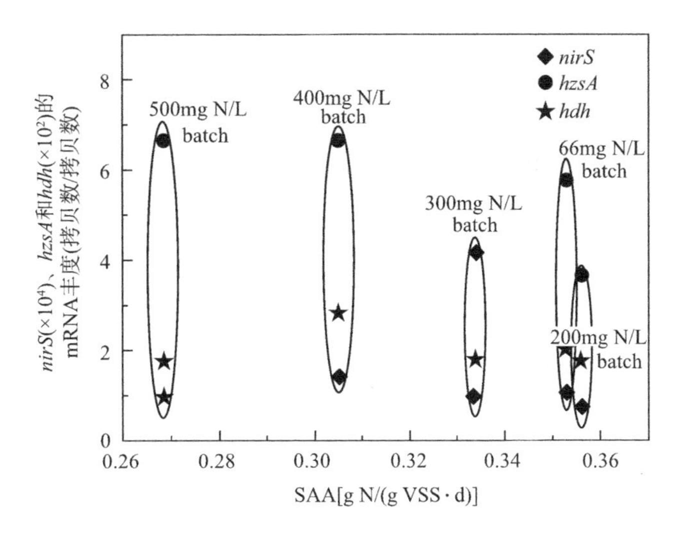

图 3－7　活性恢复实验中厌氧氨氧化富集污泥中的 nSAA 与 *nirS*、*hzsA* 和 *hdh* 三个功能基因的 mRNA 丰度的关联性

3.5　联氨脱氢酶蛋白在亚硝酸盐冲击及活性恢复阶段的变化

厌氧氨氧化菌分解代谢是否能够顺利进行，取决于其胞内 NirS、HZS 和 HDH 等蛋白催化功能的发挥。任何可能影响 NirS、HZS 和 HDH 这三个蛋白合成及其功能发挥的因素，都可能影响厌氧氨氧化反应的进行。出现厌氧氨氧化活性与其功能基因的 mRNA 丰度之间不一致的现象，可能存在两种机理解释：（1）基因的转录过程（从 DNA 到 mRNA）或者 mRNA 的翻译过程（从 mRNA 到蛋白质）遭受 NO_2^- 的冲击干扰，导致生成的蛋白质不足；（2）已存在或者新合成的蛋白质，由于高浓度 NO_2^- 的存在，导致其催化活性受到抑制甚至失活（即使蛋白质浓度不变或者升高）。

为验证基因转录过程或者 mRNA 翻译过程是否遭受 NO_2^- 的抑制，进一步采用了 Western Blot 技术检测 HDH 蛋白水平在 NO_2^- 冲击实验以及活性恢复实验中的变化。如图 3－8 所示，与对照组相比，200～500mg N/L 的 NO_2^- 冲击都会导致 HDH 蛋白水平的下降。具体来说，当 NO_2^- 浓度从 66mg N/L 增加至 200mg N/L 和 300mg N/L 时，HDH 蛋白水平一直持续降低［图 3－8（*a*）］；而当 NO_2^- 浓度增加至 400mg N/L 时，与 300mg NO_2^--N/L 冲击批次相比，HDH 蛋白水平却发生明显上升［图 3－8（*a*）］；而当 NO_2^- 浓度继续增加至 500mg N/L 时，无论是 HDH 蛋白水平［图 3－8（*a*）］还是 nSAA 以及 *hdh* 的 mRNA 丰度［图 3－8（*b*）］，都是 NO_2^- 冲击批次中最低的；500mg NO_2^--N/L 冲击批次中的微生物活性变化与功能基因（*hdh*）所对应的转录水平及翻译水平变化是一致的。

在活性恢复批次实验中，66mg N/L、200mg N/L、300mg N/L 和 500mg N/L 等浓度的 NO_2^- 冲击后，其所测得的 HDH 蛋白水平差距不大［图 3－8（*b*）］；可是 400mg N/L 的

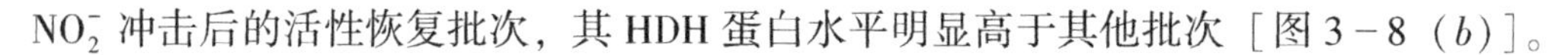

NO_2^- 冲击后的活性恢复批次，其 HDH 蛋白水平明显高于其他批次［图 3－8（*b*）］。

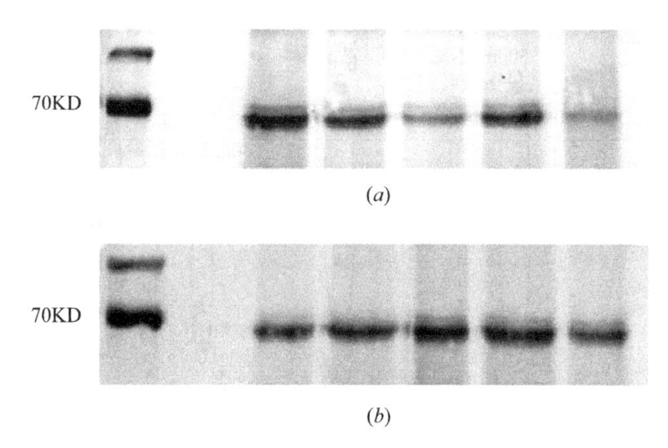

图 3－8　HDH 蛋白水平（lane 1，66mg N/L；lane 2，200mg N/L；
lane 3，300mg N/L；lane 4，400mg N/L；lane 5，500mg N/L）及活性恢复实验
（lane 1，66mg N/L；lane 2，200mg N/L；lane 3，300mg N/L；lane 4，400mg N/L；
lane 5，500mg N/L）（变化基于 Western Blot 检测）
（*a*）NO_2^- 冲击实验；（*b*）活性恢复实验

3.6　总结与展望

本章从转录水平和翻译水平角度考察了短期 NO_2^- 冲击对于厌氧氨氧化菌 *Candidatus* K. stuttgartiensis 的影响，采用了固定的 NH_4^+-N 浓度（50mg N/L）和不同梯度的 NO_2^- 浓度［66mg N/L（对照组）、200mg N/L、300mg N/L、400mg N/L 和 500mg N/L］进行研究。通过 RT-qPCR 技术检测了厌氧氨氧化菌中的亚硝酸盐氧化还原酶（*nirS*）、联氨合成酶（*hzsA*）和联氨脱氢酶（*hdh*）三个功能基因对应的 mRNA 的含量，同时还通过蛋白质免疫印迹技术检测了联氨脱氢酶（HDH）的蛋白质浓度。这些研究结果从转录水平和翻译水平极大地增进了对厌氧氨氧化菌对 NO_2^- 冲击的应激防御策略的理解。

本章节内容有助于针对实际厌氧氨氧化工艺中，高浓度 NO_2^- 冲击时的抑制机理诊断以及相应的调控策略的建立。在实际规模厌氧氨氧化工艺的调控中，可通过 nSAA 检测与功能基因（*nirS*、*hzsA* 和 *hdh*）表达水平检测相结合的方式，考察 NO_2^- 对厌氧氨氧化富集污泥的抑制程度，从而确保厌氧氨氧化反应器的高效稳定运行：（1）当 nSAA 上升而 *nirS*、*hzsA* 和 *hdh* 的 mRNA 水平却下降时，厌氧氨氧化菌的代谢活性在移除多余 NO_2^- 后即可恢复正常；（2）当检测到 nSAA 下降而 *nirS*、*hzsA* 和 *hdh* 的 mRNA 水平上升（或者也下降）时，意味着厌氧氨氧化菌已遭受严重抑制，除去除多余 NO_2^- 外，还需采用降低负荷或加入联氨等方式，进一步促进厌氧氨氧化菌代谢活性的恢复。

第4章 基质匮乏条件下厌氧氨氧化菌的代谢机制与生存策略

4.1 基质匮乏条件对厌氧氨氧化菌的影响

由于污水处理厂进水水量水质波动、日常维护和雨水径流等原因，活性污泥中的微生物可能不时遭遇基质匮乏（饥饿）的情况。在此状态下，微生物将利用胞内物质产生能量来维持生存，此过程即内源代谢过程。内源代谢过程往往会引起微生物活性降低甚至死亡，继而导致污水处理厂运行恶化。和异养菌不同，厌氧氨氧化菌不含 PHA 合成基因，这意味着厌氧氨氧化菌无法在基质匮乏期间利用胞内 PHA 产能来抵抗饥饿。此外，厌氧氨氧化菌生长缓慢，倍增时间长，如遇饥饿过程引发的活性下降和细胞死亡后，所需要的恢复时间可能较长，甚至很有可能导致 Anammox 反应器崩溃。

虽然已有研究表明，饥饿过程会导致 Anammox 活性降低甚至死亡，然而其内源代谢过程的分子机理，尤其是饥饿过程胞内物质的利用情况，目前仍无报道。饥饿过程易导致微生物胞内大分子物质的减少，引起污水处理厂运行效能的降低。但也有研究报道，AOB 在饥饿过程可使胞内大分子物质（如蛋白等）保持相对稳定，并有利于细菌在重获基质供应时快速恢复活性。*Nitrosospira briensis* 在好氧饥饿 14d 后，胞内的可溶性蛋白几乎未发生改变，且在恢复氨氮供应 10min 后，就完全恢复了活性。这说明 AOB 可在饥饿状态下控制胞内物质使之稳定，从而更好地适应内源过程。虽然厌氧氨氧化菌和 AOB 同属于自养菌，但厌氧氨氧化菌胞内物质在饥饿过程能否保持稳定，以及厌氧氨氧化菌应对饥饿时胞内功能基因表达的调控机制，仍然需要深入研究。

由于厌氧氨氧化菌生长缓慢，细胞产率仅为（0.066±0.01）C-mol/mol ammonium，因此 Anammox 反应器的启动往往需要耗费数年时间，这严重限制了 Anammox 工艺的大规模推广应用。若能保存足够多的高活性厌氧氨氧化富集污泥作为接种污泥，则可大幅缩短 Anammox 反应器的启动所需时间。同时，由于厌氧氨氧化菌易遭受胁迫环境的影响，导致活性受到抑制，通过添加保存良好的活性高 Anammox 富集污泥，可有效促进受抑制的 Anammox 反应器快速恢复。此外，由于 Anammox 富集污泥长途运输、污水处理厂的年度维修或者季节性因素，微生物可能处于长达数周甚至数月的饥饿状态，在此期间厌氧氨氧化富集污泥也需妥善保存。因此，长期有效地保存 Anammox 富集污泥，是 Anammox 工艺得到推广应用不可缺少的技术手段。

污泥长期储存往往使厌氧氨氧化菌处于无基质饥饿状态。在长期饥饿胁迫下，微生物一般会通过调整自身生理状态或者新陈代谢活动来确保在饥饿状态下的存活。微生物调控方式一般包括：缩小细胞体积、降低胞内大分子物质合成率、改变细胞膜结构（增加疏水性分子，强化粘附与聚集能力）以及利用胞内物质（蛋白质、脂肪和碳水化合物）开展内源代谢等。虽然针对厌氧氨氧化菌长期饥饿过程活性衰减与死亡衰减已有研究，至今并未报道厌氧氨氧化菌在长期饥饿条件下的生存策略及其分子机制。此外，为防止污泥中硫酸盐还原菌的滋生与硫化氢的产生，Anammox 富集污泥的长期保存可通过投加硝酸盐营造缺氧状态。然而目前尚无关于厌氧氨氧化菌在长期缺氧胁迫下生理特性的研究。因此，厌氧氨氧化菌在长期缺氧饥饿过程中胞内蛋白变化及其分子调控机制也值得进一步考察。已有诸多研究报道在贫营养生态环境（海洋、淡水流域、沉积物和土壤）中发现厌氧氨氧化菌，且这些贫营养环境中厌氧氨氧化菌因基质缺乏长期都处于饥饿状态，这意味着厌氧氨氧化菌必然进化出了一套分子调控网络，帮助其在长期无基质条件下存活。因此，厌氧氨氧化菌在长期饥饿环境下的调控机制和存活能力值得深入研究。

4.2 厌氧氨氧化富集污泥在短期饥饿过程的活性衰减

已有研究表明，控制胞内 mRNA 降解是微生物应对饥饿环境的有效调控策略。*V. angustum* S14（红球菌属）处于碳饥饿状态时，胞内控制 ATPase 基因的 mRNA 半衰期相较于非饥饿状态增加了 2～4 倍。控制饥饿状态下 mRNA 的降解速率不仅可节省能量，而且有利于恢复基质供应时微生物活性的恢复。然而，目前仍然不清楚厌氧氨氧化菌应对饥饿时，其胞内 mRNA 的调控机制。

本章探究了厌氧氨氧化菌 *Candidatus K.* stuttgartiensis 在短期（小于厌氧氨氧化菌的世代时间）厌氧（4.5d）和缺氧（40h）中温饥饿过程的内源代谢特性。主要通过生理生化检测、活死细胞染色、RT-qPCR 和 Western Blot 等技术结合，考察厌氧氨氧化菌在短期厌氧和缺氧中温饥饿过程的活性衰减速率、死亡衰减速率以及胞内外大分子物质［EPS、HDH 蛋白、ATP 和涉及厌氧氨氧化产能代谢的三个关键功能基因（*nirS*、*hzsA* 和 *hdh*）的 mRNA］的变化。

4.2.1 短期饥饿胁迫实验方案

1. 实验用泥

实验采用厌氧氨氧化富集污泥，考察 *Candidatus K.* stuttgartiensis 在 4.5d 厌氧饥饿与 40h 缺氧中温饥饿过程的内源代谢情况。从运行稳定的厌氧氨氧化母反应器中取出 4500mL 实验用厌氧氨氧化富集污泥。用不含基质的配水清洗 3 遍后平均分成 9 份，分别移入9个500mL的玻璃锥形瓶，每个锥形瓶中的VSS为5000mg/L。

2. 短期饥饿胁迫实验

9份污泥其中一份设定为对照组（即非饥饿状态），4份用于厌氧饥饿实验（无氧气，无硝酸盐），剩下的4份处于缺氧饥饿状态（无氧气，含有硝酸盐）。在缺氧饥饿实验中，锥形瓶中添加有70mg N/L的硝酸盐，用于维持缺氧状态；饥饿过程定时检测硝酸盐的浓度，当硝酸盐耗尽时需继续添加硝酸盐，从而继续维持缺氧状态。

用于厌氧和缺氧饥饿实验的8个锥形瓶置于水浴槽中，温度维持在（33±1）℃；水浴槽置于磁力搅拌器上，饥饿过程污泥处于持续搅拌并完全混合的状态，搅拌速度为100r/min。在短期厌氧和缺氧饥饿过程中，定期取一份污泥，用不含基质的配水清洗3遍后移入500mL的SBR反应器中，用于检测厌氧氨氧化活性。厌氧饥饿实验中的取样间隔为0、1.5d、2.5d、3.5d和4.5d，缺氧饥饿实验中的取样间隔为0、10h、20h、30h和40h。在短期饥饿冲击结束后，将经历4.5d厌氧饥饿和40h缺氧饥饿的污泥按照对照组相同实验方法连续进行4个批次实验，以考察厌氧氨氧化富集污泥在经历短期饥饿冲击后的活性恢复。

在活性测试实验中，初始氨氮和亚硝酸盐浓度分别设为50mg N/L和66mg N/L。在实验过程中每20min取样检测氨氮、亚硝酸盐氮和硝酸盐氮，按照第2章所述方法测定SAA，并将SAA归一化，即都除以对照组中所测得的SAA：normalized SAA（nSAA，%）=（$SAA_{inhibited}/SAA_{control}$）×100。将nSAA随时间的变化在半对数坐标上作图，线性拟合其随时间不断下降的趋势，其斜率即为厌氧氨氧化菌在饥饿过程的活性衰亡速率。通过计算单位污泥质量单位时间条件下氨氮和亚硝酸盐氮的降解量，可得出氨氮比降解速率（ammonium removal rate，ARR）和亚硝酸盐氮比降解速率（nitrite removal rate，NRR）。通过计算单位污泥质量单位时间条件下硝酸盐氮增加量，可得出硝酸盐氮产率（nitrate production rate，NPR）。每个批次中所测得的ARR、NRR和NPR实现归一化，即都除以对照组中所测得的ARR、NRR和NPR：normalized ARR（nARR，%）=（$ARR_{inhibited}/ARR_{control}$）×100；normalized NRR（nNRR，%）=（$NRR_{inhibited}/NRR_{control}$）×100；normalized NPR（nNPR，%）=（$NPR_{inhibited}/NPR_{control}$）×100。

此外，在活性实验开始前，取一定量污泥用于检测EPS、HDH蛋白、活细胞比例、16S rDNA浓度、*nirS*、*hzsA*和*hdh*三个功能基因的mRNA丰度以及ATP水平。每个采样点所测得的功能基因的mRNA浓度都进行归一化，即先除以相应的厌氧氨氧化菌的16S rDNA水平，然后每个批次中“mRNA/DNA”再都除以对照组的“mRNA/DNA”。将mRNA的相对丰度（mRNA/DNA）随时间的变化在半对数坐标上作图，线性拟合其随时间不断下降的趋势，其斜率即为mRNA相对水平在饥饿过程的衰亡速率。RT-qPCR中针对*Candidatus* K. stuttgartiensis三个关键功能基因（*nir*S、*hzs*A和*hdh*）所采用的引物见表3-3。

采用Western Blot技术检测HDH蛋白水平，在将胶片进行扫描拍照后，用Odyssey红外荧光扫描成像系统（LI-COR Biosciences，Shanghai，China）分析目标条带的灰度值，灰度值与 HDH 蛋白水平成正比。将灰度值随时间的变化在半对数坐标上作图，线性拟合其随时间不断下降的趋势，其斜率即为 HDH 蛋白水平在饥饿过程的衰亡速率。

4.2.2 短期饥饿过程的活性衰减变化

活性污泥的衰亡过程是指能够引起生物体总量减少或导致微生物活性降低的过程，可分为由细胞死亡引起的数量衰减和由细胞活性降低引起的活性衰减两部分。在本研究中，活死细胞染色结果表明，厌氧氨氧化富集污泥在遭受短期厌氧和缺氧饥饿后，其活细胞比例均未发生变化，这说明短期厌氧和缺氧饥饿冲击并未导致厌氧氨氧化菌的死亡（图 4－1）。从形态学角度来看，在经历 4.5d 厌氧饥饿和 40h 的缺氧饥饿后，厌氧氨氧化颗粒形态无明显破裂，且外观颜色依然保持棕红色（图 4－2），表明短期的厌氧和缺氧饥饿冲击并不会影响厌氧氨氧化颗粒污泥的外观形态。

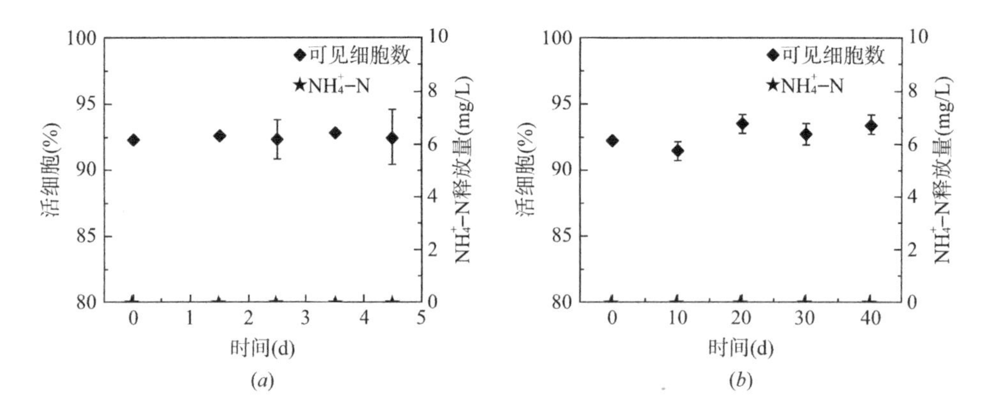

图 4－1　活细胞比例在短期厌氧和缺氧饥饿过程的变化

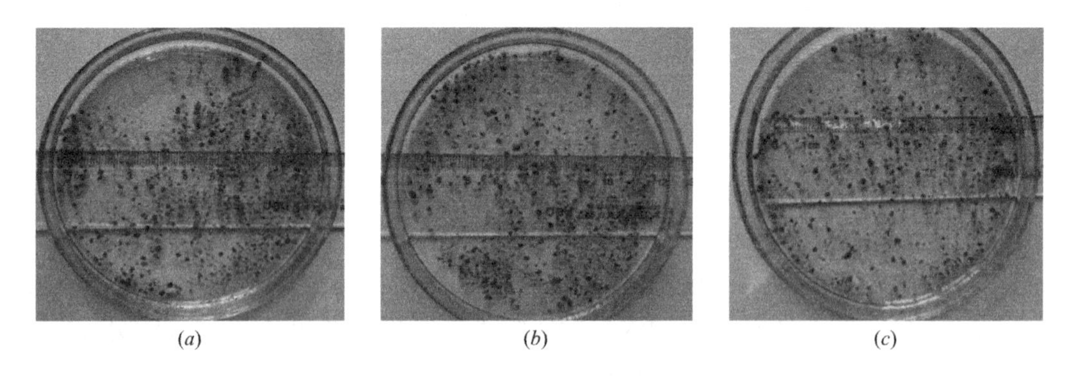

(a)　(b)　(c)

图 4－2　厌氧氨氧化颗粒在饥饿前、4.5d 厌氧饥饿后和 40h 缺氧饥饿后的外观形态

但在经历 4.5d 厌氧饥饿和 40h 的缺氧饥饿后，两个饥饿批次实验中的 nARR、nNRR、nNPR 和 nSAA 都发生了不同程度的下降，这表明短期饥饿冲击会对厌氧氨氧化菌的活性造成一定程度影响（图 4－3）。结合活死细胞染色和活性测试结果可知，厌氧氨氧化富集

污泥在短期饥饿过程的衰亡主要由活性衰减而非死亡衰减主导。在经历4.5d厌氧饥饿后，nARR、nNRR、nNPR和nSAA分别从对照组的100%下降到了58.3%±1.78%、61.9%±0.1%、30.7%±0.6%和54.5%±3.4%（$p<0.05$）。相较而言，在经历40h缺氧饥饿冲击后，nARR、nNRR、nNPR和nSAA分别从对照组的100%下降到了31.5%±3.2%、29.0%±0.6%、3.1%±1.2%和33.0%±1.8%（$p<0.05$）。通过线性拟合可知，厌氧氨氧化富集污泥在短期厌氧和缺氧饥饿过程的活性衰亡速率分别为0.128d^{-1}和0.629d^{-1}（图4-3和表4-1）。

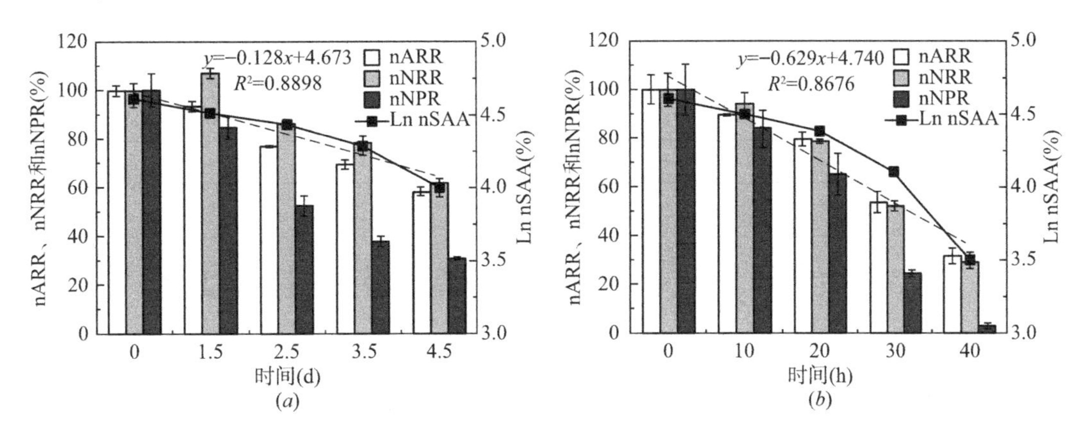

图4-3　厌氧氨氧化富集污泥的nARR、nNRR、nNPR和nSAA在短期厌氧和缺氧饥饿过程的变化
（a）短期厌氧饥饿；（b）短期缺氧饥饿

短期厌氧和缺氧饥饿中物质转化和活性衰亡速率　　**表4-1**

参数	厌氧饥饿	缺氧饥饿
NO_3^--N降解速率［mg N/(g VSS·d)］	—	5.09±0.03
多糖降解速率［mg/(g VSS·d)］	2.07±0.54[a]	8.33±0.93[b]
蛋白降解速率［mg/(g VSS·d)］	5.18±0.33[a]	26.45±3.35[b]
总EPS降解速率［mg/(g VSS·d)］	7.25±0.87[a]	34.78±4.28[b]
ATP消耗速率［nmol/(g VSS·d)］	4.59±0.47	34.11±0.05
HDH蛋白降解速率（d^{-1}）	0.264[c]	0.593[c]
活性衰减速率（d^{-1}）	0.128	0.629

a 由于EPS在厌氧饥饿3.5d后基本保持不变，EPS中多糖的蛋白的降解速率基于厌氧饥饿过程的前2.5d计算；
b 由于EPS在缺氧饥饿20h后基本保持不变，EPS中多糖的蛋白的降解速率基于缺氧饥饿过程的前10h计算；
c 将Western Blot中测得的灰度值随时间变化在半对数坐标上作图，线性拟合其随时间不断下降的趋势，其斜率即为HDH蛋白水平饥饿过程的衰亡速率。

为考察活性恢复情况，在短期饥饿冲击结束后，将经历4.5d厌氧饥饿和40h缺氧饥饿的污泥各自连续进行4个周期的活性恢复批次实验。如表4-2所示，在厌氧饥饿实验中，经过3个周期的批次实验，厌氧氨氧化富集污泥可完全恢复活性，nSAA可从第一个批次中的58.3%±1.78%恢复到99.5%±3.54%。然而，在缺氧饥饿实验中，即使经过5个周期的批次实验，nSAA 也仅增加 33.0%±1.80%。厌氧氨氧化富集污泥的活性衰亡与恢复在厌氧和缺氧两种短期饥饿实验中的差异，说明了短期缺氧饥饿胁迫会对厌氧氨氧化菌造成更为严重的抑制。

厌氧氨氧化富集污泥在短期厌氧和缺氧饥饿冲击后的活性恢复　　表 4-2

批次实验	nSAA（%）	
	厌氧饥饿	缺氧饥饿
1	58.3±1.78	33.0±1.80
2	82.2±1.13	43.5±4.95
3	99.5±3.54	54.5±3.54
4	98.1±2.97	60.5±0.71
5	100.0±2.83	67.0±1.41

4.3 短期饥饿过程厌氧氨氧化富集污泥特征变化

4.3.1 EPS、HDH 和糖原水平变化

已有部分研究指出，在基质浓度有限的情况下，微生物可利用 EPS 作为维持能量的来源。但目前对于厌氧氨氧化菌来说，EPS 在饥饿过程中所起的作用尚不明确。如图 4-4（*a*）所示，EPS 在前 2.5d 的厌氧饥饿和前 20h 的缺氧饥饿过程不断下降，随后保持相对稳定。EPS 中多糖和蛋白在前 2.5d 厌氧饥饿中的降解速率分别为（2.1±0.5）mg/(g VSS·d) 和（5.2±0.3)mg/(g VSS·d)；相比较而言，EPS 中的多糖和蛋白在前 20h 缺氧饥饿中的降解速率高达（8.3±0.9)mg/(g VSS·d) 和（26.5±3.4)mg/(g VSS·d)，大约是厌氧饥饿中降解速率的 4～5 倍（$p<0.05$）。因此可推测，在短期饥饿过程厌氧氨氧化菌可利用 EPS 作为维持能量来源。

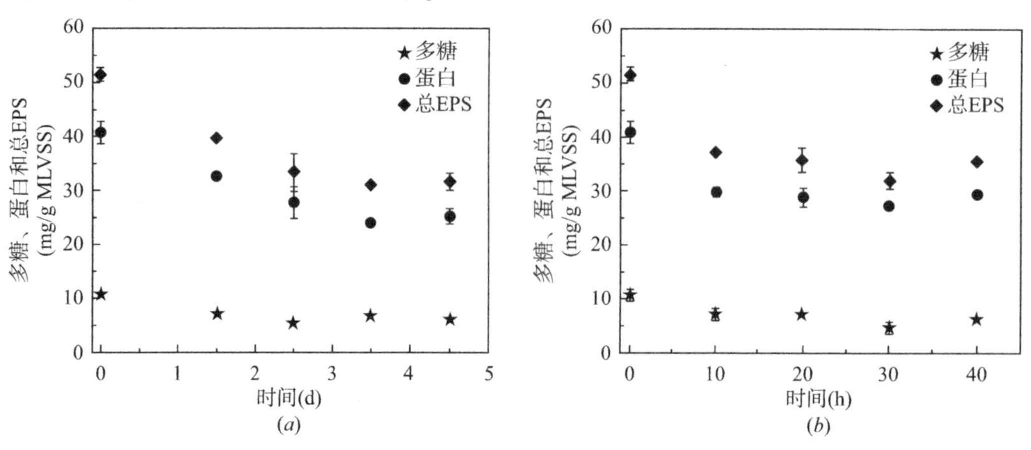

图 4-4　EPS 在短期厌氧和缺氧饥饿过程的变化

HDH 蛋白是厌氧氨氧化菌特有的蛋白，因此除了 EPS 之外，本研究还考察了厌氧氨氧化菌胞内的 HDH 蛋白水平在短期厌氧和缺氧饥饿过程是否可被厌氧氨氧化菌消耗利用。在经历 4.5d 厌氧饥饿和 40h 的缺氧饥饿后，两个批次实验中的 HDH 蛋白水平分别下降了 65%±14% 和 35%±7%（图 4－4 和表 4－1），短期缺氧饥饿条件下的 HDH 蛋白衰减速率（0.593d^{-1}）明显高于短期厌氧饥饿下的衰减速率（0.264d^{-1}）（$p<0.05$）（图 4－5）。

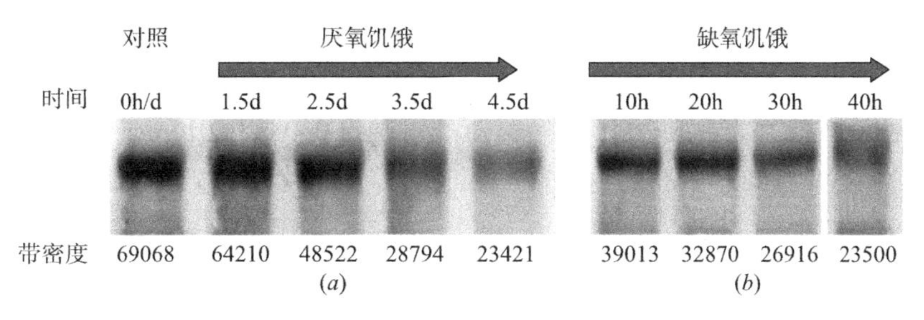

图 4－5　HDH 蛋白水平在短期厌氧和缺氧饥饿过程的变化（基于 Western Blot 检测）

根据此结果可推测，厌氧氨氧化菌 *Candidatus* K. stuttgartiensis 在短期饥饿（搅拌状态）的情况下，可能利用胞内的功能蛋白（例如，降解厌氧氨氧化中间产物联氨的 HDH 蛋白）来维持过程提供一定能量。与 *Candidatus* K. stuttgartiensis 不同的是，*Nitrosomonas europaea*（AOB）即使在经历了 342d 的厌氧饥饿后，依然保持了高浓度的羟胺氧化还原酶蛋白（hydroxylamine oxidoreductase，HAO）水平。在饥饿过程中，厌氧氨氧化菌与 AOB 胞内蛋白稳定性的不同，可能是由于环境条件不同导致，也有可能是两种自养菌应对饥饿所采用的内源调控策略存在差异。一般认为微生物胞内糖原可作为内源饥饿过程维持能量来源，但糖原在厌氧氨氧化菌饥饿过程所起作用尚不清楚。通过检测厌氧氨氧化富集污泥胞内糖原水平在短期饥饿过程的变化发现，无论是厌氧饥饿还是缺氧饥饿，糖原水平都未发生显著变化（$p>0.05$）（图 4－6）。这些结果表明，短期中温饥饿的条件下，厌氧氨氧化菌可能并不倾向优先利用糖原作为维持能量来源。Carvajal－Arroyo 也发现类似现象：

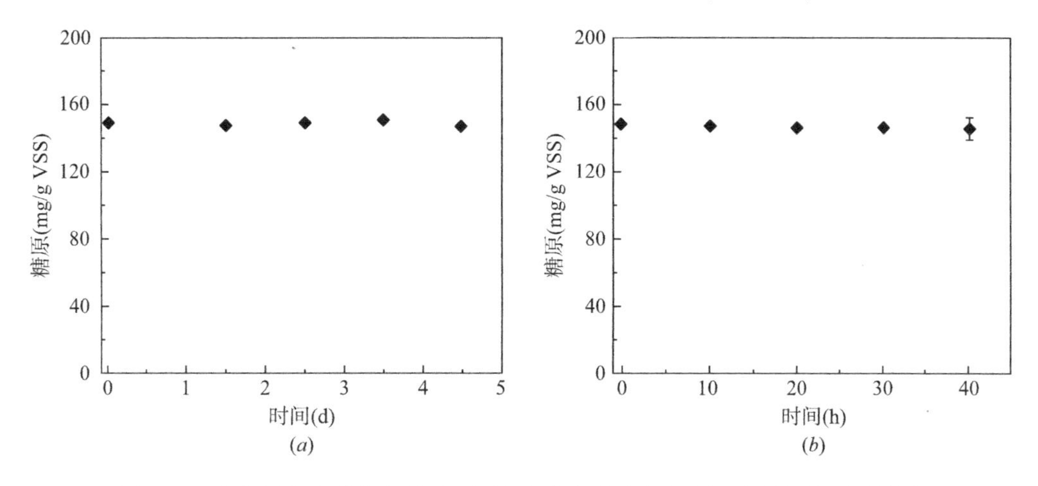

图 4－6　短期厌氧和缺氧饥饿过程对厌氧氨氧化富集污泥胞内糖原水平的影响

Candidatus Brocadia 经历 14d 的厌氧饥饿后，其胞内的糖原水平与非饥饿细胞相比并无显著差别。

4.3.2 硝酸盐转化与 EPS 和 HDH 水平下降之间的关联性

在短期缺氧饥饿过程，硝酸盐的平均降解速率为（5.09±0.03）mg N/(g VSS·d)（图 4-7），这说明硝酸盐可作为外源或者内源反硝化的电子受体而被消耗。Vlaeminck 在一段式厌氧氨氧化反应器中也发现类似现象：当污泥在 4℃ 和 20℃ 缺氧（添加硝酸盐）保存条件下，硝酸盐都发生降解，其降解速率可达（0.08±0.01）mg N/(g VSS·d）和（0.59±0.14）mg N/(g VSS·d)；这可能归因于异养反硝化菌的新陈代谢过程。

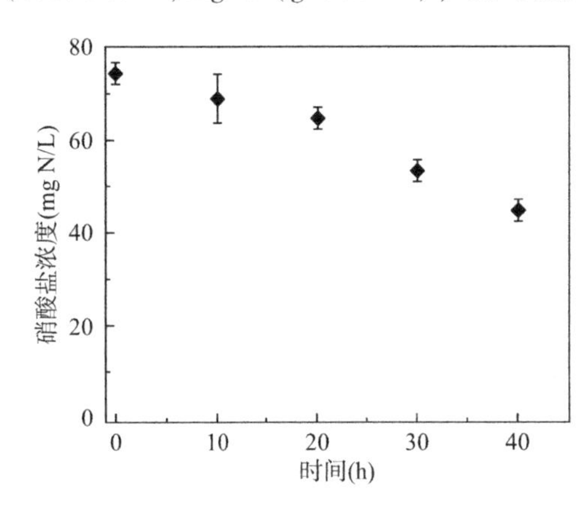

图 4-7　硝酸盐浓度在短期缺氧饥饿过程的变化

进一步采用 Illumina 高通量测序对实验用泥进行了种群结构分析。结果表明，厌氧氨氧化菌 *Candidatus K.* stuttgartiensis 占总菌比例约为 37.46%，而反硝化菌 *Denitratisoma* 占总菌比例约为 15.64%。值得注意的是，*Candidatus K.* stuttgartiensis 可在硝酸盐存在的条件下降解甲酸盐、乙酸盐和丙酸盐等有机物，其降解速率可达（5.8±0.6）μmol/(g protein·min）、（0.31±0.03）μmol/(g protein·min）和（0.12±0.01）μmol/(g protein·min）。目前认为厌氧氨氧化菌可能通过 DNRA 途径降解有机物，其过程为：NO_3^- 在异化硝酸还原酶作用下还原生成 NO_2^- 和 NH_4^+，然后厌氧氨氧化菌再通过正常分解代谢途径将 NO_2^- 和 NH_4^+ 降解为 N_2。因此，可推测在短期缺氧饥饿过程，硝酸盐的降解可能由厌氧氨氧化菌和反硝化菌共同完成。

在本节内容中，短期缺氧饥饿过程厌氧氨氧化富集污泥的 EPS 和 *Candidatus* K. stuttgartiensis 的 HDH 蛋白的降解速率都明显高于短期厌氧饥饿过程（表 4-1）。短期缺氧饥饿实验中，较高的 EPS 降解速率可能是厌氧氨氧化菌和反硝化菌共同作用的结果，在这一过程，EPS 和硝酸盐可能分别作为电子供体和受体被厌氧氨氧化菌和反硝化菌所利用。而在短期饥饿实验中，*Candidatus* K. stuttgartiensis 中 HDH 蛋白则可能只被厌氧氨氧化菌利用。厌氧氨氧化体是厌氧氨氧化菌的产能部位，涉及厌氧氨氧化关键分解代谢途径的 HZS 和 HDH 蛋白等，均位于厌氧氨氧化体内。包裹厌氧氨氧化体的阶梯烷脂结构十分紧凑，可有效防止厌氧氨氧化体内的大分子物质泄漏（如 HDH 蛋白等）。此外，活死细胞染色结果显示缺氧饥饿过程活细胞比例未明显变化（图 4-1），可进一步确认厌氧氨氧化菌的胞内大分子物质（如 HDH 蛋白）并未泄漏至胞外环境中。因此，可认为无论是短期厌氧还是缺氧饥饿实验中，HDH 蛋白都是由厌氧氨氧化菌 *Candidatus K.* stuttgartiensis 本身（并非反硝化菌）所消耗。由于在短期缺氧饥饿过程中，HDH 蛋白的降解速率都明显高于短期厌氧饥饿过程（表4－1），可推测厌氧氨氧化菌采用了类似反硝化代谢的途径来产生能量，而在这一过程HDH蛋白可作为电子供体，硝酸盐作为电子受体。

然而，还必须注意到，微生物胞内大分子物质的过量消耗可能导致生物反应器运行效能的恶化。因此，厌氧氨氧化菌在缺氧饥饿状态下过度消耗胞内大分子物质，尤其是涉及分解代谢的蛋白（如HDH蛋白等），也会导致厌氧氨氧化活性衰减速率明显高于厌氧饥饿状态下的活性衰减速率。所以，为保持厌氧氨氧化反应器的稳定运行，可适当向反应器内添加有机物（COD/N小于0.5），则厌氧氨氧化菌可通过DNRA途径去除生成的NO_3^-，不仅可提高厌氧氨氧化反应器TN去除率，还可避免硝酸盐在厌氧氨氧化反应器内累积，减少缺氧饥饿发生的可能性。此外，厌氧氨氧化菌若能与反硝化菌共存，则反硝化菌的存在也可降低反应器内NO_3^-的浓度。北京工业大学的彭永臻教授课题组成功筛选驯化出了一种反硝化菌，其只将NO_3^-还原至NO_2^-。通过反硝化菌和厌氧氨氧化菌的协同作用，可实现94.1%～96.7%的TN去除率，有机物的去除率也可达到78.7%。

4.3.3 ATP水平变化

微生物中的维持过程一般与维持生命息息相关，主要包括蛋白质、DNA和RNA的更新、保持胞内外渗透压的平衡以及细胞的完整性等过程。对于那些无法形成孢子的细菌而言，饥饿过程用于维持的能量应尽可能低；然而，除非微生物处于休眠状态，否则细胞维持过程依旧不断消耗能量。在本研究中，通过检测胞内ATP水平变化来反映维持能量的消耗，结果表明，处于短期厌氧饥饿过程的厌氧氨氧化富集污泥，其胞内的ATP水平在前2.5d基本保持稳定，直到3.5d后才开始略微降低［图4－8（*a*）］；相比较而言，处于短期缺氧饥饿下厌氧氨氧化富集污泥胞内的ATP水平从饥饿批次实验开始就持续不断地下降［图4－8（*b*）］。短期厌氧和缺氧饥饿过程的胞内ATP消耗速率分别为（4.59±0.47）nmol/(g VSS·d）和（34.11±0.05）nmol/(g VSS·d）（表4－1），这意味着处于缺氧饥饿下的厌氧氨氧化富集污泥需要的维持能量较厌氧饥饿下更高。

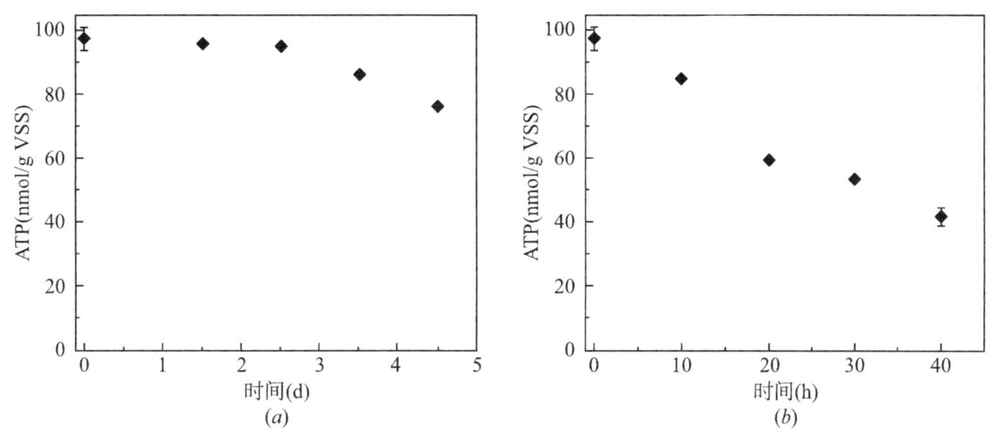

图4－8 短期厌氧和缺氧饥饿过程对厌氧氨氧化富集污泥胞内ATP水平的影响

4.4 短期饥饿过程厌氧氨氧化菌功能基因的 mRNA 水平变化

通过分析特定功能基因转录水平的调节过程，有助于了解微生物在饥饿条件下的分子调控机制。因此，考察了 *nirS*、*hzsA* 和 *hdh* 三个功能基因 mRNA 相对丰度在短期厌氧和缺氧饥饿过程的变化。如图 4－9 所示，经过 2.5d 的厌氧饥饿后，*nirS*、*hzsA* 和 *hdh* 三个功能基因 mRNA 水平显著降低至对照组的 2.5%±0.2%、3.4%±0.1% 和 1.7%±0.1%（$p<0.05$）［图 4－9（*a*）］。与短期厌氧饥饿的研究结果类似，在经过 40h 缺氧饥饿后，*nirS*、*hzsA* 和 *hdh* 三个功能基因 mRNA 水平显著降低到对照组的 4.7%±0.5%、55.8%±2.8% 和 7.8%±0.4%（$p<0.05$）［图 4－9（*b*）］。这些结果表明，在厌氧氨氧化菌 *Candidatus K.* stuttgartiensis 中，涉及分解代谢相关功能基因（*nirS*、*hzsA* 和 *hdh*）的表达水平会由于基质（氨氮和亚硝态氮）缺乏而遭受明显抑制。有趣的是，在经过 3.5d 和 4.5d 的厌氧饥饿后，*nirS*、*hzsA* 和 *hdh* 三个功能基因 mRNA 水平有略微回升［图 4－9（*a*）］，这可能是由于 *nirS*、*hzsA* 和 *hdh* 三个功能基因的表达受到胞内大分子有机物（如蛋白）降解释放的氮源诱导。类似地，*Nitrosomonas europaea* 也会在氨氮受限条件下强化 *amoA* 基因表达，目的是提高 AMO 蛋白的浓度，从而强化对环境中低浓度氨氮的利用，微生物的这种调控机制有利于其对低基质环境的适应。

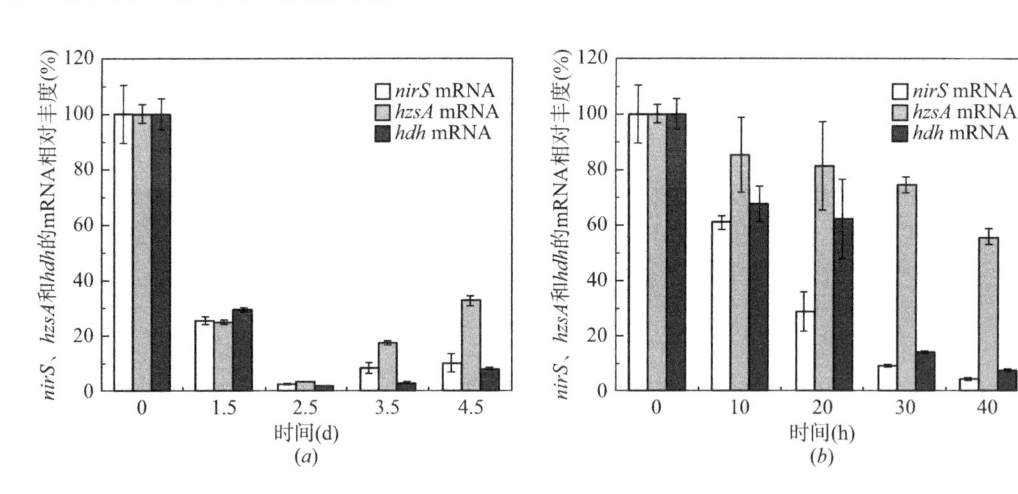

图 4－9　*nirS*、*hzsA* 和 *hdh* 的 mRNA 相对丰度在短期厌氧和缺氧饥饿实验中的变化

据文献报道，饥饿环境会导致微生物胞内 mRNA 水平衰减速率的减缓。根据第 3 章中的图 3－1，可计算得出对照组中 *nirS*、*hzsA* 和 *hdh* 三个功能基因 mRNA 浓度的衰减速率分别为 4.947d^{-1}、8.958d^{-1} 和 12.584d^{-1}。而在短期厌氧饥饿过程，根据图 4－9（*a*）的数据，*nirS*、*hzsA* 和 *hdh* 三个功能基因 mRNA 浓度的衰减速率分别为 1.432d^{-1}、1.319d^{-1} 和 1.566d^{-1}，相对于对照组而言分别增加了 3.5 倍、6.8 倍和 8.0 倍；而在短期缺氧饥饿

过程，*nirS*、*hzsA* 和 *hdh* 三个功能基因 mRNA 浓度的衰减速率分别为 $1.912d^{-1}$、$0.349d^{-1}$ 和 $1.597d^{-1}$［图4－9（*b*）］，相较对照组分别增加了2.6倍、25.6倍和7.9倍。功能基因的 mRNA 浓度衰减速率的缓解，可保证恢复基质供给时快速翻译新的蛋白质，从而帮助微生物利用基质获取能量，最终重新恢复代谢活性。

4.5　长期饥饿胁迫下厌氧氨氧化污泥颗粒形态与代谢活性变化

进一步考察了厌氧氨氧化菌 *Candidatus* K. stuttgartiensis 在长期（60d）厌氧和缺氧室温饥饿过程的生存策略及其分子机制。通过结合代谢活性检测、活死细胞染色、Illumina 高通量测序和宏蛋白组学技术，考察了 *Candidatus* K. stuttgartiensis 在长期（60d）厌氧和缺氧饥饿过程中的衰减特性和蛋白组变化，从翻译水平揭示厌氧氨氧化菌 *Candidatus* K. stuttgartiensis 在长期饥饿过程的代谢机制和生存策略，为厌氧氨氧化富集污泥长期保存提供有效指导。

4.5.1　长期饥饿胁迫实验方案

1. 实验用泥

为考察厌氧氨氧化菌 *Candidatus* K. stuttgartiensis 在长期厌氧和缺氧室温饥饿过程的代谢特性和生存机制，从厌氧氨氧化母反应器中取出4500mL实验用厌氧氨氧化富集污泥。取出的污泥用蒸馏水清洗3遍后平均分成9份，分别移入9个500mL的玻璃锥形瓶，每个锥形瓶中的VSS为6000mg/L。

2. 长期饥饿保存实验

9份污泥中其中一份设定为对照组（饥饿时间为0，即非饥饿状态），4份用于厌氧饥饿实验（无氧气和硝酸盐），剩下的4份处于缺氧饥饿状态（无氧气，含硝酸盐）。所有用于长期饥饿的厌氧氨氧化富集污泥，每隔7d用氮气排氧10min从而保持厌氧或缺氧环境。在缺氧饥饿实验中，锥形瓶中添加100mg N/L硝酸盐，用于维持缺氧环境；缺氧饥饿实验过程定时检测硝酸盐浓度，当硝酸盐耗尽时需继续添加硝酸盐，从而维持缺氧状态。用于厌氧和缺氧饥饿实验的8个锥形瓶置于空调房中（避光），温度维持在20℃±1℃；污泥在饥饿实验过程处于静置状态。

在短期厌氧和缺氧饥饿过程，每隔15d取其中1份污泥，用不含基质的配水清洗3遍后移入500mL的SBR反应器，测定SAA，并将SAA归一化，即都除以对照组中所测得的SAA：normalized SAA（nSAA，%）＝（$SAA_{inhibited}/SAA_{control}$）×100。将nSAA随时间的变化在半对数坐标上作图，线性拟合其随时间不断下降的趋势，其斜率即为厌氧氨氧化菌在饥饿过程的活性衰亡速率。活性测试实验开始前（以15d为测试频率），取一定量污泥用于检测蛋白组、菌群结构（高通量测序）、总糖原、总蛋白、血红素、硫化物和活细胞比例等生理生化指标。在长期厌氧和缺氧饥饿实验末（第60d），取一定量污泥用于透射电子显微镜（Transmission Electron Microscope，TEM）检测。

4.5.2 厌氧氨氧化颗粒外观形态在长期饥饿过程的变化

在长期厌氧饥饿实验中，由于硫酸盐还原菌的作用，饥饿过程产生浓度约为（0.29±0.02）mg S/g VSS的硫化物（图4－10），厌氧氨氧化颗粒也从最初的棕红色逐渐转变为黑色［图4－11（*a*）］。相比较而言，长期缺氧饥饿实验中，由于添加硝酸盐，厌氧氨氧化颗粒颜色依然为棕红色［图4－11（*b*）］。

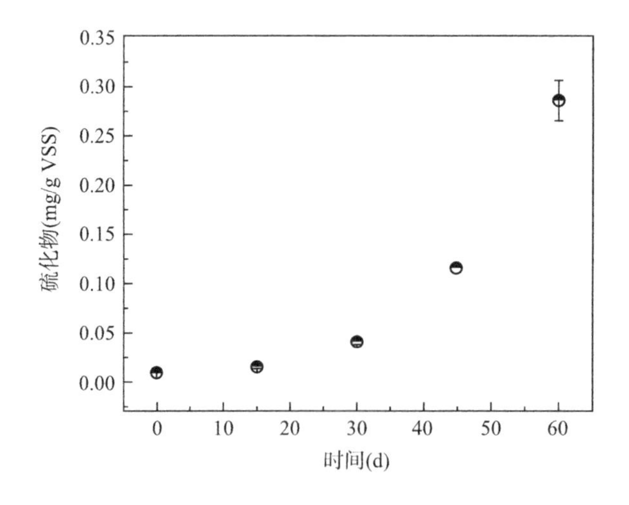

图4－10 厌氧饥饿过程硫化物浓度的变化

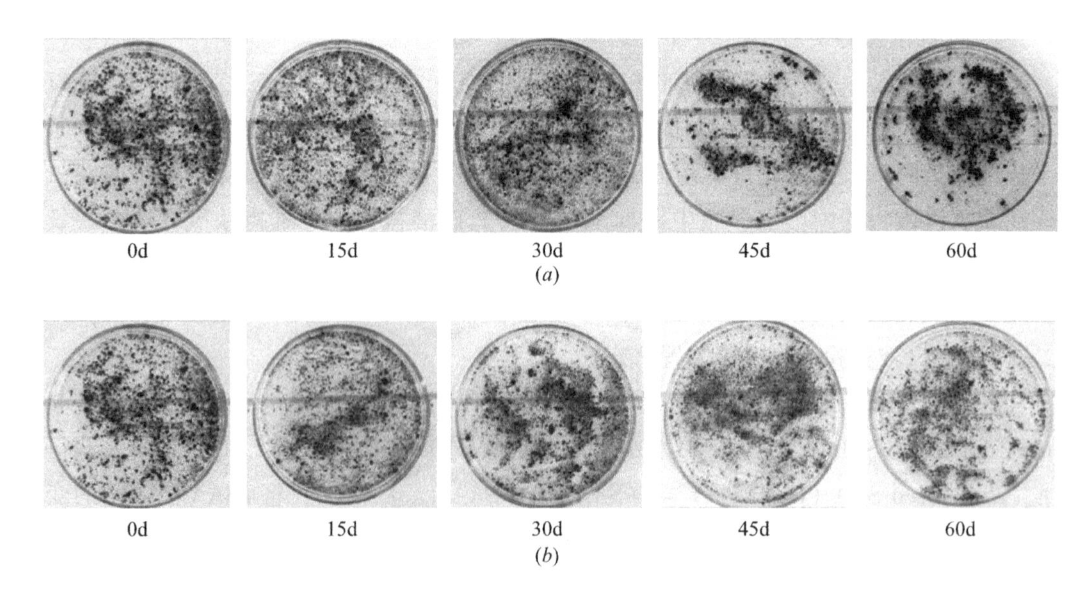

图4－11 厌氧氨氧化颗粒外观形态在长期厌氧和缺氧饥饿过程的变化

与短期缺氧饥饿实验类似，本研究长期缺氧饥饿过程同样发现硝酸盐的降解现象（图 4－12），平均降解速率为（0.73±0.07）mg N/(g VSS·d)（表 4－3）。

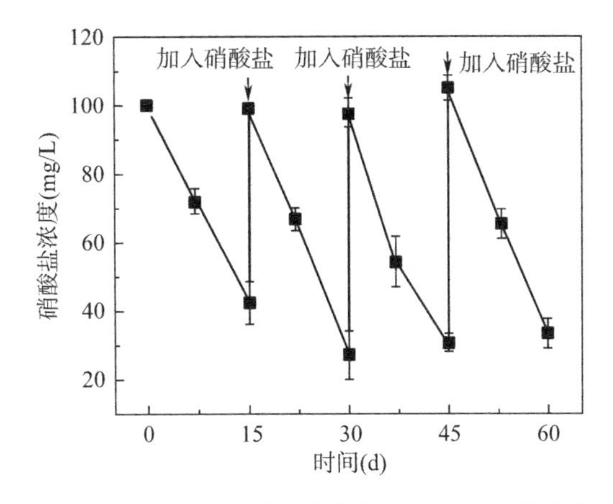

图 4－12　硝酸盐浓度在长期缺氧饥饿过程的变化

缺氧饥饿过程硝酸盐降解速率

表 4－3

饥饿时间（d）	硝酸盐去除速率 [mg N/(g VSS·d)]
0～15	0.65±0.02
15～30	0.79±0.02
30～45	0.80±0.01
45～60	0.78±0.04
0～60	0.76±0.01

据文献报道，硫化物会破坏蛋白质结构，导致微生物活性下降。为验证长期厌氧饥饿过程厌氧氨氧化菌活性下降是否由硫化物生成导致，本研究开展了验证实验研究。从厌氧氨氧化母反应器中取出两份污泥，其中一份作为对照组，另一份加入（0.29±0.02）mg S/g VSS 的硫化物，按照 2.2.1 节所述方法测定 SAA。结果发现，硫化物的加入并未造成厌氧氨氧化菌的活性变化（$p>0.05$）（表 4－4）。因此，长期厌氧饥饿且未添加 SO_4^{2-} 时，厌氧氨氧化菌的活性下降仅与饥饿胁迫有关，而与硫化物抑制无关。

硫化物对厌氧氨氧化活性的影响

表 4－4

硫化物浓度（mg S/g VSS）	nSAA（%）
0（对照组）	100.0±7.1
0.29	100.0±14.0

4.5.3　厌氧氨氧化富集污泥代谢活性变化

已有研究表明，长期饥饿胁迫将导致厌氧氨氧化菌脱氮性能降低。在本研究中，厌氧氨氧化富集污泥经历 60d 长期厌氧和缺氧饥饿后，都呈现出了明显的活性损失，相较于对照组（未经历饥饿的厌氧氨氧化富集污泥），其 nSAA 分别下降 25.9%±0.2% 和 53.2%±3.2%（$p<0.05$）（图 4－13）。

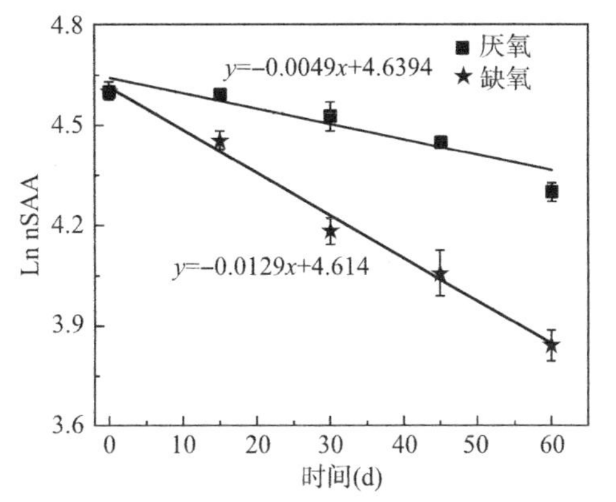

图 4－13　厌氧氨氧化富集污泥的 nSAA 在长期厌氧和缺氧饥饿过程的变化

通过线性拟合发现，厌氧氨氧化菌在厌氧和缺氧饥饿过程的活性衰亡速率分别为 $0.0049d^{-1}$ 和 $0.0129d^{-1}$（图 4－13）。以上结果说明，相对于厌氧饥饿，厌氧氨氧化富集污泥在缺氧饥饿下活性损失更高。已有研究报道，由于反硝化菌消耗部分亚硝酸盐，厌氧氨氧化反应器中 $\Delta NO_2^-/\Delta NH_4^+$ 将比理论值偏高。在本活性检测实验中，长期饥饿后厌氧氨氧化富集污泥去除的亚硝酸盐和氨氮比值（$\Delta NO_2^-/\Delta NH_4^+$）保持恒定，在（1.31±0.01）～（1.35±0.01）mg/(g VSS · d) 范围内波动（表 4-5），接近文献报道的理论值（1.32），说明即使经历长期饥饿，厌氧氨氧化富集污泥中的反硝化菌活性依然不高，系统内大部分亚硝酸盐都被厌氧氨氧化菌所消耗，导致反硝化菌因缺乏基质（亚硝酸盐）而影响其活性。

厌氧氨氧化活性测试中 $\Delta NO_2^-/\Delta NH_4^+$ 在长期饥饿过程的变化 [mg/(g VSS · d)]　表 4-5

饥饿时间 (d)	$\Delta NO_2^-/\Delta NH_4^{+}$ [a]	
	厌氧饥饿	缺氧饥饿
0	1.34±0.02	1.34±0.02
15	1.35±0.01	1.33±0.01
30	1.35±0.01	1.34±0.07
45	1.31±0.01	1.34±0.01
60	1.32±0.01	1.33±0.01

a 代表亚硝酸盐消耗与氨去除的比率。

4.6 长期饥饿胁迫下厌氧氨氧化污泥的活性衰减与胞内蛋白质变化

4.6.1 厌氧氨氧化菌胞内大分子物质在长期饥饿过程的变化

长期饥饿可能导致厌氧氨氧化菌数量减少。在本研究中，长期厌氧和缺氧饥饿所导致的厌氧氨氧化菌活性降低，可能是厌氧氨氧化菌的丰度降低引起，且长期缺氧饥饿厌氧氨氧化菌的死亡程度大于长期厌氧饥饿过程，进而导致较高的活性衰亡速率。

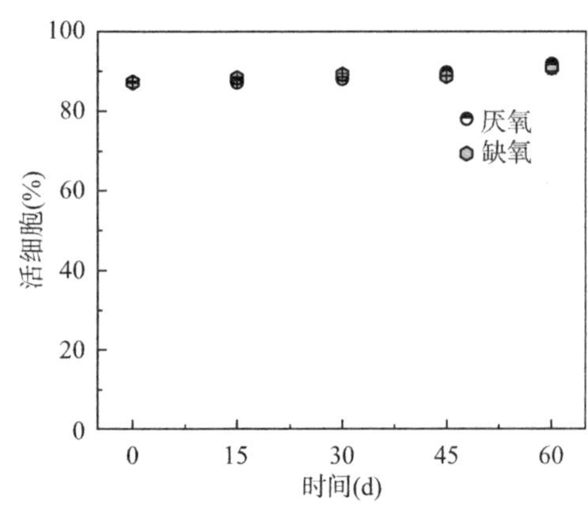

图 4-14　活细胞比例在长期厌氧和缺氧饥饿过程的变化

然而，通过活死细胞染色发现，厌氧氨氧化富集污泥经历长期厌氧和缺氧饥饿后，其活细胞比例未发生变化（$p>0.05$）（图 4-14）。此外，为进一步考察厌氧氨氧化菌 *Candidatus* K. stuttgartiensis 在 60d 厌氧和缺氧饥饿过程的相对丰度变化，采用 Illumina 高通量测序（基于 16S rDNA）对饥饿过程的厌氧氨氧化富集污泥进行定期分析。结果发现，无论是长期厌氧还是缺氧饥饿，厌氧氨氧化菌 *Candidatus* K. stuttgartiensis 相对丰度都未发生显著变化（25%～28.1%对比 23%～28.3%）（$p>0.05$）

(图4-15)。活死细胞染色和高通量测序结果均证明长期(如60d)厌氧和缺氧饥饿并未导致厌氧氨氧化菌死亡，这两个过程导致的厌氧氨氧化菌活性的降低并非由厌氧氨氧化菌相对丰度下降所引起。

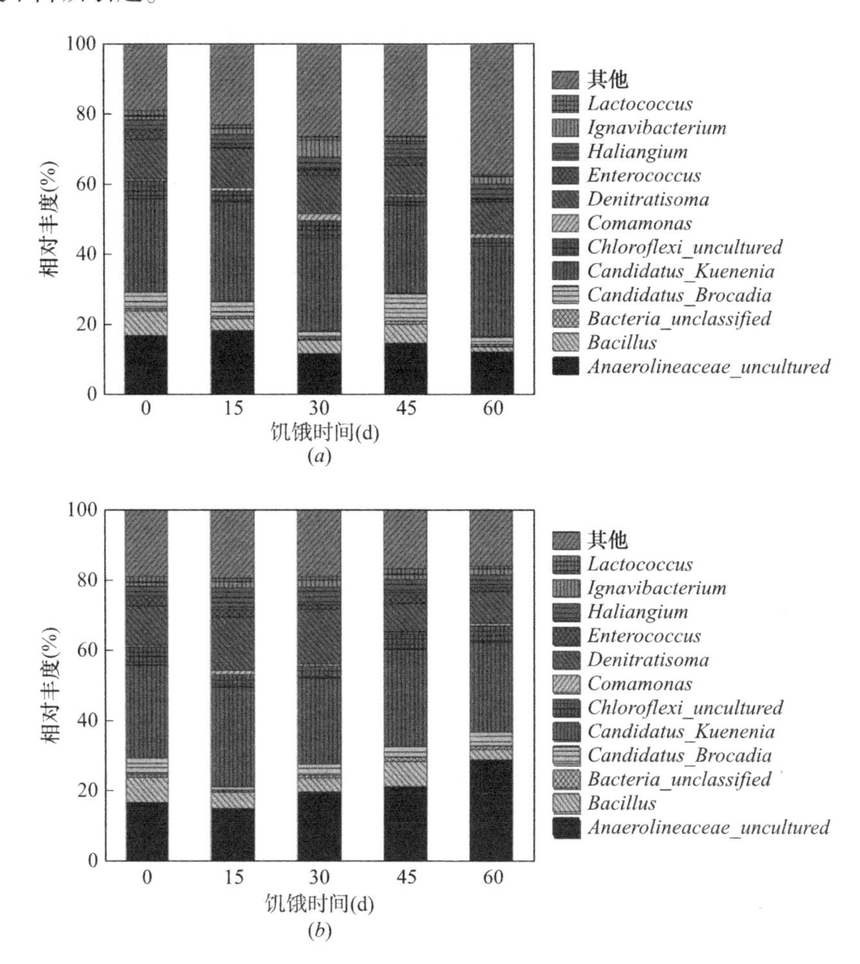

图4-15　长期厌氧和缺氧饥饿过程的厌氧氨氧化富集污泥的菌群分析（属水平）

在长期饥饿胁迫下，微生物胞内大分子物质的过量消耗，也可能导致生物活性下降。由此推测，厌氧氨氧化菌在长期厌氧和缺氧饥饿过程的活性衰减，也可能是由于其胞内大分子物质减少引起。因此，本研究检测了总蛋白、血红素和总糖原等胞内大分子物质在长期厌氧和缺氧饥饿过程的变化。

如图4-16所示，厌氧氨氧化富集污泥在经历60d厌氧和缺氧饥饿后，其总蛋白浓度未发生显著变化（$p>0.05$）。类似现象在AOB长期饥饿实验中也被报道。*Nitrosospira briensis* 在14d好氧饥饿后，胞内可溶性蛋白图谱几乎未发生改变；*Nitrosomonas europaea* 即使在经历342d的厌氧饥饿后，其胞内蛋白种类数量与非饥饿状态细胞相比也基本保持不变，说明 *Nitrosomonas europaea* 在长期饥饿过程，其生理状态的调整十分有限。Johnstone 和 Jones 等人也发现，*Nitrosomonas cryotolerans* 的总蛋白浓度在经历了70d厌氧饥饿后也依然保持相对稳定。

血红素是常见的一种辅基，其广泛存在于涉及厌氧氨氧化菌的氮代谢和能量代谢过程的各种蛋白中（包括联氨合成酶、联氨脱氢酶和各类负责传递电子的细胞色素）。据统计，厌氧氨氧化菌中约有20%的蛋白含有血红素。正是由于富含血红素蛋白的大量存在，才使厌氧氨氧化菌所形成的颗粒污泥呈现不同程度的红色。而在本研究中，与总蛋白的变化趋势一致，厌氧氨氧化富集污泥中的血红素浓度在经历了60d的厌氧和缺氧饥饿后也保持相对稳定（$p>0.05$）（图4-17）。厌氧氨氧化富集污泥中总蛋白和血红素的浓度变化分析可看出，厌氧氨氧化菌的主要功能蛋白质，尤其是那些含有血红素且涉及氮代谢和能量代谢过程的蛋白，可能并未受到长期厌氧和缺氧饥饿的影响。为从分子生物学水平精确地考察厌氧氨氧化菌 *Candidatus K.* stuttgartiensis 胞内所有蛋白质的变化趋势，还需采用宏蛋白质组学技术，对经历长期厌氧和缺氧饥饿的厌氧氨氧化富集污泥进行进一步分析。

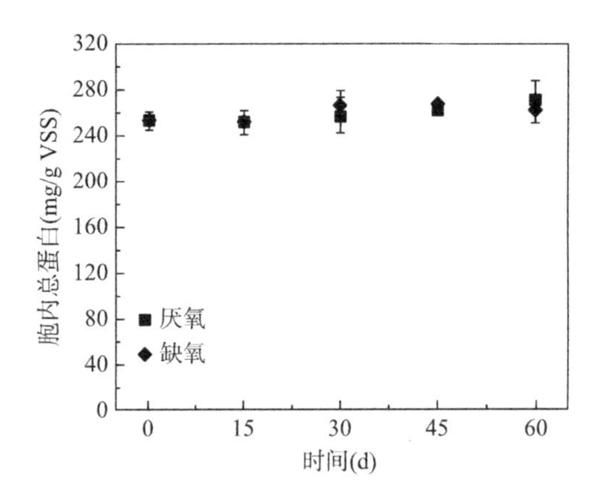

图4-16 厌氧氨氧化富集污泥中的总蛋白在长期厌氧和缺氧饥饿过程的变化

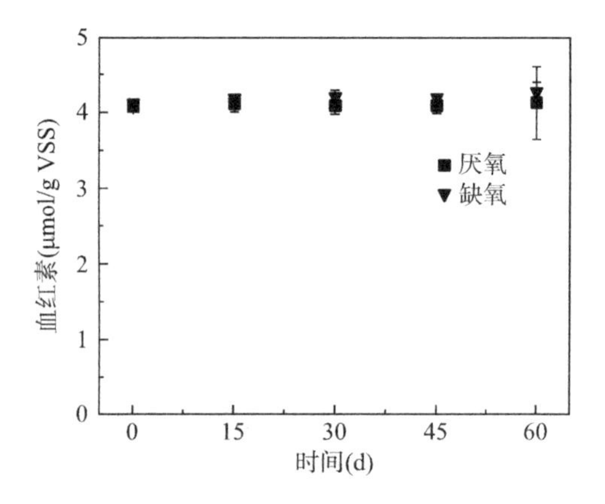

图4-17 厌氧氨氧化富集污泥中的血红素在长期厌氧和缺氧饥饿过程的变化

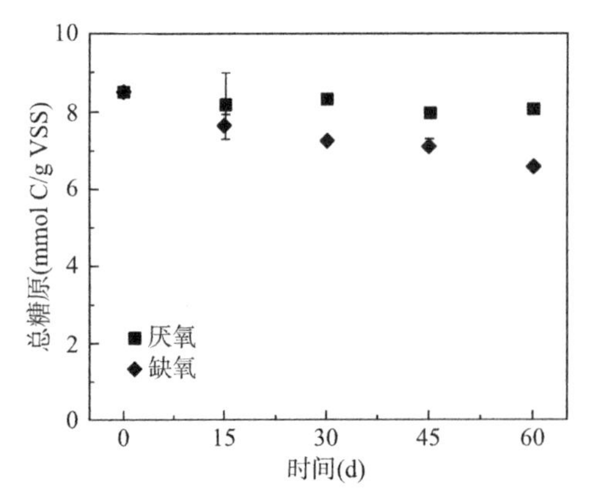

图4-18 厌氧氨氧化富集污泥中的总糖原浓度在长期厌氧和缺氧饥饿过程的变化

虽然在异养菌的相关饥饿实验中，胞内糖原可为内源饥饿过程提供维持能量，然而糖原在厌氧氨氧化菌长期厌氧或缺氧饥饿过程所起作用还需进一步验证。检测厌氧氨氧化富集污泥胞内糖原水平在长期饥饿过程的变化发现，无论是厌氧饥饿还是缺氧饥饿，厌氧氨氧化富集污泥中的总糖原水平均有不同程度地降低，其降解量分别为（0.47 ± 0.09）mmol C/g VSS 和（1.92 ± 0.12）mmol C/g VSS（图4-18）（$p<0.05$）。本研究中的糖原变化规律与厌氧氨氧化富集污泥短期饥饿实验中的结果存在差异，

可能是由于饥饿时间（4.5d 与 60d）、环境温度［(33±1)℃ 与（20±1)℃］和搅拌状态（持续搅拌和静止）的差别引起。

Van Niftrik 通过对 *Candidatus* K. stuttgartiensis 进行透射电镜分析发现，细胞的核糖细胞质中含有大量糖原颗粒，其直径大约为 55nm。本研究也采用透射电镜技术进一步对 *Candidatus* K. stuttgartiensis 胞内糖原变化进行分析。与非饥饿 *Candidatus* K. stuttgartiensis 细胞相比，经过 60d 的厌氧饥饿后，*Candidatus* K. stuttgartiensis 细胞中的糖原颗粒略微减少［图 4-19（*b*）］；相比较而言，经过 60d 的缺氧饥饿后，*Candidatus* K. stuttgartiensis 细胞中的糖原颗粒几乎消失不见［图 4-19（*c*）］。透射电镜技术的观测结果与厌氧氨氧化富集污泥的总糖原检测结果基本保持一致，因此可推断在长期厌氧和缺氧饥饿过程中，厌氧氨氧化菌 *Candidatus* K. stuttgartiensis 可利用胞内糖原颗粒来产生能量。此外，通过透射电镜技术的观测结果还可发现，无论是经历了长期厌氧饥饿还是缺氧饥饿，厌氧氨氧化菌 *Candidatus* K. stuttgartiensis 细胞基本保持完整，无明显破裂现象（图 4-19），这与活细胞比例的检测结果也是一致的。为从蛋白水平精确地鉴定厌氧氨氧化菌 *Candidatus* K. stuttgartiensis 利用胞内糖原的途径，以及其在长期厌氧和缺氧饥饿过程所采用的调控机制，需采用宏蛋白质组学技术，对经历长期厌氧和缺氧饥饿的厌氧氨氧化富集污泥开展深入分析。

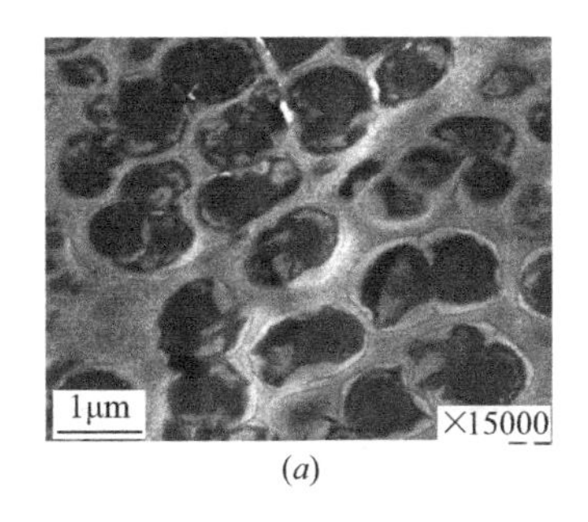

(*a*)

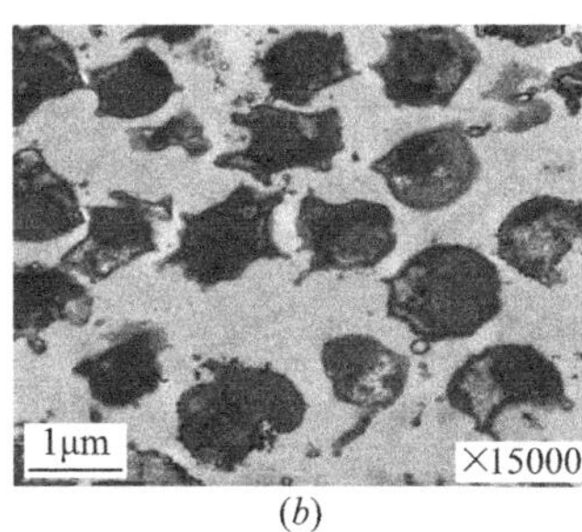

(*b*)

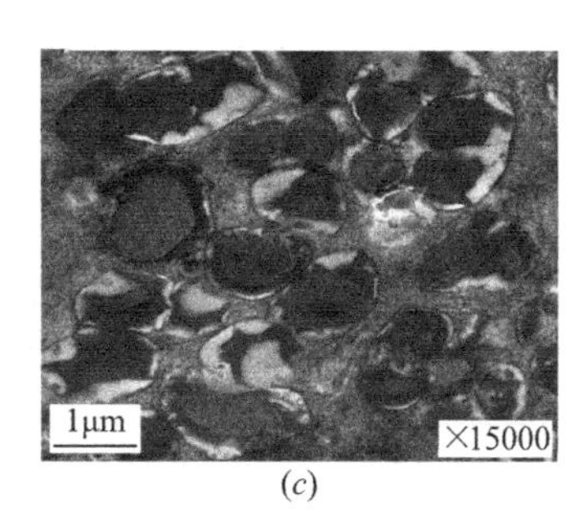

(*c*)

图 4-19　*Candidatus* K. stuttgartiensis 细胞中的糖原颗粒变化

（*a*）非饥饿；（*b*）经历 60d 厌氧饥饿；（*c*）经历 60d 缺氧饥饿

4.6.2　厌氧氨氧化菌胞内蛋白质在长期饥饿过程的变化

通过宏蛋白质组学技术（iTRAQ）对经历长期厌氧和缺氧饥饿的厌氧氨氧化富集污泥进行分析后，共鉴定出 1009 个属于 *Candidatus* K. stuttgartiensis 的蛋白，和对照组相比，其中大部分蛋白未发生显著变化（$p>0.05$）（图 4-20）。具体来说，在经历了 60d 的饥饿后，厌氧饥饿污泥中 94.8% 的蛋白和缺氧饥饿污泥中 99.8% 的蛋白，仍然保持了相对稳定（$p>0.05$）（表 4-6～表 4-8 和图 4-20），这与厌氧氨氧化富集污泥中总蛋白水平保持不变的趋势一致。值得注意的是，在显著降低的蛋白中（表 4-9 和表 4-10），并未发现涉及厌氧氨氧化分解代谢的关键酶（如联氨合成酶与联氨脱氢酶）与电子传递相关蛋白，这与厌氧氨氧化富集污泥中血红素浓度的变化趋势是一致的。

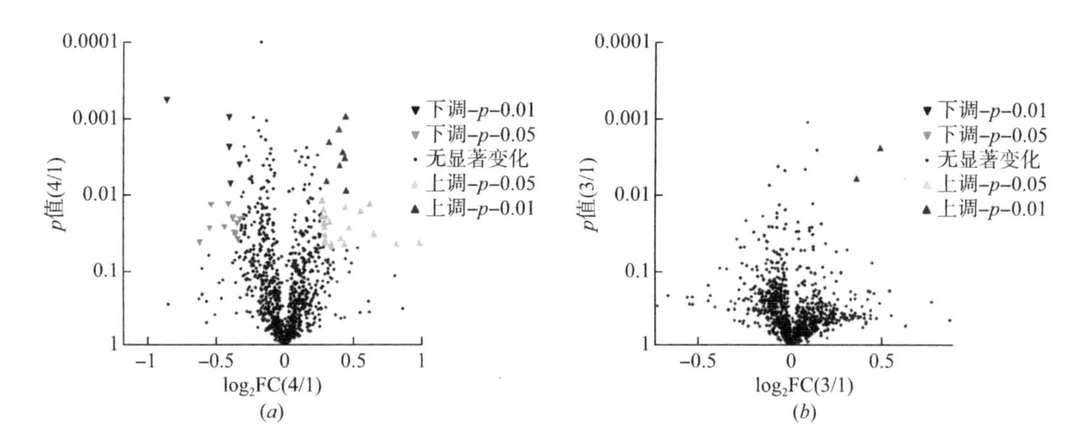

图 4－20　长期（60d）厌氧饥饿和缺氧饥饿后 *Candidatus* K. stuttgartiensis 中显著表达蛋白的火山图

表 4－6　*Candidatus* K. stuttgartiensis 中通过宏蛋白组学鉴定获得的涉及电子传递过程的蛋白（细胞色素）

开放阅读框编号	功能描述	覆盖率（%）	肽段数
kustc0457	conserved hypothetical cytochrome protein	69.6	18
kuste4347	conserved hypothetical protein（diheme cytochrome c）	45.0	26
kuste4573	cytochrome c family protein	34.4	12
kuste2905	cytochrome c551 peroxidase	45.3	13
kustd1904	cytochrome c peroxidase	46.6	12
kustd1761	ResB-like c-type cytochrome synthesis protein	18.0	8
kuste4281	hypothetical cytochrome protein	10.4	6
kuste3097	conserved hypothetical cytochrome bc（fusion）protein	6.7	3
kustd1686	cytochrome c（CII）	26.5	5
kuste2877	undeca heme containing cytochrome c protein	12.9	5
kusta0044	cytochrome c6（soluble cytochrome f, cytochrome c553）	16.7	2
kustc0427	cbb3-type cytochrome c oxidase subunit CcoP	18.7	2
kustc0562	cytochrome c-553	14.9	2
kuste2696	cytochrome p450 hydroxylase MmcK	3.9	1
kustd1712	subunit 1 of alternative cytochrome bd quinol oxidase	1.1	1
kustc1170	tetraheme cytochrome c protein	6.0	2
kustc1220	cytochrome c like protein	5.3	1
kuste2461	c554 cytochrome protein	1.7	1
kustc0429	cbb3-type cytochrome c oxidase subunit 1CcoN	1.0	1

注：表中蛋白的丰度在长期厌氧和缺氧过程中保持相对稳定（相较于对照组）。

***Candidatus* K. stuttgartiensis 中通过宏蛋白组学鉴定获得的涉及氮代谢的蛋白　　表 4-7**

开放阅读框编号	功能描述	覆盖率（%）	肽段数
kuste2860	Hydrazine synthase	69.7	25
kustc0694	Hydrazine dehydrogenase	27.7	16
kustd1340	hydroxylamine oxidoreductase	28.0	16
kustc0458		25.9	13
kuste4574		18.3	10
kusta0043		17.7	11
kuste2435		5.8	3
kustd1700	nitrate reductase	61.8	56
kustd1703		61.5	24

注：表中蛋白的丰度在长期厌氧和缺氧过程中保持相对稳定（相较于对照组）。

***Candidatus* K. stuttgartiensis 中通过宏蛋白组学鉴定获得的涉及电子传递过程的蛋白（NADH）**

表 4-8

开放阅读框编号	功能描述	覆盖率（%）	肽段数
kustd1550	Molybdopterin oxidoreductase, molybdopterin-containing subunit/NuoG subunit of NADH dehydrogenase I	38.5	30
kustd1551	NuoF subunit of the NADH: ubiquinone oxidoreductase	43.3	23
kustd1906	NADH oxidase	30.3	17
kustd1827	NADH dehydrogenase I chain F (1st module) EC: 1.6.5.3	16.1	8
kustc0828	molybdopterin oxidoreductase, molybdopterin-containing subunit/NuoG subunit of NADH dehydrogenase I	9.7	7
kuste2509	Proton-translocating NADH dehydrogenase I, 24 kDa subunit (NuoD)	57.7	8
kuste2665	NADH dehydrogenase I chain G	10.5	7
kustc0713	NADH: ubiquinone oxidoreductase 51 kDa subunit	16.8	8
kuste3329	Na^+-translocating NADH-quinone reductase subunit F	17.6	8
kuste3325	Na^+-translocating NADH-quinone reductase subunit A	14.4	5
kuste2664	NADH dehydrogenase I chain F	10.3	3
kuste2667	NADH dehydrogenase I chain I	28.7	4
kuste3327	Na^+-translocating NADH-quinone reductase subunit C	20.7	4
kustd1929	NADH oxidase	7.2	2
kustc0825	Proton-translocating NADH dehydrogenase I 49 kDa subunit (NuoD)	6.1	2
kuste2662	NADH dehydrogenase I chain C/D	2.4	1
kustc0714	NADH: ubiquinone oxidoreductase 24 kDa subunit, mitochondrial precursor	6.6	1

注：表中蛋白的丰度在长期厌氧和缺氧过程中保持相对稳定（相较于对照组）。

以变化超过20%为标准（fold-changes>1.2 或<0.8，$p<0.05$）筛选在长期厌氧和缺氧饥饿后显著表达的蛋白。结果发现长期厌氧饥饿后，*Candidatus* K. stuttgartiensis 出现52个显著变化的蛋白，而遭受长期缺氧饥饿后的 *Candidatus* K. stuttgartiensis 只出现2个显著变化的蛋白（表4-9和表4-10）。相关研究表明，微生物中由饥饿诱导变化的蛋白与其应对饥饿的调控机制息息相关，因此本研究采用了GO数据库对 *Candidatus* K. stuttgartiensis 显著变化的蛋白进行功能注释分析。

在厌氧饥饿实验中，与对照组相比，共鉴定出52个显著变化的蛋白，其中34个为显著上升蛋白，18个为显著下降蛋白（表4-9和表4-10）。34个显著上升的蛋白依据其功能，可分为7类：(1)与蛋白合成相关的蛋白 kustc1010、kuste2936、kuste2986、kustd1371、kuste4168、kuste3467、kustd1604、kuste2498和kustc0735；(2)与电子传递相关的蛋白 kuste4313、kustd1956、kustd1904、kustd1686和kustd1705；(3)与碳水化合物代谢相关的蛋白 kuste2462、kuste2702和kustc0504；(4)有机物氧化产能蛋白 kuste2338和kustc0429；(5)信号传导蛋白 kustc1175和kustd1867；(6)与脂类合成相关的蛋白 kuste2853和kuste3604；(7)未知功能的蛋白 kustc0299、kustd1884、kustd1345、kustd1367、kuste2370、kuste2711、kuste4180、kustd2005、kustc0309、kustc0375和kustc0643（表4-9）。

长期（60d）厌氧和缺氧饥饿后 *Candidatus* K. stuttgartiensis 中显著上升的蛋白
（依据GO数据库的四级分类进行功能描述） **表4-9**

饥饿环境	开放阅读框编号	功能描述	功能分类
厌氧	kustc1010	DNA-模板转录调控	Group 1
	kuste3467	翻译延伸调控	
	kustd1604	羟基化辅酶	
	kuste2498	伴侣蛋白	
	kustc0735		
	kuste2936	细胞氨基酸代谢过程	
	kustd1371		
	kuste2986	蛋白质代谢过程	
	kuste4168	消旋酶和差向异构酶活性	
	kustd1686	电子传递链	Group 2
	kustd1705		
	kuste4313		
	kustd1956		
	kustd1904		
	kuste2462	糖类分解代谢过程	Group 3
	kuste2702		
	kustc0504		

续表

饥饿环境	开放阅读框编号	功能描述	功能分类
厌氧	kuste2338	有机化合物氧化的能量衍生	Group 4
	kustc0429		
	kustc1175	信号传导	Group 5
	kustd1867		
	kuste2853	脂类合成	Group 6
	kuste3604		
	kustc0299	未知功能	Group 7
	kustd1884		
	kustd1345		
	kustd1367		
	kuste2370		
	kuste2711		
	kuste4180		
	kustd2005		
	kustc0309		
	kustc0375		
	kustc0643		
缺氧	kustc0305	氧化还原酶活性，作用于供体 CH-OH 基团	—
	kustc1186	未知功能	

18 个显著下降的蛋白，其功能主要涉及 5 个过程，包括有机物生物合成（kustd2050、kustd1358、kuste3020、kuste2991、kuste4190、kuste3062 和 kustd1757）、磷代谢（kustd2172、kustd2186 和 kustc1156）、阳离子结合（kustd1827 和 kustc0490）、细胞移动（kusta0060）和未知功能等（kuste2786、kustd1564、kuste3885、kuste4114 和 kustc1239）（表 4－10）。与厌氧饥饿实验数据相比，缺氧饥饿中仅发现了两个显著上升的蛋白（表 4－9），其中 1 个蛋白（kustc0305）属于氧化还原酶，可催化含有 CH-OH 基团的有机物，另 1 个蛋白（kustc1186）的功能未知。

经过 60d 厌氧饥饿后 *Candidatus* K. stuttgartiensis 中显著下降的蛋白
（依据 GO 数据库的四级分类进行功能描述）　　**表 4－10**

饥饿环境	开放阅读框编号	功能描述
厌氧	kustd1827	阳离子结合
	kustc0490	
	kusta0060	细胞移动
	kustd1757	有机物生物合成

续表

饥饿环境	开放阅读框编号	功能描述
厌氧	kustd2050	有机物生物合成
	kustd1358	
	kuste3062	
	kuste3020	
	kuste2991	
	kuste4190	
	kustd2186	磷代谢过程
	kustc1156	
	kustd2172	
	kuste4114	未知功能
	kuste2786	
	kustd1564	
	kuste3885	
	kustc1239	

4.7 厌氧氨氧化菌在长期饥饿过程中的生存与调控策略

根据宏蛋白质组学结果可推测 *Candidatus* K. stuttgartiensis 在长期饥饿过程具有强大的生存能力，主要依赖两个方面的分子调控机制：（1）维持大部分胞内蛋白（尤其是涉及厌氧氨氧化中心产能代谢途径的蛋白）在长期饥饿过程的稳定；（2）在厌氧或缺氧饥饿胁迫下，诱导部分功能蛋白水平上调。

4.7.1 *Candidatus* K. stuttgartiensis 在长期厌氧和缺氧饥饿过程的常规调控

宏蛋白质组学分析发现，长期饥饿的 *Candidatus* K. stuttgartiensis 中大部分蛋白（厌氧饥饿污泥中 94.8% 的蛋白和缺氧饥饿污泥中 99.8% 的蛋白）在经历了 60d 的饥饿后，仍保持相对稳定（$p>0.05$）（图 4－20）。因此，60d 厌氧和缺氧饥饿并未对 *Candidatus* K. stuttgartiensis 胞内蛋白造成明显影响，*Candidatus* K. stuttgartiensis 依然可保持基本完整的代谢机能。根据这一结果可推测，为应对饥饿胁迫，*Candidatus* K. stuttgartiensis 进化出一套代谢机制，可使大部分胞内蛋白在长期饥饿过程中保持稳定。在 Microcystis aeruginosa（蓝细菌）中也发现类似现象；通过宏蛋白质组学技术发现，Microcystis aeruginosa 在饥饿（无磷）状态下，其胞内总共仅有 15 个显著上升与 23 个显著下降的蛋白。

对原核微生物来说，胞内蛋白的降解需要消耗能量，该过程称之为 ATP 独立机制。厌氧氨氧化菌 *Candidatus* K. stuttgartiensis 隶属于原核微生物，其在降解胞内蛋白时也可能采用 ATP 独立机制。因此，在长期饥饿胁迫条件下，*Candidatus* K. stuttgartiensis 为节省能量维持基本代谢过程，保持大部分胞内蛋白在饥饿过程相对稳定，而并不倾向于消耗能量将其降解（图 4-20）。这种蛋白调控机制是比较有利的，具体来说，长期饥饿环境下保持胞内蛋白不降解，尤其是维持涉及分解代谢过程的联氨合成酶与联氨脱氢酶等蛋白的稳定，可确保 *Candidatus* K. stuttgartiensis 在重获基质供给时快速获取能量，有利于微生物快速恢复代谢活性。

4.7.2　*Candidatus* K. stuttgartiensis 在长期厌氧饥饿过程的生存机制

细菌为在长期饥饿环境中存活，需经历一系列的生理变化和代谢调整，而该过程一般是由饥饿诱导产生的蛋白质来控制的。迄今为止，已在诸多微生物中发现不同种类的饥饿诱导蛋白，其涉及不同的生理变化和代谢调整过程，包括：（1）用于合成蛋白的蛋白；（2）通用压力蛋白（不具备特异性），可帮助微生物应对多重胁迫（例如热、饥饿、氧化应激和渗透压等）；（3）替代的分解代谢蛋白，可使微生物利用替代的胞外碳源或者胞内大分子物质（例如糖原、核酸和脂类）；（4）用于维持或者调整细胞结构的蛋白（如调整细胞膜的结构）。因此，诱导产生一系列饥饿蛋白，调整生理状态和代谢途径也是 *Candidatus* K. stuttgartiensis 所采用的用于应对长期饥饿的重要生存策略。

据文献报道，微生物会在饥饿条件下诱导产生碳水化合物代谢相关的蛋白，主要可用于降解胞内糖原，为维持过程提供能量。与这些报道类似，*Candidatus* K. stuttgartiensis 经历了 60d 的厌氧饥饿后，也发现有 3 个涉及碳水化合物代谢的蛋白（kuste2462、kuste2702 和 kustc0504）与两个涉及有机物氧化产能的蛋白（kuste2338 和 kustc0429）发生显著上升（表 4-9），这与观察获得的厌氧氨氧化富集污泥糖原水平下降（图 4-18）以及 *Candidatus* K. stuttgartiensis 胞内糖原颗粒减少（图 4-19）相一致。因此，推测认为 *Candidatus* K. stuttgartiensis 为应对长期厌氧饥饿胁迫，诱导产生了涉及碳水化合物代谢和有机物氧化产能的蛋白，利用胞内的碳水化合物（主要是糖原）来产生维持能量。此外，也发现 60d 的厌氧饥饿末期，两个涉及脂类合成的蛋白发生显著上升（kuste2853 和 kuste3604）（表 4-9）。根据相关研究报道，在基质有限环境下，微生物倾向于积累脂类物质，从而为长期饥饿过程储备能源物质。

在大肠杆菌（*Escherichia* coli）相关饥饿实验中，蛋白质降解所产生的氨基酸可用于产生新的蛋白质，从而帮助细菌抵抗饥饿。此外，根据蛋白质互作网络分析结果，下调的差异蛋白（kustd2172、kuste2991、kustd1757 和 kuste3062）与涉及蛋白合成的蛋白之间存在明显的相互作用（kustc1010、kuste2986、kuste3467 和 kuste4168）。因此，在 60d 厌氧饥饿后，*Candidatus* K. stuttgartiensis 所发现的 18 个显著下降的蛋白，对厌氧氨氧化菌的中心代谢途径来说非必需（表 4-10），这些蛋白降解所产生的氨基酸，也可能是用于合成应对饥饿所需的蛋白。在 34 个显著上升的蛋白（表 4-9）中，9 个涉及蛋白合成的蛋白，可能用于合成涉及分解糖原所需的酶（kuste2462、kuste2702、kustc0504、kuste2338 和

kustc0429）（表 4－10）。

4.7.3 *Candidatus* K. stuttgartiensis 中 DNRA 途径在长期缺氧饥饿过程的作用

最初研究认为，厌氧氨氧化菌是专性化能自养型微生物，但随着对厌氧氨氧化菌研究的深入，人们还发现部分厌氧氨氧化菌 *Candidatus* K. stuttgartiensis、*Candidatus* Brocadia anammoxidans、*Candidatus* Anammoxoglobus propionicus 和 *Candidatus* Brocadia fulgida 等，可在硝酸盐存在条件下降解甲酸盐、乙酸盐和丙酸盐等有机物，其最大降解速率可达（7.6±0.6）μmol/（g protein · min）。目前认为厌氧氨氧化菌可能通过 DNRA 途径降解有机物，其过程为：NO_3^- 在异化硝酸还原酶的作用下还原生成 NO_2^- 和 NH_4^+，然后厌氧氨氧化菌再通过正常分解代谢途径将 NO_2^- 和 NH_4^+ 降解为 N_2。值得注意的是，厌氧氨氧化菌无法直接吸收有机物，而是将有机物降解为 CO_2 后以间接方式开展合成代谢。然而，目前在 *Candidatus* K. stuttgartiensis 中还未检测发现 DNRA 过程所需的关键酶。

本章研究中，*Candidatus* K. stuttgartiensis 经历 60d 的缺氧饥饿后，相较于对照组，共鉴定出 2 个显著上升蛋白（kustc0305 和 kustc1186）（表 4－9）。其中，kustc0305 蛋白可用于降解含 CH-OH 基团的有机物。考虑到糖原分子含有 CH-OH 基团，且经历了 60d 的缺氧饥饿后，糖原颗粒在 *Candidatus* K. stuttgartiensis 细胞中几乎检测不到，可推测 kustc0305 蛋白可能涉及缺氧饥饿下的糖原降解过程。同时，缺氧饥饿过程，厌氧氨氧化富集污泥中发生明显的硝酸盐降解（图 4－12）。由于活性测试实验中，反应过程所去除的亚硝酸盐和氨氮的比值（$\Delta NO_2^-/\Delta NH_4^+$）保持恒定，且宏蛋白质组学数据表明，除了厌氧氨氧化菌以外，未检出和反硝化途径相关的蛋白。这些结果说明缺氧饥饿过程硝酸盐的消耗，其主要由 *Candidatus* K. stuttgartiensis 完成。因此，为能在缺氧饥饿下生存，*Candidatus* K. stuttgartiensis 会强化表达 kustc0305 蛋白，并通过 DNRA 途径产能获取额外能量；在这个过程中胞内糖原作为电子供体，硝酸盐则作为电子受体。

由于长期缺氧饥饿过程未曾添加有机物，*Candidatus* K. stuttgartiensis 如若要通过 DNRA 途径产能则必须利用胞内的大分子有机物。除了糖原颗粒，其他胞内大分子物质（本研究未曾检测）也有可能被消耗，然而，胞内大分子物质的过量消耗会导致正常的代谢过程遭受影响。因此，相对于长期厌氧饥饿（活性衰亡速率为 0.0049d^{-1}），厌氧氨氧化富集污泥在长期缺氧饥饿下活性损伤更为严重（活性衰亡速率为 0.0129d^{-1}）（图 4－11）。由于 *Candidatus* K. stuttgartiensis 中 99.8% 的蛋白保持稳定（图 4－16），可推断出长期缺氧饥饿下较高的活性衰亡速率（图 4－11）并非由胞内蛋白降解引起。因此，在长期缺氧饥饿过程中，即使胞内蛋白保持相对稳定，其他大分子物质的降解也会导致厌氧氨氧化富集污泥中较高的活性衰亡速率（图 4－11）。

据文献报道，AOB 也存在胞内蛋白（尤其是涉及分解代谢的酶）保持不变而活性下降的现象。*Nitrosomonas europaea* 遭受长期厌氧饥饿后，依然保持大量 AMO 和 HAO 蛋白，然而有些细胞已无法检测出代谢活性。而在另一篇报道中，与含 15mmol/L 氨氮培养环境相比，*Nitrosomonas europaea* 在 50mmol/L 氨氮存在下的氨氧化活性要更高［54mg N/(L·h) 与 35mg N/(L·h)］，可是两个培养环境下的 *Nitrosomonas europaea* 胞内 AMO 蛋白却无显著差异。基于上述研究推测，在胞内蛋白稳定的条件下，细菌活性的损失可能是由于翻译后修饰、电子载体的失活以及其他基质代谢相关分子的缺失。然而，在本研究中基于目前的活性数据、胞内大分子变化以及宏蛋白质组学数据，仍然无法判断出长期缺氧饥饿下厌氧氨氧化菌出现高活性衰亡速率（图 4－11）的真正原因，未来还需要结合其他分子生物学技术开展进一步证明研究。

4.8　小结与展望

本章基于转录水平和翻译水平，考察了 *Candidatus* Kuenenia stuttgartiensis 在短期（短于世代时间）厌氧（4.5d）和缺氧（40h）饥饿过程的衰减特性和胞内大分子物质的稳定性。本章阐述了厌氧氨氧化菌在短期厌氧和缺氧饥饿过程的衰亡过程，并区分了活性衰减和死亡衰减，有利于改进厌氧氨氧化反应器的相关数学模型设计。此外，通过检测短期饥饿冲击下，厌氧氨氧化菌中 *nirS*、*hzsA* 和 *hdh* 三个功能基因 mRNA 浓度的衰减过程，可从转录水平进一步阐明厌氧氨氧化菌在自然环境或者反应器中应对饥饿冲击时的应激调控策略。上述研究结果有利于厌氧氨氧化反应因基质波动而造成饥饿冲击时，实际水厂中厌氧氨氧化反应器的优化调控。

进一步采用宏蛋白质组学技术考察了在长期厌氧和缺氧饥饿下，*Candidatus* K. stuttgartiensis 胞内蛋白质组的变化［(20±1)℃］。通过结合生化检测、活死细胞染色、Illumina 高通量测序和宏蛋白质组学技术，可进一步揭示 *Candidatus* K. stuttgartiensis 在长期饥饿环境下的生存策略。该生存机制使得厌氧氨氧化菌在长期饥饿胁迫下保证自身存活，同时也解释了贫营养生态环境（海洋、淡水流域、沉积物和土壤）中频繁发现厌氧氨氧化菌存在的原因。

第5章 低温条件下厌氧氨氧化菌的应激调控策略

5.1 低温下厌氧氨氧化反应器的脱氮效能

Anammox 反应的功能菌为 Anammox 菌，其最适生长温度范围为 30～40℃，因此大部分 Anammox 反应器温度均维持在 30℃以上，以减缓低温条件抑制 Anammox 菌生长而造成 Anammox 运行效能低的问题。研究表明，温度每降低 5℃，Anammox 菌的生长速率下降 30%～40%，从而影响 Anammox 反应器的脱氮效能。随着 Anammox 技术在城市污水主流工艺应用中的推进，Anammox 在中温和低温条件下的反应活性、污泥形态特性变化及微生物种群结构变化亟需了解和掌握。

持留足量的污泥是反应高效进行的保证。如何维持低温和低氨氮条件下 Anammox 污泥的高度持留，Anammox 的活性是 Anammox 技术应用于主流线污水生物脱氮亟待解决的瓶颈问题。因此，本章采用厌氧颗粒污泥膨胀床反应器（expanded granular sludge blanket reactor，EGSB）来富集 Anammox 颗粒污泥，并研究温度降低过程中反应器脱氮效能及颗粒污泥特性的变化，为 Anammox 技术在城市污水主流线等常温（或者低温）开放环境下的应用提供理论基础和技术支撑。此外，微生物对环境变化的响应与其所处的群落结构密切相关。因而在原位的群落环境中，针对性地分析目标微生物的生理变化过程，可获得更接近实际的实验结果。iTRAQ 宏蛋白组技术为研究复杂微生物群落结构中 Anammox 菌应对低温的生理过程提供了适合的方法。因此，进一步结合 Anammox 菌的宏观脱氮性能，应用 iTRAQ 宏蛋白组技术研究群落环境中 Anammox 菌分别在 35℃、20℃及 15℃温度短期培养后的蛋白组表达特征，揭示 Anammox 菌应对低温的分子响应过程。

5.1.1 实验方案

1. 接种污泥及实验用水

反应器接种污泥为本实验室已驯化成熟的 Anammox 絮状污泥。实验用水为人工配制的含氮废水，进水 NH_4^+-N 和 NO_2^--N 浓度随污泥颗粒化的实际情况进行调整，进水 pH 控制在 7.0～7.5，反应器温度控制在 35℃，其他微量元素浓度包括（g/L）：H_3BO_3，

0.014；$CoCl_2 \cdot 2H_2O$，0.24；$CuSO_4 \cdot 5H_2O$，0.25；$ZnSO_4 \cdot 7H_2O$，0.43；$MnCl_2 \cdot 4H_2O$，0.99；$NiCl_2 \cdot 6H_2O$，0.19；$NaMoO_4 \cdot 2H_2O$，0.22；$Na_2WO_4 \cdot 2H_2O$，0.050；$Na_2SeO_4 \cdot 10H_2O$，0.21；EDTA，15。反应器实物图如图5-1所示。

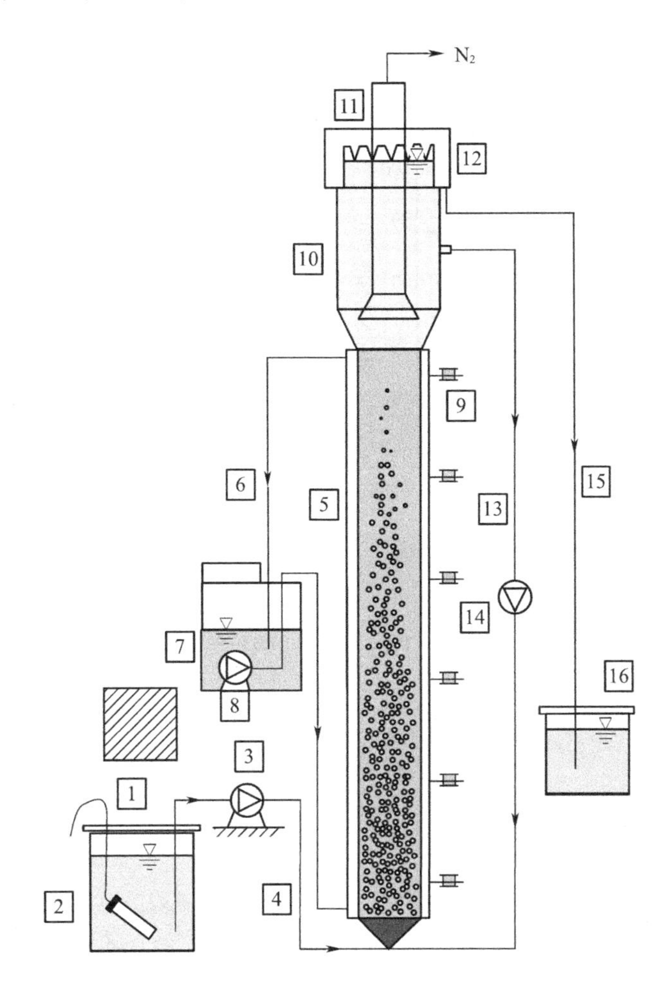

1—进水桶；2—加热棒；3—进水蠕动泵；4—进水管；5—水浴层；6—水浴循环管；
7—水浴锅；8—水浴循环泵；9—取样口；10—三相分离器；11—集气管；
12—出水溢流堰；13—回流管；14—回流蠕动泵；
15—出水管；16—出水桶

图5-1　Anammox-EGSB反应器

2. 反应器启动及稳定运行阶段脱氮效能

Anammox-EGSB反应器初始启动阶段的进水NH_4^+-N浓度为50mg/L左右，进水NO_2^--N浓度为NH_4^+-N浓度的1.2倍，通过控制进水流速使反应器水力停留时间（hydraulic retention time，HRT）为8h。此时进水流速为4.5mL/min，回流流速为150mL/min，反应器内液体上升流速为4.72m/h。运行到第8d时，将进水NH_4^+-N浓度提升至100mg/L左右。

为防止 NO_2^--N 抑制，在第 11d 时，将进水 NO_2^--N 浓度与 NH_4^+-N 浓度的比例降为 1∶1。根据反应器氮去除效能不断调整进水基质浓度、HRT 和回流比，使反应器启动成功并稳定运行。该过程中反应器内各氮素形态的长期变化如图 5－2 所示。

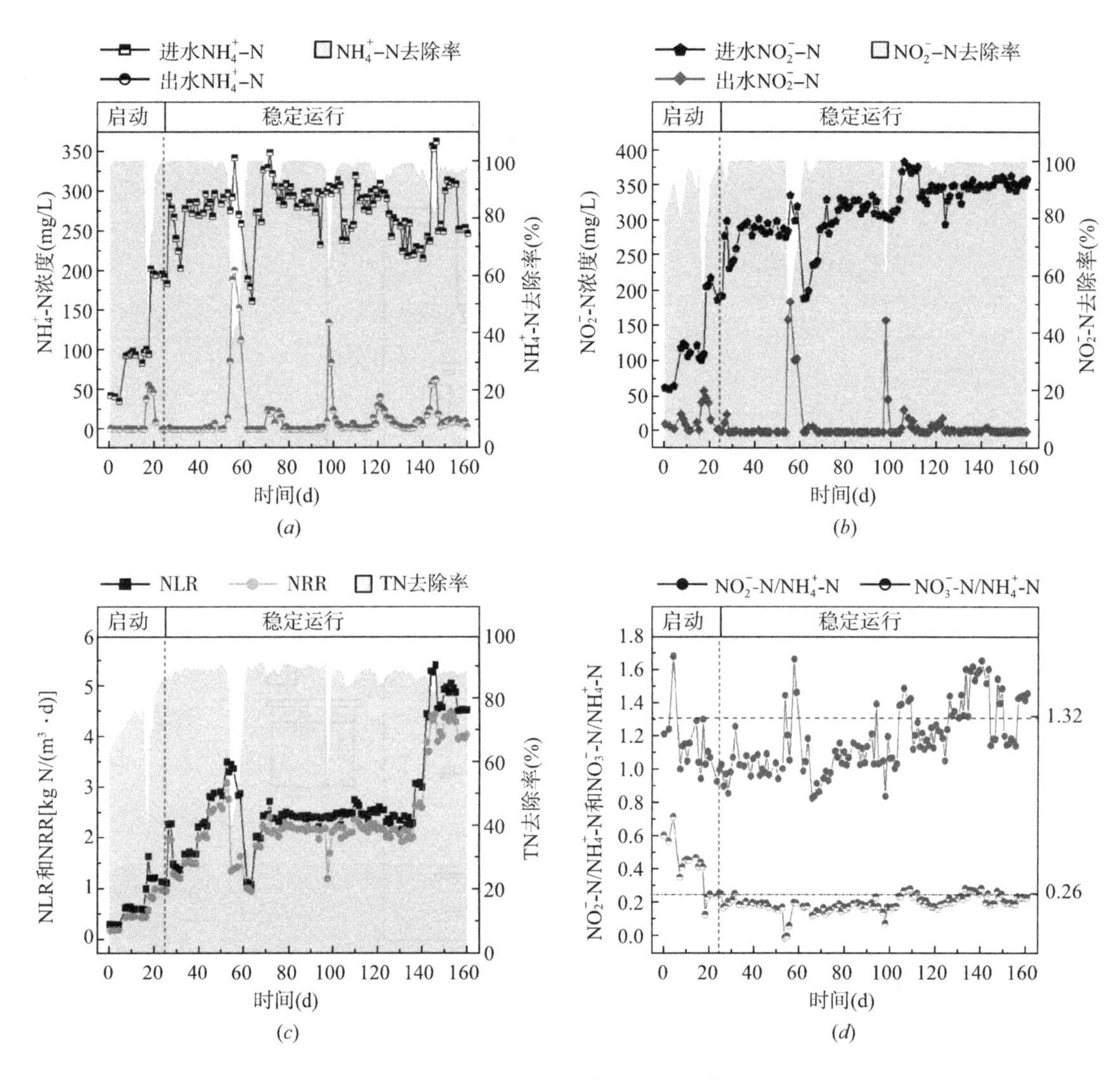

图 5－2 反应器内各氮素形态的长期变化

（*a*）反应器启动及稳定运行阶段 NH_4^+-N 进出水及去除率；（*b*）NO_2^--N 进出水及去除率；

（*c*）总氮负荷、总氮去除负荷及总氮去除率；（*d*）NO_2^--N/NH_4^+-N、NO_3^--N/NH_4^+-N 变化图

根据氮去除情况逐步提升进水基质浓度，至第 24d 时，进水 NH_4^+-N 浓度为 197mg/L，NO_2^--N 浓度为 188mg/L，NH_4^+-N 和 NO_2^--N 去除率分别稳定在 100% 和 98% 左右，NO_2^--N 和 NH_4^+-N 的反应量之比为 1.1 左右，NO_3^--N 生成量与 NH_4^+-N 反应量之比为 0.25 左右，接近于理论值 1.32 和 0.26，表明 Anammox-EGSB 反应器启动成功。第 24d 以后，继续逐步增加进水基质浓度和减小 HRT，使进水总无机氮负荷（nitrogen load rate，NLR）进一步

提高，并同时调整回流比以调整液体上升流速。至第51d，反应器进水NH_4^+-N稳定在290mg/L左右，NO_2^--N稳定在295mg/L左右，NH_4^+-N和NO_2^--N去除率均为100%，NRR逐步提高并最终稳定在2.56kg N/(m^3·d)。逐步提升进水基质浓度和减小HRT，从第69d开始，一直到第130d，进水NH_4^+-N和NO_2^--N分别稳定在300mg/L、320mg/L左右，HRT为6h，上升流速为6.15m/h，NH_4^+-N和NO_2^--N均得到完全去除，NRR为2.20kg N/(m^3·d)左右。第137d开始，在保持进水基质浓度（NH_4^+-N和NO_2^--N分别为300mg/L和320mg/L左右）不变的条件下，进一步减小HRT以增大NLR和NRR，至第145d，反应器NRR稳定在4.50kg N/(m^3·d) 左右。第145～160d，NLR为5.00kg N/(m^3·d)，NRR高达4.50kg N/(m^3·d)，NH_4^+-N和NO_2^--N几乎完全去除；此时HRT为3.21h，上升流速为6.31m/h。本研究中Anammox-EGSB反应器的NRR［4.50kg N/(m^3·d)］远高于其他构型的Anammox反应器。

5.1.2　降温阶段脱氮效能

Anammox-EGSB反应器在启动并稳定运行了160d之后，从第161d开始正式进入降温阶段实验，将第161d记为正式实验的第1d。反应器在降温阶段总共运行366d，进水基质浓度保持不变，NH_4^+-N为300mg/L，NO_2^--N为360mg/L，其在不同温度下的长期氮素变化如图5-3所示。

当运行温度为35℃时（1～76d），该阶段继续在最适条件下富集Anammox颗粒污泥，并通过不断降低HRT来增加逐步增加NLR。第54d时，HRT减小至1.79h，NLR可达8.70kg N/(m^3·d)，NH_4^+-N、NO_2^--N几乎完全去除，NRR高达7.60kg N/(m^3·d)。第58～68d，反应器接连出现的问题导致NRR骤降。重新进水后不断调整进水流速和回流比，并在第69d，向反应器注进无基质水以冲洗反应器内积累的基质，并以较低基质浓度开始进水（100mg/L NH_4^+-N，120mg/L NO_2^--N）。而后，逐步提升进水基质浓度，使反应器逐渐恢复高效稳定运行。第72～76d时，反应器稳定高效运行，在进水NH_4^+-N、NO_2^--N浓度分别为300mg/L、360mg/L，HRT为2.18h时，NLR高达7.57kg N/(m^3·d)，NH_4^+-N、NO_2^--N去除率分别可达98%、99%左右，总氮去除率约为89%，NRR为6.65kg N/(m^3·d)，远高于其他构型的Anammox反应器。

当运行温度降低为25℃时（77～158d），反应器脱氮效能未受显著影响，反应器持续高效运行，NRR高达6.50kg N/(m^3·d)，NH_4^+-N、NO_2^--N去除率分别为98%、99%，总氮去除率可达88%。但在第116d，由于进水管在泵压出现裂缝后导致反应器中渗入氧气，溶解氧浓度升高抑制了Anammox菌活性，出水NH_4^+-N、NO_2^--N略有升高。此外，NO_2^--N与NH_4^+-N消耗量之比（NO_2^--N/NH_4^+-N）、NO_3^--N生成量与NH_4^+-N消耗量之比（NO_3^--N/NH_4^+-N）基本接近于理论值1.32和0.26。当运行温度降低为20℃时（159～271d），反应器持续稳定高效运行，NLR为7.20kg N/(m^3·d)，NRR为6.45kg N/(m^3·d)，NH_4^+-

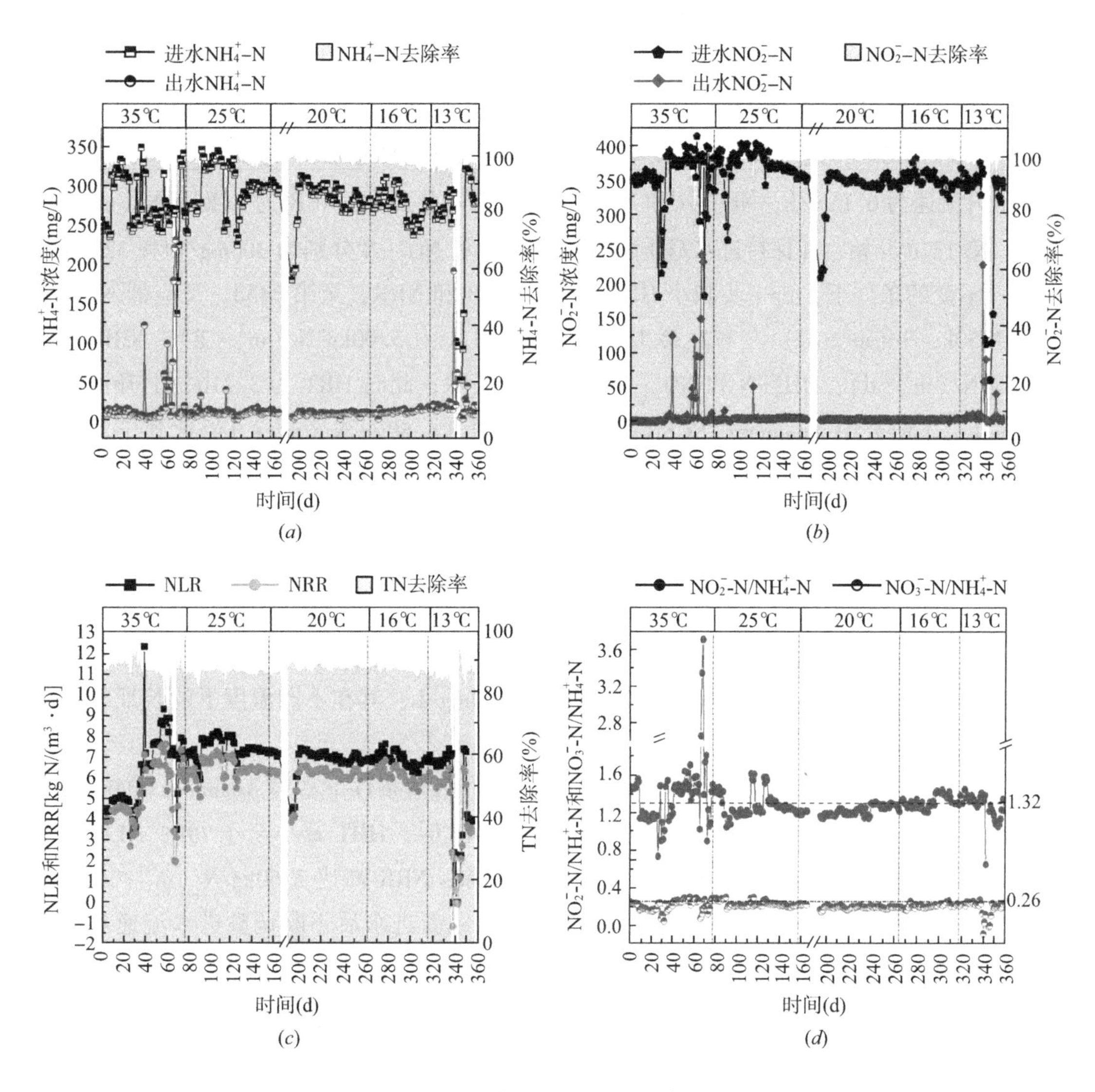

图 5-3 不同温度下的长期氮素变化

(*a*) 反应器降温阶段 NH_4^+-N 进出水及去除率；(*b*) NO_2^--N 进出水及去除率；

(*c*) 总氮负荷、总氮去除负荷及总氮去除率；(*d*) NO_2^--N/NH_4^+-N、NO_3^--N/NH_4^+-N 变化图

N、NO_2^--N、总氮的去除率分别为 98%、99% 和 89%，HRT 为 2.18h，回流比为 4.26，上升流速为 2.67m/h。需要注意的是，在第 166d 晚停运反应器，且于第 194d 重启，以较低基质浓度（180mg/L NH_4^+-N，216mg/L NO_3^--N）开始进水，逐步提升进水基质浓度，反应器可恢复到高效脱氮状态。当运行温度降低为 16℃时（272～329d），反应器运行参数与 20℃时保持一致，反应器仍可稳定运行，脱氮效能未受显著影响。该阶段 NLR 为 7.20kg N/(m³·d)，NRR 为 6.43kg N/(m³·d)，NH_4^+-N、NO_2^--N、总氮去除率分别为 97%、98% 和 87%（表 5-1）。

降温阶段反应器运行参数和脱氮效能　表5-1

温度（℃）	运行天数（d）	NH_4^+-N 去除率（%）	NO_2^--N 去除率（%）	总氮去除率（%）	NLR [kg N/(m^3·d)]	NRR [kg N/(m^3·d)]
35	1～76	98±2	99±2	89±2	7.57±0.2	6.65±0.2
25	77～158	98±2	99±2	88±2	7.40±0.2	6.50±0.2
20	159～271	98±2	99±2	89±2	7.20±0.2	6.45±0.2
16	272～329	97±2	98±2	87±2	7.20±0.2	6.43±0.2
13	330～366	97±2	99±2	88±2	4.10±0.2	3.60±0.2

但当温度持续降低至13℃（330～366d），初始一周内反应器可稳定高效运行，脱氮效能未受较大影响，NLR为7.10kg N/(m^3·d)，NRR为6.10kg N/(m^3·d)，NH_4^+-N、NO_2^--N、总氮去除率分别为95%、98%和85%。而后反应器脱氮效能骤降，出水NH_4^+-N、NO_2^--N浓度突然升高，去除率均降低至35%左右。结合反应器内4mg/L的DO浓度，推测过高的DO抑制了反应器内Anammox菌活性。随后对反应器内的污泥进行了调整，从低基质开始进水，逐步升高进水基质浓度（50mg/L-100mg/L-200mg/L-300mg/L），使反应器逐渐恢复稳定高效运行。稳定运行阶段，进水NH_4^+-N、NO_2^--N分别为300mg/L、360mg/L，去除率可达97%、99%，总氮去除率为88%左右。

综上所述，通过逐级降温，Anammox-EGSB反应器能在低温13℃条件下稳定高效运行。且与其他构型的Anammox反应器相比，EGSB颗粒污泥反应器在低温下NRR更高，表明了EGSB反应器在持留足量污泥、高效氮去除负荷方面的优越性。

5.2 低温条件下厌氧氨氧化活化能与污泥特性变化

5.2.1 厌氧氨氧化活性变化

进一步考察了各温度下厌氧氨氧化反应器中的SAA变化情况（图5-4）。结果表明，在20～35℃时，随着温度降低，SAA略有下降；但当温度低于20℃时，SAA下降较明显，最终维持在0.28gN/(gVSS·d)（13℃）。SAA随温度变化趋势与NRR变化趋势较为一致。这可能是由于当温度低于20℃时，低温影响了微生物酶活性、细胞质流动性和传质速率，导致污泥SAA明显降低。

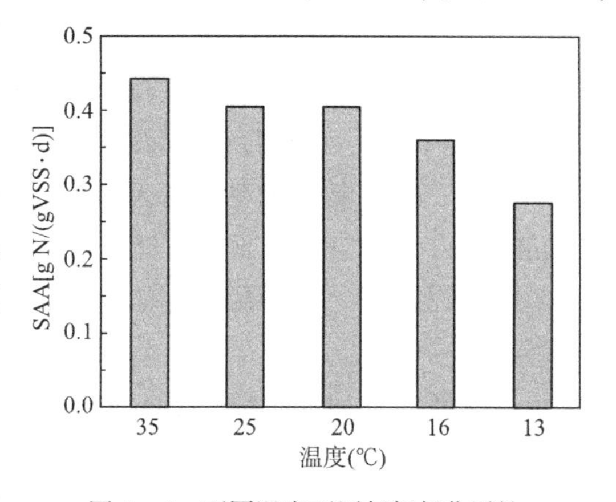

图5-4　不同温度下厌氧氨氧化活性

5.2.2 污泥含量变化

反应器中污泥含量通常采用悬浮固体

（suspended solids，SS）表示，生物量用挥发性悬浮固体（volatile suspended solids，VSS）表示，VSS/SS 表示污泥中生物量的占比。由表 5－2 可知，反应器中整体污泥浓度较高，因而反应器承受负荷的潜力较大，且温度降低未对反应器中污泥含量造成显著影响，VSS 基本保持不变。这表明本研究中采用的 EGSB 反应器在低温下持留足量污泥实现高负荷运行的优越性。在降温过程中，VSS/SS 持续维持在较高水平，表明污泥颗粒中的主体成分为菌体，这些高密度的活菌体为反应器实现低温下的高脱氮效能打下了坚实基础。当温度低于 20℃时，反应器底部 VSS 值略有降低，这可能是由于温度降低时液体的黏度和密度增大，使得颗粒污泥的沉淀速率降低导致。

不同温度下反应器中 SS 和 VSS 变化 **表 5－2**

温度（℃）	样品体积（mL）	VSS（g/L）	VSS/SS
35	30	11.845	0.911
	10	27.205	0.914
25	30	13.987	0.913
	10	23.830	0.888
20	30	14.437	0.876
	10	28.200	0.920
16	30	16.623	0.864
	10	24.980	0.911
13	30	15.693	0.884
	10	24.570	0.920

5.2.3 颗粒污泥粒径分布

在不同温度下，从反应器底部取样口取污泥放于培养皿上拍照，以记录污泥形态变化（图 5－5）。Anammox-EGSB 反应器底部污泥基本以颗粒状存在，且呈红褐色，表明此污泥中 Anammox 菌的含量较高，污泥呈红褐色是由于 Anammox 菌某些重要的酶富含亚铁血红素。污泥在 16～35℃温度范围内一直保持较好的颗粒形态，不受温度降低的影响，说明反应器中颗粒污泥可以在低温（16℃）下保持。但当温度进一步降低为 13℃时，污泥颗粒形态受到破坏，颗粒粒径明显减小。进一步采用体视镜观察各温度下反应器底部颗粒污泥（图 5－6）。颗粒污泥呈红褐色，具有不规则外形和不均匀表面，外形像花椰菜（cauliflower）。颗粒上有孔洞，可能是因为大的污泥颗粒是由相对较小的污泥颗粒聚集而成。颗粒污泥在 13～35℃温度范围内均保持较为密实的颗粒形态，表明颗粒污泥能在低温下维持。

在各温度下，从反应器各取样口取 5mL 污泥，混合成 30mL 污泥，用激光粒度仪测得其粒径分布（图 5－7）。结果表明，在 20～35℃温度范围内，随着温度降低颗粒污泥粒径有所增加；但当温度降低至 16℃时，污泥在较大粒径范围内的占比减小，且当温度进一步降低

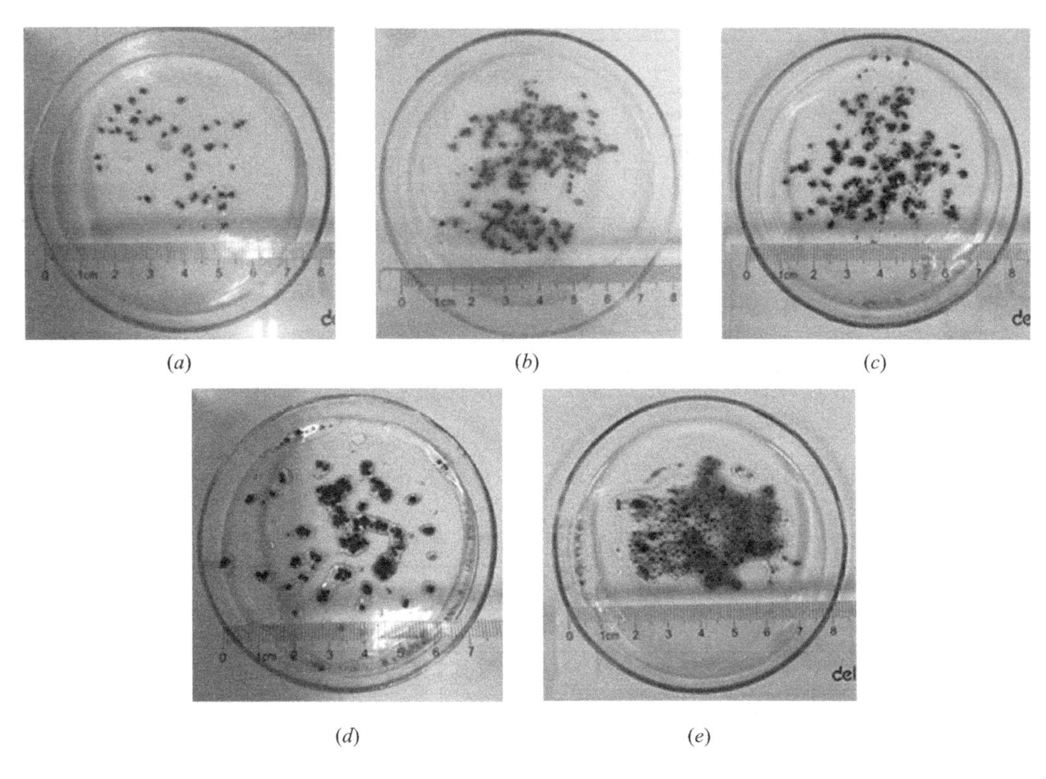

图 5-5　不同温度下反应器底部污泥

（a）35℃；（b）25℃；（c）20℃；（d）16℃；（e）13℃

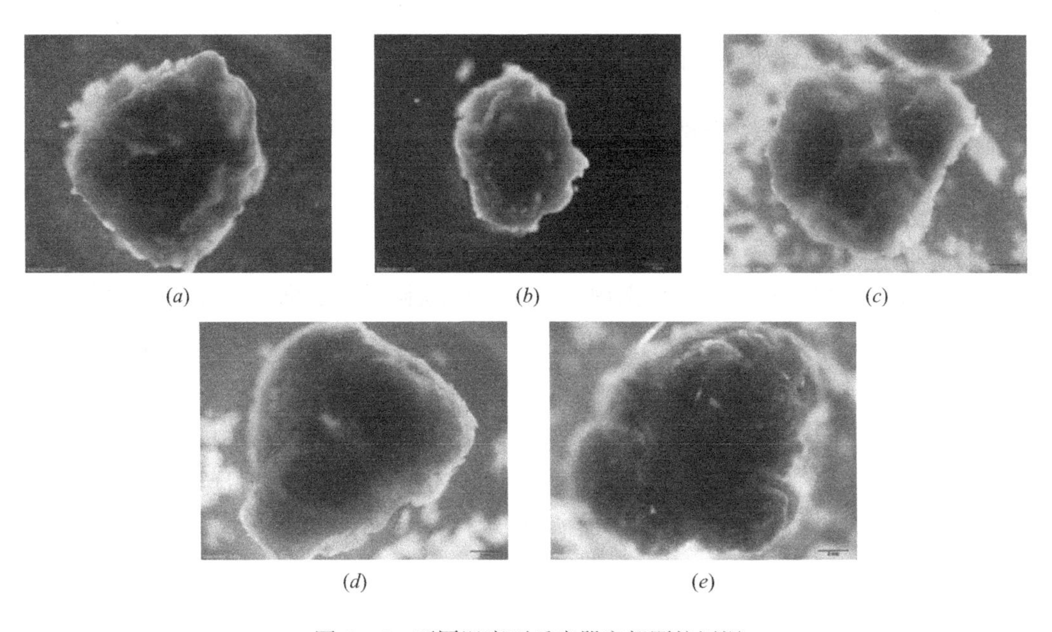

图 5-6　不同温度下反应器底部颗粒污泥

（a）35℃；（b）25℃；（c）20℃；（d）16℃；（e）13℃

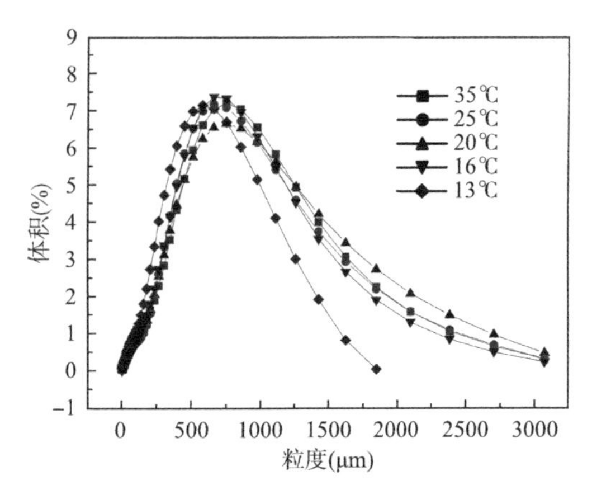

图 5-7 不同温度下反应器中污泥粒径分布

至 13℃时颗粒污泥粒径显著降低。由激光粒度仪得到的污泥粒径的相关参数见表 5-3。D10、D50、D90 分别表示污泥中有 10%、50%、90%的颗粒粒径低于此值，D50 也叫中位径。D［4，3］是体积平均粒径，公式为各颗粒粒径的 4 次方之和除以各颗粒粒径的 3 次方之和，该平均值能反映出各颗粒体积对系统的影响。当温度从 35℃降到 20℃时，污泥的体积平均粒径增加；当温度低于 20℃时，随着温度降低，污泥体积平均粒径减小，中位径的变化规律与此基本一致。

不同温度下污泥粒径参数 **表 5-3**

温度（℃）	D10（μm）	D50（μm）	D90（μm）	D［4，3］（μm）
35	146	670	1530	777
25	170	664	1570	792
20	152	693	1700	834
16	176	656	1490	767
13	112	507	1110	569

综上所述，20～35℃温度范围内，颗粒污泥能稳定维持，但当温度降低至 16℃和 13℃时，颗粒粒径随温度降低而减小。

5.2.4 颗粒污泥的微观结构

通过扫描电镜（scanning electron microscopy，SEM）观察不同温度下反应器中颗粒污泥的微观结构（图 5-8）。

结果表明，在 13～35℃温度范围内，反应器中颗粒污泥表面均主要被球菌覆盖，杆菌和纤维状菌很少，表明厌氧氨氧化菌占菌群的主要部分，也表明了厌氧氨氧化菌可以在低温下存活适应（图 5-8）。从图 5-8（*a*）、图 5-8（*b*）观察到颗粒污泥上存在孔洞（cavities），推测它们可将基质和中间产物送入颗粒内部，并且是产生的气体送出颗粒的通道。从图 5-8（*c*）～图 5-8（*e*）可观察到颗粒污泥表面存在大量胞外聚合物（extracellular polymeric substances，EPS），表明 EPS 是颗粒污泥组成结构中的重要组分。

5.2.5 颗粒污泥的流变特性

颗粒污泥的强度对于保持反应体系长期稳定运行具有十分重要的意义，过低的污泥强度无法承受系统运行过程中频繁的水流剪切力，易导致颗粒解体随出水流失，造成反应体

(*a*)　(*b*)　(*c*)　(*d*)　(*e*)

图 5－8　不同温度下反应器中 Anammox 颗粒污泥的 SEM
(*a*) 35℃；(*b*) 25℃；(*c*) 20℃；(*d*) 16℃；(*e*) 13℃

系中生物量减少，反应体系恶化。

流变学（rheology）是研究材料流动和变形行为的一种学科，研究材料的变形、剪应力和时间之间的关系，可反映材料的内部结构特征。动态流变测试（dynamic rheological test）是指对材料施加一个振荡输入［例如应变 $\gamma(t)=\gamma_A \cdot \sin\omega t$］，然后观察相应的行为（应力）。本实验采用流变仪（Anton Paar MCR-102，Austria），将污泥样品放在一个直径 15mm、厚 2mm 的几何平板上，对其进行应变扫描，固定角频率 $\omega=5$rad/s，应变 γ 随时间正弦变化，得到相应的储能模量 G'（storage modulus）、损耗模量 G''（loss modulus）及黏度 η^*（complex viscosity）。G'表示材料存储弹性变形能量的能力，表示黏弹性材料在形变过程中由于弹性（可逆）形变而储存的能量；G''是指材料在发生形变时，由于黏性（不可逆）形变而损耗的能量大小，描述能量散失（转变）为热的现象，反映材料黏性大小。黏滞力是流体受到剪应力变形或拉伸应力时所产生的阻力，黏度反映了物体和流体之间内、外部的相互作用，黏度越低的流体其流动性越佳。

不同温度下颗粒污泥的 G'、G''、η^* 随应变变化的曲线表明（图 5－9）：当应变 γ 较小时，图 5－9 中出现一段明显的线性黏弹性（linear viscoelastic regime，LVE）范围，在 LVE 范围内，G'和 G''不随 γ 变化，为恒定值；且该范围内 $G'>G''$，弹性行为超过黏性行为。这种特性和物理凝胶的动态机械行为一致，表明 Anammox 颗粒污泥具有稳定的交联聚合物的构造和其弹性本质。当应变增大到一个临界值（γ_c）时，G'、G''和 η^* 不再是恒定值，G'、η^* 开始迅速减小，G''迅速增大并最终超过 G'；到达 γ_c 时污泥上施加的应力 τ

为屈服应力（τ_c），τ_c 可由 G'乘以 γ_c 计算得到。由图 5－9 可知，污泥是一种屈服应力流体，在一定的剪切应力范围内可保持不流动，具有抵抗形变的能力。在屈服应力之前，它只发生弹性形变，当剪切应力超过其屈服强度时，就开始发生塑性形变。

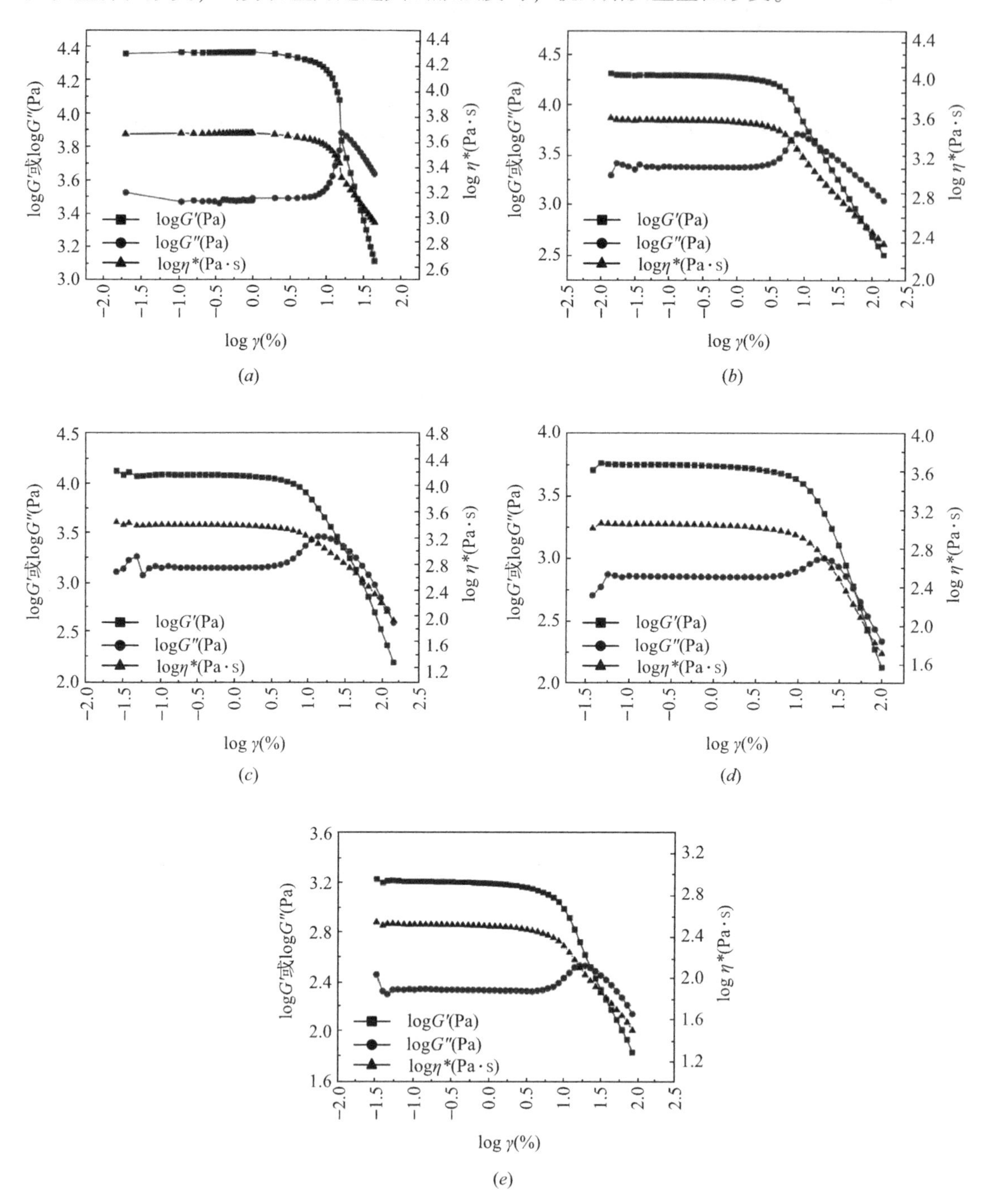

图 5－9　不同温度下反应器中 Anammox 颗粒污泥的 G'、G''、η^* 随 γ 变化的曲线

（a）35℃；（b）25℃；（c）20℃；（d）16℃；（e）13℃

不同温度下颗粒污泥的 τ_c 和LVE范围内的 G' 值如图5-10所示。τ_c 和 G' 值可表征污泥的机械强度，τ_c 和 G' 越大表明污泥结构越稳定。本研究中35℃时颗粒污泥 $\tau_c = G' \cdot \gamma_c =$ 64.31kPa，远高于好氧颗粒（950Pa）、厌氧消化污泥（420Pa）及共聚水凝胶（23Pa），较大的屈服应力反映了Anammox颗粒污泥具有较高的机械强度，表明其抵抗变形的能力较强，这源于Anammox颗粒污泥独特的组成结构，其交联聚合物网络结构比好氧颗粒和共聚物水凝胶中的更强、更有弹性。

此外，反应器运行温度对Anammox颗粒污泥的机械性能具有较大影响，在13～35℃温度范围内，随着温度降低，污泥强度减小，污泥具有流化趋势（图5-10）。实验结果表明，温度降低使得污泥结构软化，适宜的温度（35℃）条件下污泥具有更加稳定的结构及更强的抵抗变形的能力。强度降低使得颗粒污泥更难承受水流剪切力的作用，导致部分颗粒被冲散，颗粒直径减小。另外，值得注意的是，即使在13℃条件下，污泥 τ_c 仍较高（10.13kPa），这可能是由于Anammox颗粒污泥具有独特而稳定的交联聚合物的结构，也表明了Anammox-EGSB反应器在培养颗粒污泥方面的优越性，高强度的颗粒污泥为反应器高效运行打下了坚实基础。

为了进一步研究Anammox颗粒污泥的机械性能，将 γ 固定为1%，改变 ω，得出不同温度下污泥的黏度（η^*）随 ω 变化的曲线（图5-11）。由前文应变扫描实验可知，$\gamma=$ 1%时各温度下污泥均处于LVE范围内，G' 和 G'' 值保持不变。Anammox颗粒污泥表现出了剪切稀化行为，即黏度随着剪切速率增大而减小的行为，具有这种特性的流体称为剪切稀化流体。Anammox颗粒污泥的这种性质与聚合物凝胶的性质类似，因此，可将Anammox颗粒污泥归类为聚合物凝胶。将Anammox颗粒污泥作为凝胶，有助于将相关新技术和原理应用到对它们的研究中，例如原子力显微镜、流变学和x射线衍射等现有的凝胶结构表征方法。另外，由图5-11可知，在同一 ω 下，污泥黏度随着温度降低而减小，这与屈服应力结果一致，表明Anammox颗粒污泥随着温度降低趋于流化。

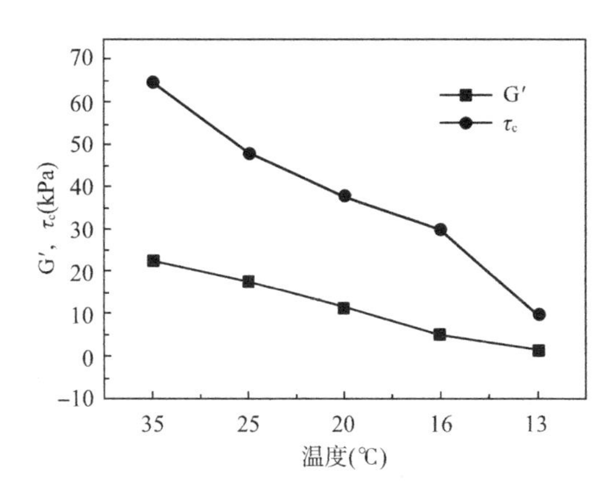

图5-10 不同温度下反应器中Anammox颗粒污泥的 τ_c、G'

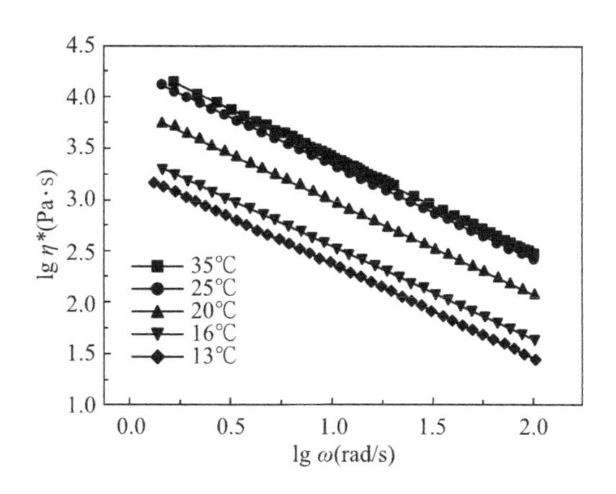

图5-11 不同温度下反应器中Anammox颗粒污泥的 η^* 随 ω 变化曲线

5.2.6 颗粒污泥的 EPS 变化及其三维荧光图像分析

EPS 是由微生物在其生长过程中分泌的黏性物质，为微生物在不同的环境下生存提供了有利条件。从微生物的角度讲，EPS 有利于细胞膜的稳定，而且可以作为微生物的保护屏障。EPS 的主要成分为多糖、蛋白质及腐殖质，还有少量的核酸、脂质等。根据 EPS 在细胞外的存在形式，可以将其分为溶解型 EPS（soluble EPS）和结合型 EPS（bound EPS），前者也称 Slime 层，而后者根据与细胞表面的结合程度又可分为松散结合 EPS（loosely bound EPS，LB 层）和紧密结合 EPS（tightly bound EPS，TB 层）。研究表明，溶解型 EPS 经过离心后存在于上清液中，而结合型 EPS 则紧紧地粘附在细胞上。

不同温度下 Anammox 颗粒污泥的 EPS 含量及其组分变化表明（图 5－12），当温度从 35℃降到 20℃时，污泥的 EPS 应激反应还没有发生；当温度为 20℃时 EPS 含量明显降低，这可能是因为温度高于 20℃时，高温加速了酶促反应，使得 EPS 产量更多；当温度进一步降低为 16℃时，EPS 含量明显增多，达到最大值 150mg/g VSS。EPS 含量的增加有助于降低污泥颗粒的多孔性和渗透性，促进微生物聚集体的形成，维持污泥颗粒的稳定性，对污泥颗粒起到保护作用。然而，当温度降低至 13℃时，EPS 含量显著降低，这可能是因为低温（13℃）严重抑制了微生物的代谢活性，进而减少了其 EPS 的分泌量。

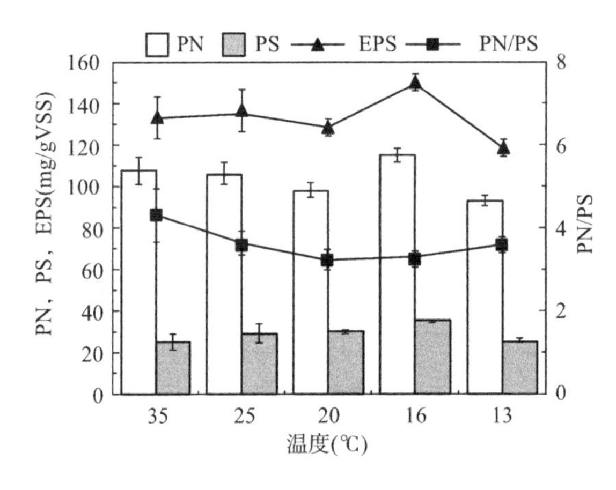

图 5－12 不同温度下 Anammox 颗粒污泥 EPS 总量、PN 和 PS 含量、PN/PS 变化

无论 Anammox 污泥的 EPS 如何变化，其 PN 含量都比相应的 PS 含量高，这可能与水体中较低的 C/N 有关。随着温度降低，蛋白质/多糖（PN/PS）先减小后增大，在 20℃时达到最小值。已有研究表明，PN/PS 越低，污泥的沉降性能越好，颗粒污泥越稳定。20℃时污泥 PN/PS 最低，表明此时污泥的沉淀性能较好，这与前文已知的 20℃时反应器底部 VSS 浓度最大的结果相一致。

三维激发发射矩阵（three-dimensional excitation-emission matrix，3D-EEM）荧光光谱法是一种快速、高选择性、灵敏度高的方法，通过同时改变激发和发射波长可以较为全面地获得物质荧光特性方面的信息，可用于研究污泥 EPS 的物化性质。

EPS 的主要成分为蛋白质、腐殖质和多糖，其中多糖的荧光光谱可以忽略不计，因此三维荧光主要分析蛋白质和腐殖质的荧光特性。在各温度下从反应器底部取样口取三份 7mL 污泥（三份平行样），用热提取法提取 Slime、LB、TB 层 EPS，用三维荧光光谱仪

(HORIBA) 分别测得其三维荧光光谱图，将所有图进行统一标度，最高峰值均设为2434740.00，该值为35℃下TB层蛋白质峰强度，为所有温度下所有峰强度的最大值(图 5-13)。

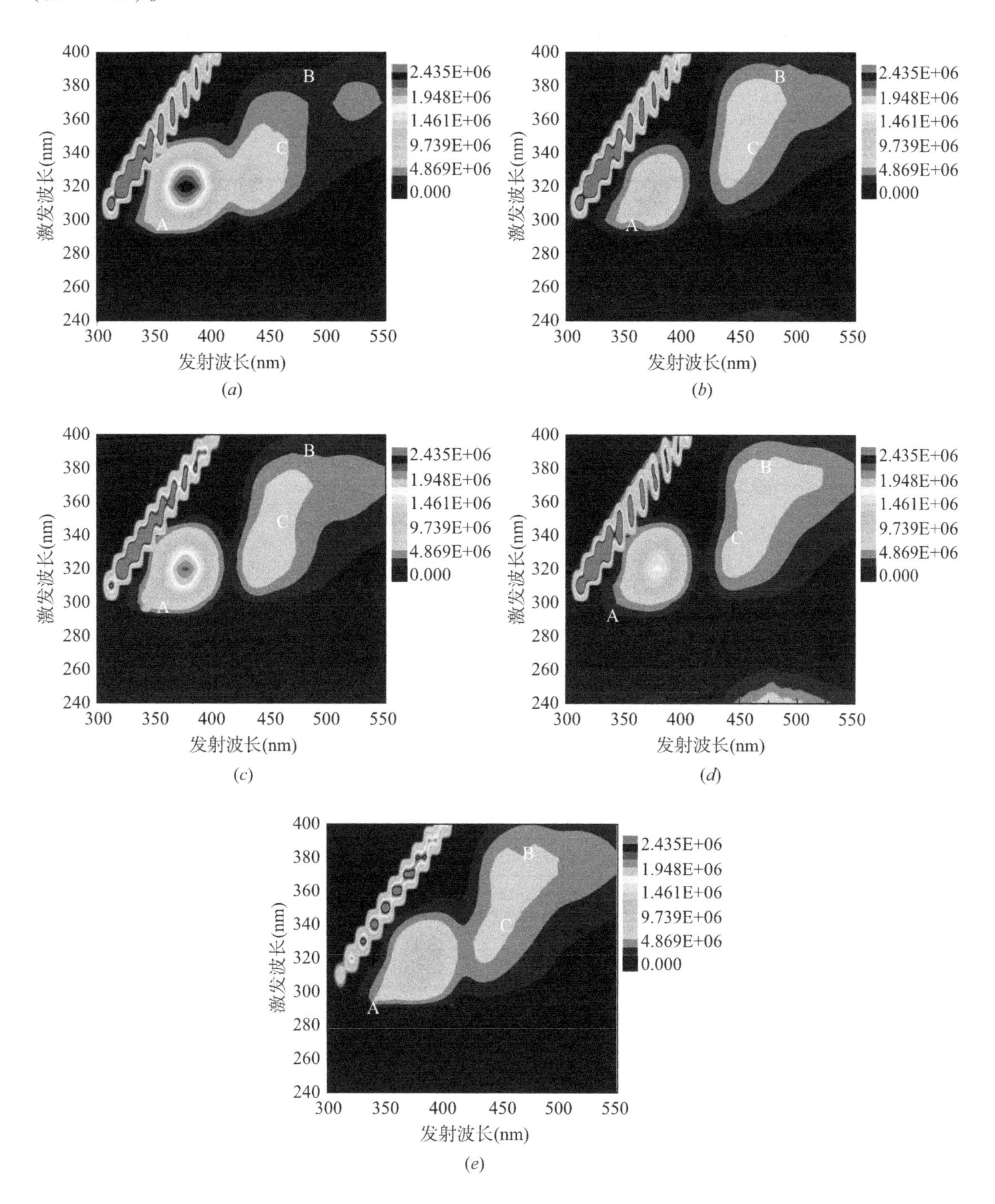

图 5-13　不同温度下 Anammox 颗粒污泥 TB-EPS 的 EEM 荧光光谱

(a) 35℃；(b) 25℃；(c) 20℃；(d) 16℃；(e) 13℃

图5－13中纵坐标为激发波长（excitation，*E*x），横坐标为发射波长（emission，*E*m），等高线表示荧光强度。由图5－13可知，TB-EPS中主要有三个峰，峰A的位置为*E*x/*E*m＝320nm/(377.5～382.5nm)，代表的物质是芳香族蛋白质（aromatic protein-like），峰B、C的位置分别为*E*x/*E*m＝370nm/(460.5～524.5nm)，*E*x/*E*m＝(320～330nm)/(434.5～447nm)，代表的物质是腐殖酸（humic acid-like）。将Slime、LB和TB层EPS的所有荧光光谱参数列于表5－4。其中A/B、A/C和B/C是指峰强度之比。

不同温度下污泥EPS的荧光光谱参数　　表5－4

温度	层	峰	*E*x/*E*m (nm/nm)	强度	组成	A/B	A/C	B/C
35℃	Slime	A	290/352.5	378782.31	Aromatic protein-like	5.46		
		B	370/460	69423.36	Humic acid-like			
	LB	A	290/351	586187.94	Aromatic protein-like	5.96		
		B	370/456.5	98338.95	Humic acid-like			
	TB	A	320/377.5	2434740.00	Aromatic protein-like	6.36	2.58	0.41
		B	370/524.5	382603.91	Humic acid-like			
		C	320/434.5	942621.06	Humic acid-like			
25℃	Slime	A	290/352	597885.00	Aromatic protein-like	7.63		
		B	370/461	78310.47	Humic acid-like			
	LB	A	290/351	1016940.00	Aromatic protein-like	6.48		
		B	370/461	156894.02	Humic acid-like			
	TB	A	320/378.5	1025200.00	Aromatic protein-like	1.58		
		B	370/460.5	649860.23	Humic acid-like			
20℃	Slime	A	290/352	838181.28	Aromatic protein-like	6.26		
		B	370/462	133820.31	Humic acid-like			
	LB	A	290/350.5	1388840.00	Aromatic protein-like	6.59		
		B	370/460.5	210739.05	Humic acid-like			
	TB	A	320/378	2165220.00	Aromatic protein-like	3.76	2.66	0.71
		B	370/465.5	576367.76	Humic acid-like			
		C	330/440	813208.59	Humic acid-like			
16℃	Slime	A	290/352	1306520.00	Aromatic protein-like	8.12		
		B	370/461	160824.23	Humic acid-like			
	LB	A	290/358.5	1507540.00	Aromatic protein-like	5.68		
		B	370/461.5	265261.24	Humic acid-like			
	TB	A	320/380	1670890.00	Aromatic protein-like	2.38	2.67	1.12
		B	370/474	701047.61	Humic acid-like			
		C	330/447	625943.88	Humic acid-like			

续表

温度	层	峰	*Ex*/*Em* (nm/nm)	强度	组成	A/B	A/C	B/C
13℃	Slime	A	290/359	112767.31	Aromatic protein-like	3.47		
		B	370/465.5	32461.42	Humic acid-like			
	LB	A	290/352	119103.34	Aromatic protein-like	3.36		
		B	370/461.5	35488.75	Humic acid-like			
	TB	A	320/382.5	1173570.00	Aromatic protein-like	1.78	2.04	1.14
		B	370/464.5	658115.00	Humic acid-like			
		C	330/438.5	576288.85	Humic acid-like			

芳香族蛋白质［峰 A，*Ex*/*Em* = (290～320nm)/(350.5～382.5nm)］和腐殖酸［峰 B，*Ex*/*Em* = 370nm/(456.5～524.5nm)；峰 C，*Ex*/*Em* = (320～330nm)/(434.5～447nm)］为污泥 EPS 中两种主要物质（表 5-4）。在每一温度下，蛋白质峰强度均大于腐殖酸峰强度，表明蛋白质含量多于腐殖酸。峰强度比例的改变表明化合物的结构差异决定了其荧光特性。随着温度降低，Slime、LB 层峰 A 和峰 B 的强度之比 A/B 先增大后减小，在 13℃时达到最小值；TB 层中 A/B 波动较大，但基本是减小的趋势；TB 层中 A/C 先增大后减小。

有研究表明，峰 A 代表可生物降解的溶解有机质，峰 C 代表不可生物降解的溶解有机质，13℃时 A/C 减小表明有荧光特性的可生物降解的溶解有机质在温度降低过程中被逐渐新陈代谢消耗。Wang 等人的研究表明芳香族蛋白质对污泥颗粒化具有重要作用，可维持颗粒污泥的稳定结构。本研究中 A/B、A/C 随温度变化的结果表明低温不利于颗粒污泥结构稳定，这与前文结论一致。荧光峰的位置偏移可以提供污泥 EPS 样品化学结构变化的光谱信息，从而反映污泥 EPS 的官能团变化。Slime 和 LB 层峰 A 和峰 B 的位置基本不随温度降低而改变；TB 层峰 A 和峰 C 随着温度降低发生红移，表明官能团增多，如羰基、羟基、氨基、烷氧基和羧基等官能团增多；TB 层峰 B 随着温度降低发生蓝移，表明化学结构中浓缩芳香基团的分解，以及一些大分子分解成小分子，例如 π 电子系统的减少、芳香环数量减少、链式结构中共轭键的减少、线性环系统向非线性系统的转化以及羰基、羟基、氨基等特定官能团的消除。

5.3　低温条件下厌氧氨氧化体系的微生物种群结构演替

5.3.1　微生物聚类及多样性分析

在不同温度的稳态阶段，从反应器底部取样口取适量污泥保存，将 35℃、25℃、20℃、16℃和 13℃下污泥样品分别标记为 A、B、C、D 和 E。采用 16S rDNA 高通量测序技术检测污泥中所含微生物的种类及各自占的丰度，以此分析不同温度驯化下 Anammox 反应器中微生物种群结构的变化。不同样品的 OTUs（operational taxonomic units，OTUs）数以及系统中微生物种群分布的 Alpha 多样性相关指标见表 5－5。

不同温度下污泥样品 Alpha 多样性统计表 **表 5－5**

样本编号	序列读长	0.97*					
		OTU 数	Ace	Chao	Shannon	Simpson	Coverage
A	37631	306	393.08	400.89	2.4128	0.2803	0.998
B	39370	345	434.48	451.95	2.0525	0.4150	0.998
C	40889	382	454.42	476.89	3.0444	0.2003	0.998
D	38584	453	524.54	546.95	4.4196	0.0331	0.998
E	38298	400	484.62	493.02	2.5110	0.3344	0.998

* 0.97 表示将不同的序列在 97% 相似水平下归类于同一 OTU。

样本的 Coverage 值表示的是测序得到的结果占整个基因组的比例，从表 5－5 中看出 A～E 的 Coverage 值均大于 0.99，说明该系统中几乎所有的 OTU 都被测得，测序结果可以覆盖样本微生物组成。计算 Alpha 多样性的指标主要有 Ace 指数、Chao 指数、Shannon 指数、Simpson 指数等。由表 5－5 可知，Ace 指数和 Chao 指数随着温度的降低先增大后减小，温度为 16℃时达到最大值，这与 OTU 数的变化规律一致，表明温度为 16℃时样品中物种丰度最高，物种丰度随温度变化的规律与其他研究结果一致。Shannon 指数和 Simpson 指数随着温度的降低没有明显的变化规律，16℃时样品中群落多样性最高，25℃时群落多样性最低。污泥样品的群落丰富度（richness）受温度降低的影响明显，而群落多样性（diversity）并不随温度降低有明显的变化规律。

5.3.2 微生物群落结构分析

A～E 样品共检测出 14 个菌门，主要由浮霉菌门（Planctomycetes）、变形菌门（Proteobacteria）、绿弯菌门（Chloroflexi）组成。为了进一步阐明反应器运行过程中微生物群落结构的演化，对 A～E 污泥样品在“属”分类水平上进行菌属分析，如图 5－14 所示。

厌氧氨氧化污泥样品中优势菌属包括 *Candidatus* Kuenenia、*Denitratisoma*、*norank_f_Anaerolineaceae*。*Candidatus* Kuenenia 为厌氧氨氧化菌属，是本研究 Anammox 反应器中的功能微生物，35℃、25℃、20℃、16℃和 13℃下相对丰度分别为 51.7%、64.2%、43.5%、15.0%、57.5%。当温度高于 16℃时，*Candidatus* Kuenenia 一直保持相当高的丰度，承担反应器主要脱氮功能；当温度降为 16℃时，*Candidatus* Kuenenia 丰度明显降低，这可能是因为温度降低对 Anammox 菌造成冲击，低温抑制了 Anammox 菌生长；而当温度进一步降为 13℃时，*Candidatus* Kuenenia 丰度大幅增加，达到 57.52%，仅次于 25℃下丰度，这与 He 等人研究结果类似，这可能是因为通过逐级降温和长期的低温适应，Anammox 菌已经适应了低温环境，并且在 13℃低温条件下，反应器中其他微生物的生长速率

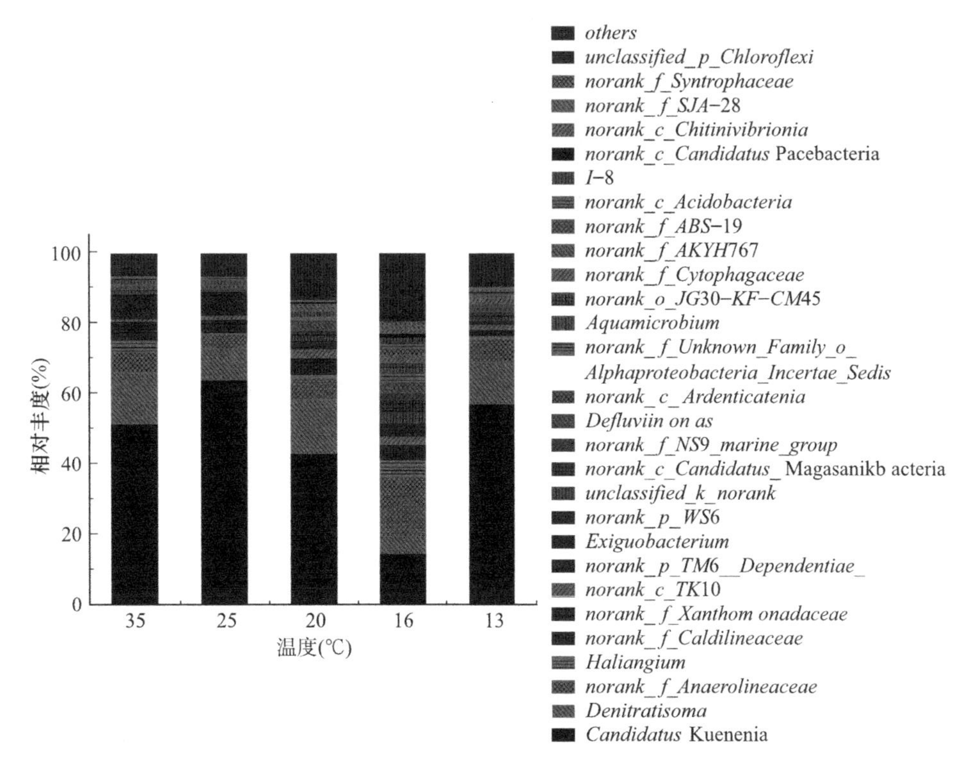

图 5 - 14　A～E 样品在“属”分类水平上的菌群分布图

和代谢速率均会减缓，致使 *Candidatus* Kuenenia 相对丰度提升。

Denitratisoma 属于 Proteobacteria 菌门，是一种革兰氏阴性、运动型、异养反硝化菌，35℃、25℃、20℃、16℃和 13℃下其相对丰度分别为 14.7%、9.0%、15.2%、4.8% 和 11.6%。这些异养反硝化菌的繁殖可能是由于反应器中存在大量 EPS 和可溶性微生物产物。*Norank_f_Anaerolineaceae* 属于 Chloroflexi 菌门，常在城市污水处理厂的活性污泥中被检出，35℃、25℃、20℃、16℃ 和 13℃ 下相对丰度分别为 5.62%、3.84%、5.93%、17.01% 和 6.54%。有研究表明 *norank_f_Anaerolineaceae* 可以将复杂有机物降解为可生物降解的小分子有机物，可以降解利用 Anammox 菌的死亡生物量和代谢产物中的细胞化合物。因此，该菌属在 16℃、13℃下丰度增多可能是因为低温条件下细胞自溶产生更多有机物。另外，反硝化菌属 *Haliangium* 相对丰度在 16℃条件下丰度也呈现显著上升趋势。

5.4　低温条件对厌氧氨氧化菌活性的影响

由于在缺氧环境中可能存在反硝化菌对 NO_2^--N 的消耗，因此本研究以单位时间单位生物量的 NH_4^+-N 去除速率来表征 Anammox 菌的脱氮性能。检测结果显示（图 5 - 15），Anammox 菌在 20℃培养温度下的 NH_4^+-N 去除速率约为 35℃培养温度下的一半［(1.74±0.24)mg N/(g MLVSS · h) 与 (3.71±0.52)mg N/(g MLVSS · h)］。当培养温度进一步降至15℃后，NH_4^+-N去除速率大幅降至约为35℃培养温度下的1/10。

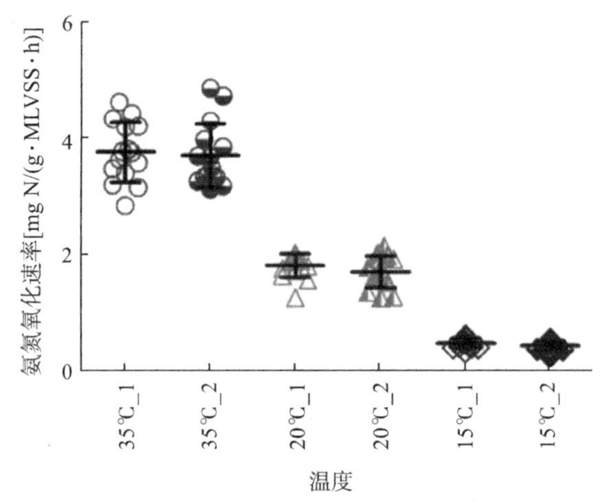

图5－15　不同温度下的氨氮氧化速率（厌氧氨氧化活性）

注：_1和_2代表两个平行样。

5.5　厌氧氨氧化菌应对低温的蛋白组应激调控策略

通过分析比较Anammox菌经过不同温度培养后蛋白组表达水平的变化特征，可以获得各种属Anammox菌应对低温的蛋白组调控策略。在本研究中，差异蛋白表达的评判标准为：目标环境下目标蛋白质归一化后的表达量与对照组中该蛋白质归一化后表达量的比值大于等于1.2或小于等于0.8，且同时满足秩和检验$p<0.05$。归一化指将特定样品中目标蛋白的表达量除以该样品中所有蛋白的表达量。分析结果显示，20℃培养组与35℃培养组进行比较时出现的差异蛋白数量最多，达到90个，其次是15℃培养组与35℃培养组相比较（71个）。20℃培养组与15℃培养组进行比较出现的差异蛋白数量最小（仅有13个）。

蛋白质的功能注释结果显示［本研究采用直系同源序列聚类（clusters of orthologous groups，COG）进行功能注释］，低温诱导的差异蛋白中（20℃及15℃培养组与35℃培养组进行比较），绝大多数蛋白属于COG功能分类中的：能量生产和转换（energy production and conversion），翻译、核糖体结构及生物合成（translation，ribosomal structure and biogenesis），无机离子运输和代谢（inorganic ion transport and metabolism），复制、重组和修复（replication，recombination and repair），翻译后修饰、蛋白组代谢和伴侣分子蛋白（posttranslational modification，protein turnover and chaperones）这5个功能分类，如图5－16所示。尤其值得关注的是20℃培养组与35℃培养组比较获得的差异蛋白，在这些差异蛋白中，蛋白丰度显著增加且分别属于能量生产和转换，翻译、核糖体结构及生物合成，无机离子运输和代谢这3个功能分类的蛋白数量，是相应分类中丰度显著减少蛋白数量的5.5倍、2.7倍及3倍。

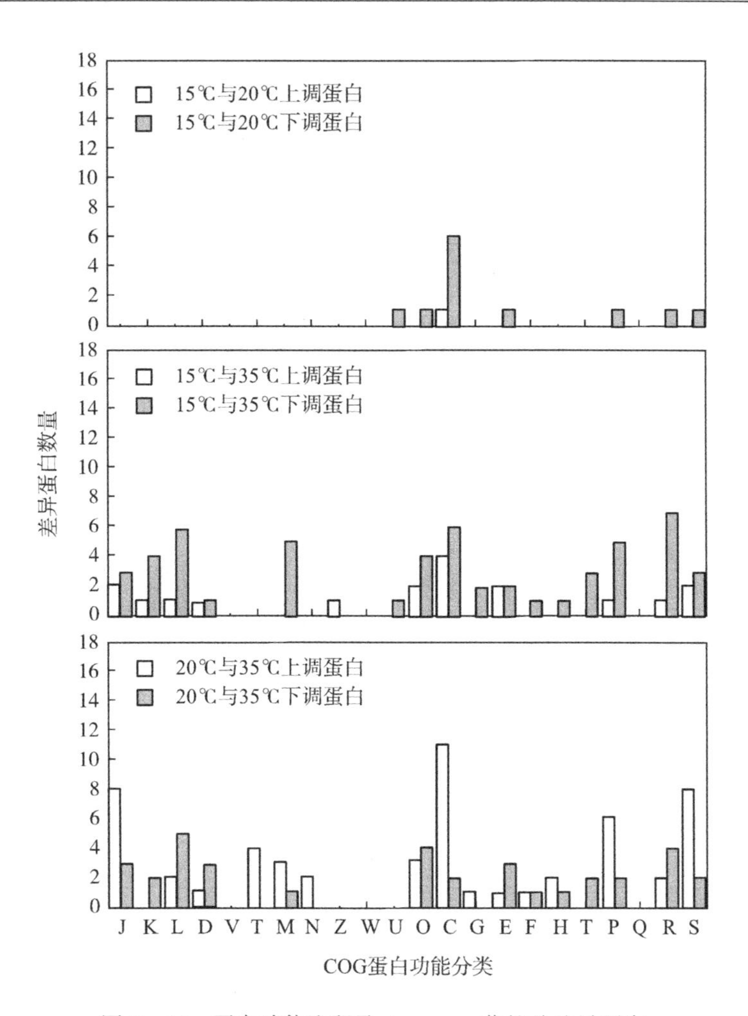

图5-16 蛋白功能注释及Anammox菌的总差异蛋白

图5-16中的COG功能分类为J：Translation, ribosomal structure and biogenesis；K：Transcription；L：Replication, recombination and repair；D：Cell cycle control, celldivision, chromosome partitioning；V：Defense mechanisms；T：Signal transduction mechanisms；M：Cell wall/membrane/envelope biogenesis；N：Cell motility；Z：Cytoskeleton；W：Extracellular structures；U：Intracellular trafficking, secretion and vesicular transport；O：Posttranslational modification, protein turnover, chaperones；C：Energy production and conversion；G：Carbohydrate transport and metabolism；E：Amino-acid transport and metabolism；F：Nucleotide transport and metabolism；H：Coenzyme transport and metabolism；I：Lipid transport and metabolism；P：Inorganic ion transport and metabolism；Q：Secondary metabolites biosynthesis, transport and catabolism；R：General function prediction only；S：Function unknown.

由于*Candidatus*_ Kuenenia、*Candidatus*_ Brocadia及*Candidatus*_ Jettenia这3个Anammox菌属相对丰度较高，后文将聚焦分析这3个菌属的蛋白组表达特征。在分析中，通过

将特定样品中目标属 Anammox 菌的特定蛋白表达量除以该样品中该属 Anammox 菌所有蛋白的表达量实现蛋白在属水平上的归一化。蛋白在属水平上进行归一化后，即可从属水平上分析各属 Anammox 菌在不同温度下蛋白表达特征，揭示不同属 Anammox 应对低温的蛋白组调控策略。结果显示，来自 *Candidatus*_ Kuenenia、*Candidatus*_ Brocadia 及 *Candidatus*_ Jettenia 3 个属的 Anammox 的蛋白中，20℃培养组相对 35℃培养组共检测出 70 个差异蛋白［图 5－17（*a*）～图 5－17（*c*）］，15℃培养组相对 35℃培养组共检测出 42 个差异蛋白［图 5－17（*d*）～图 5－17（*f*）］，20℃培养组相对 15℃培养组仅检测出 7 个差异蛋白。这些差异蛋白在功能注释上涵盖多个 COG 功能分类。

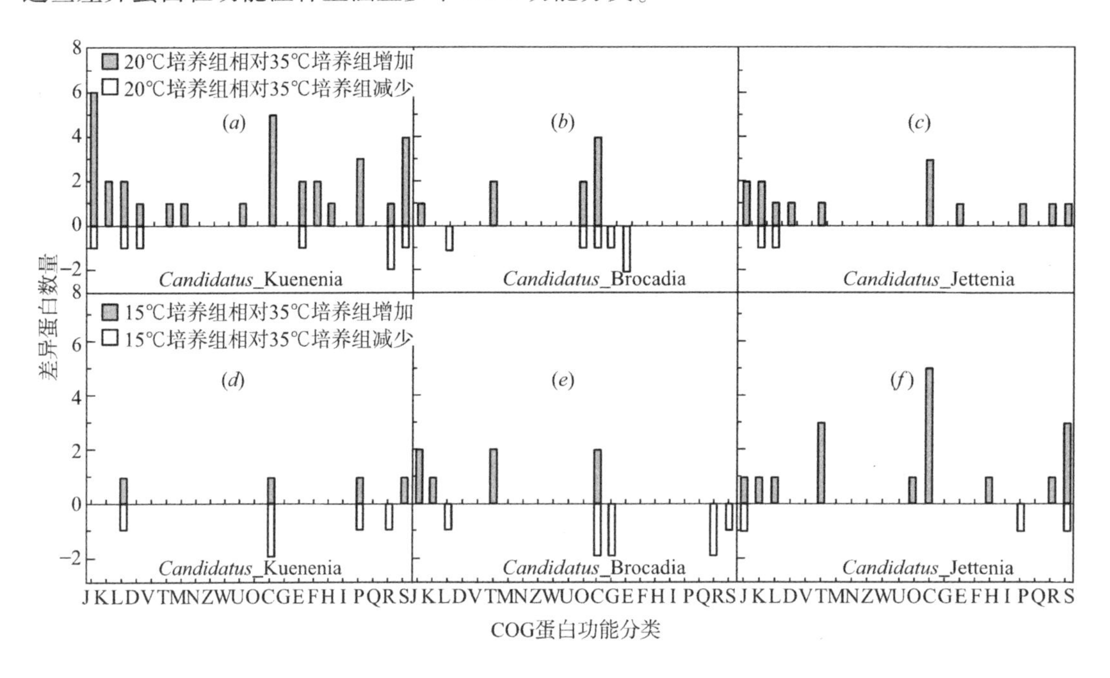

图 5－17 蛋白功能注释及 Anammox 菌属水平上的差异蛋白

进一步分析发现，20℃培养组相对 35℃培养组共有 39 个差异蛋白来自 *Candidatus*_ Kuenenia 属 Anammox 菌，且均属于 *Candidatus*_ Kuenenia stuttgartiensis 种。其中 32 个为丰度显著增加蛋白，7 个为丰度显著降低蛋白。差异蛋白来自以下 3 个 COG 功能分类：能量生产和转换，翻译、核糖体结构和生物合成，无机离子运输和代谢的差异蛋白数量明显多于其他 COG 功能分类。而 15℃培养组相对 35℃培养组的差异蛋白中，仅有 9 个来自 *Candidatus*_ Kuenenia 属 Anammox 菌，其中 4 个为丰度显著增加蛋白，5 个为丰度显著降低蛋白。鉴定出的来自 *Candidatus*_ Brocadia 属 Anammox 菌的蛋白中，20℃培养组相对 35℃培养组共有 15 个差异蛋白，其中 9 个为丰度显著增加蛋白，6 个为丰度显著降低蛋白。这些差异蛋白绝大部分来自以下 4 个 COG 功能分类：能量生产和转换，氨基酸转运和代谢，翻译后修饰、蛋白组代谢和伴侣分子蛋白，信号传导机制。15℃培养组相对 35℃培养组，鉴定出 5 个蛋白丰度显著增加，8 个蛋白丰度显著降低。差异蛋白中多数属于能量生产和转换 COG 功能分类。

鉴定出的来自 *Candidatus*_ Jettenia 属 Anammox 菌的蛋白中，20℃培养组相对 35℃培养组共有 16 个差异蛋白，其中 14 个为丰度显著增加蛋白，仅有 2 个为丰度显著降低蛋白。差异蛋白中绝大部分来自以下 2 个 COG 功能分类：能量生产和转换，翻译、核糖体结构和生物合成以及转录。15℃培养组相对 35℃培养组，鉴定出 17 个蛋白丰度显著增加，3 个蛋白丰度显著降低。差异蛋白中多数属于能量生产和转换及信号传导机制 2 个 COG 功能分类。

综上所述，当温度由 35℃降低到 20℃后，3 个属的 Anammox 菌均积极调整其蛋白组的表达以适应新环境，其中来自能量生产和转换、转录以及翻译过程的蛋白受到最明显的调控（差异蛋白数量最多），且丰度显著增加蛋白的数量明显大于丰度显著降低蛋白的数量。

5.5.1 *Candidatus* Kuenenia 属厌氧氨氧化菌应对低温的蛋白组调控策略

在本研究的 Anammox 菌富集体中，因 *Candidatus*_ Kuenenia 属 Anammox 菌具有最高的丰度，且 iTRAQ 宏蛋白组技术鉴定出的蛋白中来自该属 Anammox 菌的蛋白数量最大。另外，分析发现来自该属的蛋白均属于 *Candidatus*_ Kuenenia stuttgartiensis 种 Anammox 菌，这使从属水平上进行分析即达到了种水平上的结果。此外，蛋白组检测结果显示，当培养温度从 35℃降至 20℃后，*Candidatus*_ Kuenenia、*Candidatus*_ Brocadia 及 *Candidatus*_ Jettenia 3 个属 Anammox 菌的蛋白组调控策略基本一致，因此以 *Candidatus*_ Kuenenia stuttgartiensis 种 Anammox 菌的蛋白组调控策略为代表展开深入分析。

iTRAQ 宏蛋白组检测结果显示，当培养温度从 35℃降至 20℃后，所有与 Anammox 菌氮代谢密切相关的蛋白（酶），如亚硝酸盐还原酶、联氨合成酶及联氨脱氢酶等，均维持表达水平不变（组间无显著差异，$p>0.05$）。这些氮代谢关键酶表达水平的维持稳定可能是 Anammox 菌应对低温的一种策略。通过维持氮代谢关键酶表达量的恒定，当温度回升至适宜的生长范围时，这些存量氮代谢关键酶可快速的投入工作，及时足量地为细胞生长和维持提供能量，加速 Anammox 菌的恢复过程，使其在竞争中处于优势地位。

参与下游电子传递链的蛋白（酶），其表达量在温度降低后显著增加。这与氮代谢关键酶应对温降的响应方式正好相反。在此类参与下游电子传递链的蛋白（酶）中，kuste2877 蛋白与包含 11 个血红素的细胞色素 c 蛋白高度相似，而 kustc0457 蛋白被鉴定为一种羟胺氧化还原酶（表 5 - 6）。这些参与电子传递蛋白表达量的显著增加表明该部分产能过程对温度降低极为敏感。在低温下，这些蛋白失去功能的概率增大，因而需要从总量上予以弥补，即增加相关蛋白的表达量。据已有研究，低温可以阻碍电子的传递，从而引起电子传递链上某节点处电子传递过程的失衡，进而引起好氧微生物中活性氧簇激增。

15℃、20℃与35℃培养组相比鉴定出的显著调控蛋白　　表5-6

登录号	基因标签	蛋白鉴定	倍数变化
Candidatus Kuenenia			
gi | 91202276	kuste4574	similar to hydroxylamine oxidoreductase hao	1.2
gi | 91203443	kustc0351	conserved hypothetical protein	1.2
gi | 91202431	kustd1325	unknown protein	1.4
gi | 91200757	kuste3054	unknown protein	1.3
gi | 91201139	kuste3436	hypothetical protein kuste3436	0.8
gi | 91201095	kuste3392	hypothetical protein kuste3392	0.7
gi | 91203916	kustc0824	strongly similar toto proton-translocating NADH dehydrogenase I chain C (NuoC)	0.8
gi | 91200097	kuste2394	hypothetical protein kuste2394	0.8
Candidatus Brocadia			
gi | 816979735	BROFUL_01551	hydroxylamine oxidoreductase-like protein, partial	1.3
gi | 816979724	BROFUL_01552	aldehyde dehydrogenase	1.9
gi | 816979734	BROFUL_01550	hydroxylamine oxidoreductase-like protein	1.3
gi | 816978815	BROFUL_02263	50S ribosomal protein L11	1.3
gi | 816979249	BROFUL_01894	50S ribosomal protein L17	1.8
gi | 762180589	BROSI_A1146	protein contains FOG domain	0.6
gi | 762179911	BROSI_A0457	transaldolase	0.8
gi | 762180583	BROSI_A1140	phosphomannomutase	0.8
gi | 816980209	BROFUL_01178	formate dehydrogenase	0.7
gi | 762181905	BROSI_A2482	site-specific tyrosine recombinase	0.5
gi | 816979744	BROFUL_01545	putative peptidase	0.7
gi | 762179705	BROSI_A0251	dihydrolipoamide acetyltransferase	0.6
gi | 816979887	BROFUL_01449	alcohol dehydrogenase	0.8
Candidatus Jettenia			
gi | 386404435	KSU1_C0675	pyruvate ferredoxin/flavodoxin oxidoreductase	1.4
gi | 386403129	KSU1_D0428	methenyltetrahydrofolate cyclohydrolase	2.9
gi | 164605314	—	hydroxylamine oxidoreductase	1.2
gi | 386403047	KSU1_D0346	RNA polymerase sigma 70 subunitRpoD	1.5
gi | 386405967	KSU1_B0493	putative cytochrome c	1.4
gi | 386404247	KSU1_C0487	conserved hypothetical protein	1.3
gi | 386406255	KSU1_A0041	conserved hypothetical protein	1.8
gi | 386405720	KSU1_B0246	chaperoninGroEL	1.4
gi | 386402843	KSU1_D0142	glycoside hydrolase	1.3
gi | 386405114	KSU1_C1354	two-component sensor kinase	1.3

续表

登录号	基因标签	蛋白鉴定	倍数变化
gi | 386405356	KSU1_C1596	conserved hypothetical protein	1.3
gi | 386404677	KSU1_C0917	F0F1 ATP synthase B subunit	1.5
gi | 386405097	KSU1_C1337	translation initiation factor IF-3	1.6
gi | 386403132	KSU1_D0431	conserved hypothetical protein	1.3
gi | 386406074	KSU1_B0600	conserved hypothetical protein	1.4
gi | 386404633	KSU1_C0873	two-component sensor kinase	1.3
gi | 386405443	KSU1_C1683	dihydrolipoamide dehydrogenase	1.4
gi | 386406010	KSU1_B0536	conserved hypothetical protein	0.8
gi | 164605312	—	similar to hypothetical (di heme) protein	0.8
gi | 386405654	KSU1_B0180	conserved hypothetical protein	0.6
Candidatus Kuenenia			
gi | 91200176	kuste2473	hypothetical protein kuste2473	1.5
gi | 91203443	kustc0351	conserved hypothetical protein	1.4
gi | 91203550	kustc0458	similar to hydroxylamine oxidoreductase	1.2
gi | 91200659	kuste2956	strongly similar to 50S ribosomal protein L7/L12	1.2
gi | 91203549	kustc0457	hydroxylamine oxidoreductase hao-like protein	1.3
gi | 91200580	kuste2877	similar to undeca heme containing cytochrome c protein	1.2
gi | 91202775	kustd1669	conserved hypothetical protein	1.2
gi | 91204318	kustc1226	conserved hypothetical	1.2
gi | 91200695	kuste2992	strongly similar to 50S ribosomal protein L17	1.3
gi | 91200668	kuste2965	strongly similar to 50S ribosomal protein L4	1.3
gi | 91204335	kustc1243	strongly similar to Methyl-accepting chemotaxis protein	1.7
gi | 91200042	kuste2339	similar to pyruvate synthase alpha chain	1.2
gi | 91202378	kustd1272	conserved hypothetical protein	1.5
gi | 91201300	kuste3597	conserved hypothetical protein	1.8
gi | 91203635	kustc0543	predicted orf	1.4
gi | 91204285	kustc1193	similar to heme d1 synthesis protein nirH/nirL	1.2
gi | 91200051	kuste2348	conserved hypothetical protein putative tatA/E	1.3
gi | 91202407	kustd1301	strongly similar to catalase	1.4
gi | 91202665	kustd1559	similar to 30S ribosomal protein RpsT	1.4
gi | 91200676	kuste2973	strongly similar to 30S ribosomal protein S17	1.3
gi | 91204599	kusta0082	strongly similar to nucleoside diphosphate kinase	1.3
gi | 91200672	kuste2969	strongly similar to 50S ribosomal protein L22	1.3
gi | 91200422	kuste2719	similar to octaprenyl diphosphate synthase	1.4
gi | 91203548	kustc0456	hypothetical protein kustc0456	1.4

续表

登录号	基因标签	蛋白鉴定	倍数变化
gi | 91203213	kustd2107	hypothetical protein kustd2107	1.2
gi | 91202431	kustd1325	unknown protein	1.4
gi | 91204453	kustb0208	unknown protein	1.4
gi | 227248568	PRK02304	unnamed protein product	1.3
gi | 91200177	kuste2474	unknown (diheme) protein	1.4
gi | 91200757	kuste3054	unknown protein	1.3
gi | 91201139	kuste3436	hypothetical protein kuste3436	0.8
gi | 91202579	kustd1473	hypothetical protein kustd1473	0.8
gi | 91201141	kuste3438	conserved hypothetical protein	0.8
gi | 91204195	kustc1103	strongly similar to ribonuclease PH	0.8
gi | 91200245	kuste2542	similar to acetolactate synthase	0.8
gi | 91200488	kuste2785	unknown protein	0.8
gi | 91201134	kuste3431	unknown protein	0.8
Candidatus Brocadia			
gi | 816979735	BROFUL_01551	hydroxylamine oxidoreductase-like protein, partial	1.6
gi | 816978248	BROFUL_02744	putative heme protein small subunit NaxS	1.3
gi | 816981232	BROFUL_00382	hydrazine synthase subunit C	1.2
gi | 816980468	BROFUL_00960	putative peptidyl-prolyl cis-trans isomerase	1.3
gi | 816978241	BROFUL_02750	putative cytochrome c	1.4
gi | 816978823	BROFUL_02271	translation elongation factor G	1.3
gi | 816977992	BROFUL_02942	hypothetical protein BROFUL_02942	1.3
gi | 816981195	BROFUL_00400	hypothetical protein BROFUL_00400	1.3
gi | 816980082	BROFUL_01278	hypothetical protein BROFUL_01278	1.3
gi | 762180583	BROSI_A1140	phosphomannomutase	0.8
gi | 816980820	BROFUL_00716	nitrogen regulatory protein	0.8
gi | 816978461	BROFUL_02592	hypothetical protein BROFUL_02592	0.7
gi | 816978084	BROFUL_02869	hypothetical protein BROFUL_02869	0.7
gi | 816979507	BROFUL_01720	putative transposase, partial	0.6
gi | 816979291	BROFUL_01865	putative heme protein	0.8
Candidatus Jettenia			
gi | 164605314	-	hydroxylamine oxidoreductase	1.3
gi | 386403047	KSU1_D0346	RNA polymerase sigma 70 subunit RpoD	1.4
gi | 386404247	KSU1_C0487	conserved hypothetical protein	1.2
gi | 386405356	KSU1_C1596	conserved hypothetical protein	1.3
gi | 386403132	KSU1_D0431	conserved hypothetical protein	1.4

续表

登录号	基因标签	蛋白鉴定	倍数变化
gi | 386403895	KSU1_C0135	hypothetical protein KSU1_C0135	1.6
gi | 386406021	KSU1_B0547	putative 30S ribosomal protein S6	1.3
gi | 386404637	KSU1_C0877	RNA-binding protein	1.3
gi | 386402929	KSU1_D0228	cobyrinic acid a，c-diamide synthase	1.3
gi | 386404089	KSU1_C0329	acetyl coenzyme A synthase alpha subunit	1.7
gi | 386406136	KSU1_B0662	3-isopropylmalate dehydratase large subunit	1.3
gi | 386405739	KSU1_B0265	putative cytochrome c	1.3
gi | 386403880	KSU1_C0120	ATPase	1.4
gi | 386404050	KSU1_C0290	two-component sensor kinase	1.4
gi | 386402762	KSU1_D0061	conserved hypothetical protein	0.8
gi | 386403147	KSU1_D0446	putative heme protein	0.7

注：倍数变化（Fold change）是指在15℃和20℃培养条件下鉴定出的蛋白质强度与在35℃培养条件下鉴定出的蛋白质强度的比值。倍数变化≥1.2表明在15℃和20℃培养条件下鉴定出的蛋白质比在35℃培养条件下更多；倍数变化≤0.8表明在35℃培养条件下鉴定出的蛋白质比在15℃和20℃培养条件下更多。

尽管 *Candidatus* Kuenenia stuttgartiensis 种 Anammox 菌为严格厌氧菌，当培养温度从35℃降至20℃后，它们的相关蛋白表达特征与好氧微生物极为相似。即当温度降低后，*Candidatus* Kuenenia stuttgartiensis 种 Anammox 菌细胞内下游电子传递链中的蛋白相比上游氮代谢关键酶更易受低温的影响，进而可能出现上游产生的电子在下游电子传递链中传递不畅或受阻。而且，已有研究表明，在厌氧条件下反应产生的电子通常具有更低的氧化还原电势，这使得这些电子更倾向于成为“机会主义穿梭者”，即这些电子在传递过程中不会严格按照电子传递链的路径依次通过，当电子传递过程受阻或存在可到达的高电势受体时，它们倾向于脱离原有电子传递路径，如与含氧分子结合形成羟基自由基等。

此外，在低温下 Anammox 菌细胞内，可能存在较高浓度的二价铁离子（源于铁硫蛋白的损坏或降解而释放），进而可能促成芬顿反应的发生。发生芬顿反应将进一步加剧羟基自由基的生产。Anammox 菌细胞内活性氧簇积累的假设可以合理解释 kustd1301 蛋白表达量显著增加的现象。kustd1301 蛋白序列与过氧化氢酶（catalase）的序列高度相似，而过氧化氢酶是一种氧化应激蛋白，它可催化分解 H_2O_2 至 H_2O 和 O_2，或者催化氢原子供体与超氧化物反应。

Candidatus Kuenenia stuttgartiensis 种 Anammox 菌的基因组中编码有 10 种羟胺氧化还原酶基因（*hao*-like paralogs）。研究发现，羟胺氧化还原酶蛋白可催化 NO_2^--N 和 NH_2OH 的还原过程，将它们还原至一系列低价的氮氧化物。当培养温度从35℃降至20℃后，由于 Anammox 菌氮代谢速率的降低（图 5-15），在 Anammox 菌的胞质（cytoplasm）或厌氧氨氧化体（anammoxsome）中均可能出现亚硝酸盐氮的过量积累。这些过量积累的 NO_2^- 可能对胞内其他生理过程产生抑制或损坏。因而 Anammox 菌需启动相应机制予以应对。

而宏蛋白组检测结果显示，在温降至20℃后，Anammox菌并没有增加NO_2^--N转运蛋白（尤其是泵出蛋白）的表达。所以，在此情况下，Anammox菌胞内过量积累的NO_2^--N只能通过代谢途径得以消除。这解释了Anammox菌在温降后显著增加NH_2OH氧化还原酶表达量的结果。Anammox菌增加羟胺氧化还原酶（HAO）的表达可以实现对NO_2^--N及时有效的催化还原，发挥解毒作用。此外，NO_2^--N还原至NO后，该部分NO可作为基质再次参与Anammox反应过程，增加了胞内基质的供给。

5.5.2 不同属厌氧氨氧化菌应对低温的蛋白组调控策略

蛋白组检测结果显示，当培养温度由35℃降至15℃后，不同属Anammox菌的蛋白组调控过程存在明显差异。在*Candidatus* Kuenenia、*Candidatus* Brocadia及*Candidatus* Jettenia 3个属Anammox菌中，*Candidatus* Jettenia属Anammox菌的显著调控蛋白数量最大。当培养温度由35℃降至15℃后，Anammox菌的总体脱氮性能相比20℃时大幅降低（图5-16），Anammox菌生理过程受到了更严重的抑制。在通常情况下，对同一研究对象而言，将两个培养条件差异越大样品的蛋白组进行比较将得到更多的差异蛋白。而本研究得出了意料之外的结果：在同以35℃培养组为参照的情况下，15℃培养组中*Candidatus*_Kuenenia属Anammox菌的差异蛋白数量远小于20℃培养组中该属Anammox菌的差异蛋白数量（9个与39个）。出现这一现象的可能原因是，当温度进一步降至15℃后，*Candidatus*_Kuenenia属Anammox菌因遭受严重的低温胁迫，及时关停关键代谢过程并进入活性停滞状态，在这种状态下，大量蛋白维持当前的表达水平不变。通过进一步分析发现，当培养温度由35℃降至15℃后，*Candidatus* Kuenenia属Anammox菌的kustc0824蛋白和kustc0827蛋白的表达量均显著降低。这两个蛋白序列分别与质子易位NADH脱氢酶I（proton-translocating NADH dehydrogenase I）、NuoC和NuoF的亚基高度相似。NADH dehydrogenase I是一种重要的电子转运蛋白［同时转运两个质子和电子（H^+/e^-）］，在跨膜质子电势差的构建过程中起关键作用。由于厌氧氨氧化菌为典型的化能自养菌，主要通过跨膜质子电势差的形式生产ATP。因而，NADH dehydrogenase I蛋白表达量的显著降低将导致Anammox菌能量供给不足。

当培养温度由35℃降至15℃后，*Candidatus*_Brocadia属Anammox菌的蛋白组调控呈现明显的受抑制状态：差异蛋白中表达量显著降低蛋白的数量超过表达量显著增加蛋白的数量［图5-17（*e*）］。进一步分析发现，在表达量显著增加的蛋白中，有2个蛋白与翻译过程密切相关（50S核糖体蛋白L11和L17），表明该属Anammox菌在15℃的培养温度下，为维持基础生理过程仍力图挽救关键的翻译过程以合成各种必需的酶类。另外2个表达量显著增加的蛋白均为羟胺氧化还原酶的同工酶（生物体内催化相同反应而分子结构不同的酶）。显著增加这2个酶的表达量可能为了缓解此时Anammox菌胞内与NO_2^--N抑制相关的过程，与在20℃下此类酶表达量显著增加的目的一致。蛋白组检测结果显示，乙醛脱氢酶的表达量也显著增加。乙醛脱氢酶属于NAD（P）$^+$-依赖酶家族的成员，具有较广泛的底物，可以催化氧化多种有毒醛类至羧酸类化合物。该属 Anammox 菌在低温下，可能通过增加乙醛脱氢酶的表达形成一种防御策略，解除胞内因醛类积累而引起的毒害。因为在低温下，厌氧氨氧化菌胞内可能出现了活性氧簇（ROS）的积累，而活性氧簇可与胞内的脂质和蛋白等有机质反应，生成具有生物毒性的醛类化合物，且这些醛类化合物反过来进一步加剧活性氧簇的破坏性，形成恶性循环。

当培养温度由35℃降至15℃后，*Candidatus* Jettenia 属 Anammox 菌蛋白组的调控状态与 *Candidatus* Kuenenia 及 *Candidatus* Brocadia 两属 Anammox 菌蛋白组的调控状态相比存在明显的差异。在同以35℃培养组为参照的情况下，15℃培养组中来自 *Candidatus*_Jettenia 属 Anammox 菌的差异蛋白数量为20个，超过20℃培养组中该属 Anammox 菌的差异蛋白数量（16个）。且在这些差异蛋白中，17个蛋白的表达量显著增加，仅有3个为表达量显著降低蛋白［图5-17（*c*）、图5-17（*f*）］。这表明在15℃温度下，*Candidatus* Jettenia 属 Anammox 菌相比其他2个属，进行了更积极的蛋白组调控。

以35℃培养组为参照，在15℃培养组中，*Candidatus*_Jettenia 属 Anammox 菌胞内的分子伴侣蛋白（GroEL）表达量显著增加。分子伴侣蛋白在胞内的功能主要与维持目标蛋白的空间构象有关。蛋白质折叠和稳定均与温度有关。而在引起蛋白变性的因素中，除了当前已为人们熟知的高温致变外，学者们已在体外实验中验证了低温也可引起蛋白质变性。分子伴侣蛋白表达量的显著增加表明低温已影响胞内蛋白质的构象及稳定性，*Candidatus* Jettenia 属 Anammox 菌通过提高相关分子伴侣蛋白的表达来确保有效及准确的蛋白质折叠并维持构象稳定。

此外，宏蛋白组检测结果显示，低温可能已对 *Candidatus* Jettenia 属 Anammox 菌的能量代谢过程造成了极大影响。在15℃下有5个与能量代谢和转换相关的蛋白的表达量显著增加［图5-17（*f*）］。这些蛋白包括：1个丙酮酸铁氧还原蛋白/黄素氧化还原蛋白（pyruvate ferredoxin/flavodoxin oxidoreductase）、1个细胞色素c蛋白（putative cytochrome c）、1个 F_0F_1-ATP 合酶 B 亚基（F_0F_1-ATP synthase B subunit）、1个二氢硫辛酰胺脱氢酶（dihydrolipoamide dehydrogenase）及1个羟胺氧化还原酶（hydroxylamine oxidoreductase）。丙酮酸铁氧还原蛋白/黄素氧化还原蛋白表达量的显著增加有利于提高丙酮酸代谢的效率。由于丙酮酸是诸多合成或分解代谢反应的中间产物，丙酮酸代谢效率的提升将为其他后续生理过程提供更多的乙酰辅酶A和碳源。羟胺氧化还原酶表达量的显著增加一方面可能起到解毒作用，解除因亚硝态氮或羟胺过度积累而引起的毒性，另一方面，在解毒过程中为 Anammox 反应提供更多的基质（NO）。上述这些蛋白的调控方向均有利于提升该属 Anammox 菌在低温下的能量供给。

另外，低温也可通过阻碍 DNA 的解链过程，使 RNA 聚合酶难以与其结合进而抑制基因的转录。宏蛋白组检测结果显示，当培养温度由35℃降至15℃后，*Candidatus*_Jettenia 属厌氧氨氧化菌的 RNA 聚合酶70亚基（RpoD）的表达量显著增加。RpoD 是与 DNA 结合的转录复合体中不可缺少的组成部分，其表达量的显著增加有利于提升转录过程的效率。同样，低温可能影响翻译过程。在研究中发现翻译启动子（IF-3）的表达量显著增加，表明 *Candidatus* Jettenia 属 Anammox 菌通过积极维持转录和翻译过程增强其对低温的适应能力。

5.6 小结与展望

目前，在世界范围内已有超过 200 个以厌氧氨氧化反应为基础的工程实例。然而，低温导致的脱氮性能恶化仍是阻碍厌氧氨氧化工艺应用的重要因素之一。本章探究不同温度及基质浓度下反应器脱氮效能、颗粒污泥特性及微生物种群结构的变化，并采用 iTRAQ 宏蛋白组技术探讨了群落环境中厌氧氨氧化菌应对低温的蛋白组调控策略。研究表明，通过逐级梯度降温，Anammox-EGSB 反应器可在各温度下稳定高效运行。但当温度由 35℃降至 20℃后，尽管厌氧氨氧化菌积极调控其蛋白组的表达模式以适应新环境，但厌氧氨氧化菌的氮代谢性能降低，其中与能量生产和转换、转录、翻译以及无机离子运输相关蛋白的受调控最显著，表明这些生理过程更易受低温的影响。

在研究中也发现，不同属 Anammox 菌在应对低温时的蛋白组调控过程存在显著差异。在 *Candidatus* Kuenenia、*Candidatus* Brocadia 及 *Candidatus* Jettenia 3 个属的 Anammox 菌中，*Candidatus* Jettenia 属 Anammox 菌表现出最活跃的蛋白组调控状态。因而，不同属的 Anammox 菌可能具有各自特异的优势，使其在特定的环境下更好生长进而跻身优势地位。在未来，可以定向富集污泥中抗低温能力强的 Anammox 菌属，提升厌氧氨氧化工艺在主流低温条件下的适应性，推动主流厌氧氨氧化工艺的工程应用。

第6章 厌氧氨氧化工艺应用于污泥消化液处理

6.1 污泥消化液水质分析

污泥消化液作为一种典型的碱度与有机碳源双重缺乏的高氨氮废水，采用传统硝化反硝化工艺处理不仅费用高，还难以保证稳定的出水效果。由表6－1可知，污泥消化液属典型低碳氮比（COD/NH_4^+-N<1.2）废水，在不投加碳源情况下无法满足传统硝化反硝化（COD/NH_4^+-N≥4.0）和短程硝化反硝化（COD/NH_4^+-N≥2.5）等工艺要求。此外，国内研究报道消化滤液碱度当量普遍在3.0～5.5，而实现全程硝化需要7.15的碱度当量，因此如果按传统方式将消化滤液回流至主厂区进行硝化反硝化，需向系统中外加碱度来保证硝化过程顺利进行，处理成本因而增加。在不考虑反硝化的前提下实现半短程硝化反应仅需要适量碱度（碱度当量为3.57）。

污泥消化液水质　　表6－1

水质指标	抽样1号		抽样2号	
	平均值	标准差	平均值	标准差
氨氮（mg/L）	460.4	36.7	463.1	32.1
$CaCO_3$ 碱度（mg/L）	1975.5	16.4	2401.6	38.7
COD（mg/L）	431.8	17.1	520.3	25.2
BOD_5（mg/L）	176.7	4.7	400.0	56.6
DOC（mg/L）	146.3	7.0	166.4	15.8
COD/NH_4^+-N	0.94	0.04	1.13	0.06
碱度当量	4.32	0.36	5.22	0.44
pH	7.65	0.11	7.94	0.09

两段式短程硝化—厌氧氨氧自养脱氮工艺（PN/A）由于具有节约外加碳源、碱度以及曝气能耗的优点，已在低C/N高氨氮污水处理领域得以应用。尽管国内外已有许多采用自养脱氮工艺处理污泥消化液的技术研究，但多数研究仅集中在联合工艺的脱氮效果方面，很少关注污泥消化液特殊水质情况对短程硝化和Anammox系统污泥性质的影响，且针对污泥消化液中复杂有机物成分在自养脱氮联合工艺中的转化规律更是

知之甚少。污泥消化液水质特点有利于实现半短程硝化，为后段 Anammox 反应提供适合的基质条件。因此，本研究提出，以含抑制性物质的实际污泥消化液作为短程硝化反应器进水，逐步驯化后将其出水作为厌氧氨氧化反应器进水，构建两段式 PN/A 自养脱氮工艺，并考察该工艺脱氮除碳运行效果。同时，多角度探究污泥消化液中有机化合物在两段式自养脱氮系统中的转化规律，并研究污泥消化液水质对系统中污泥活性、EPS、粒径和微生物种群等污泥性质的影响。从宏观到微观、从形态到成分角度分析污泥消化液特殊水质情况对自养脱氮系统的影响，为实际应用自养脱氮工艺处理水质复杂的污泥消化液提供支撑。

6.2 工艺流程及运行参数

6.2.1 污泥消化液处理工艺流程

处理该消化滤液的两段式 PN/A 工艺流程如图 6-1 所示。在 SBR 反应器进水替换成污泥消化液初期取样，得到抽样 1 号的结果。SBR 反应器稳定运行一段时间后，计划将其与 EGSB 反应器进行串联运行，构建两段式自养脱氮联合工艺。然而此时发现污泥消化液中 COD 和溶解有机碳（dissolved organic carbon，DOC）浓度都有所增加，异味也明显加重。由于厌氧消化系统运行性能受到进泥有机质含量变化影响，出泥性质会有一定波动，于是再次对污泥消化液取样得到抽样 2 号的结果。各项水质指标见表 6-1，其中 BOD_5 是指五日生化需氧量（biochemical oxygen demand，BOD）。

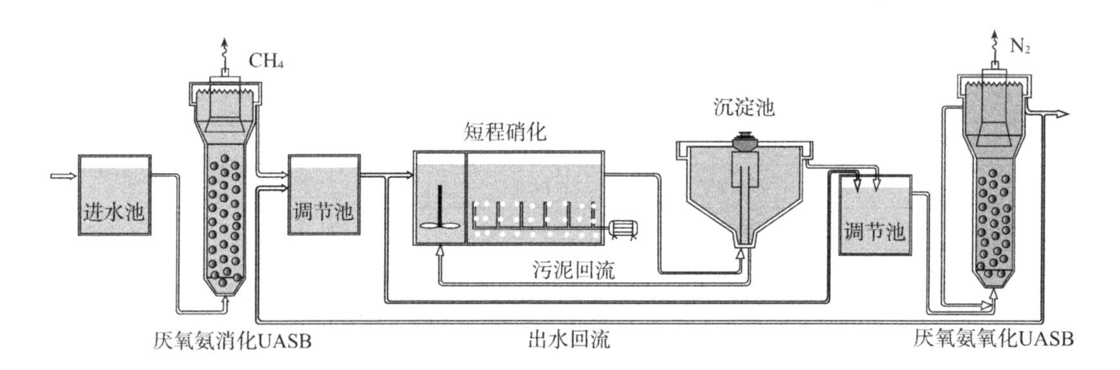

图 6-1 拟构建的两段式自养脱氮工艺

6.2.2 实验装置与运行参数

两段式 PN/A 工艺是在半短程硝化反应器和 Anammox 反应器稳定运行的基础上，将半短程硝化出水暂时存储于调蓄池中作为 Anammox 进水，两部分串联作为一个整体进行考察，联合工艺概念图如图 6-2 所示。

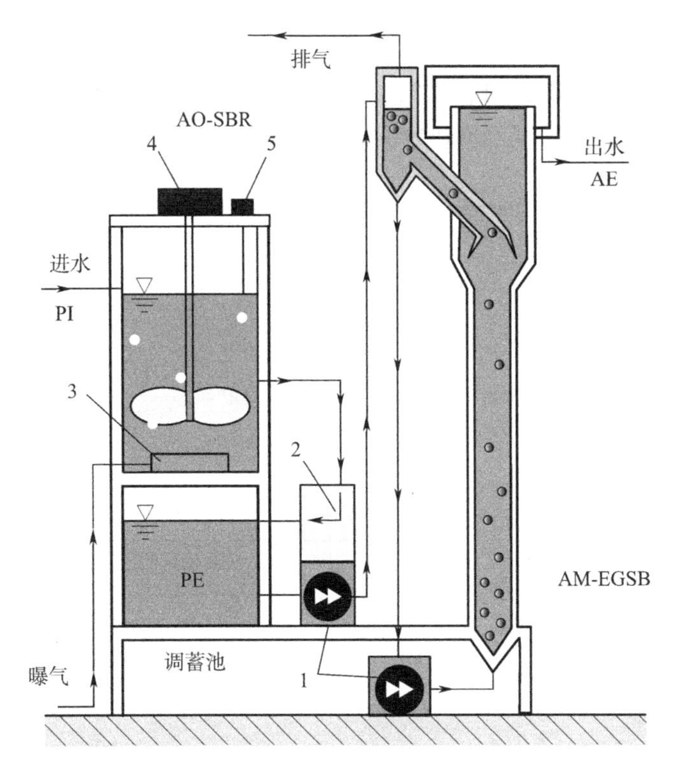

图 6－2　联合工艺流程示意图

1—蠕动泵；2—自动出水球阀；3—曝气石；4—搅拌器；5—液位计

污泥消化液作为前段 SBR 反应器短程硝化进水，其出水进入调蓄池被暂时储存，经后段 EGSB 反应器 Anammox 处理后出水。SBR 由双层圆柱形有机玻璃容器制成，反应器有效容积为 2L，换水比根据实验需要设定为 0.25 或 0.5。反应器通过蠕动泵间歇进水，进水量由液位计控制，通过自动出水球阀实现间歇出水。装置内部搅拌桨转速约为 150r/min。通过外置蠕动泵将恒温水浴锅与反应器水浴环连接成循环体系，控制反应器工作区温度约为 (33±1)℃，SRT 为 10～15d。EGSB 反应器为圆柱形有机玻璃容器，主反应区有效容积 1L，内径 50mm，高径比 10.2。反应器连续进出水，稳定运行阶段设计进水流量为 3L/d，主反应区上升流速约为 5.12m/h。三相分离器组件中位于沉淀区与外置分离器之间的连接管与水平方向呈现约 45°倾角，除取泥样测试外不再进行人为排泥操作。

6.3　两段式 PN/A 工艺处理污泥消化液运行性能与有机物组成变化

6.3.1　工艺运行性能

1. 短程硝化反应器启动与运行

在以实际消化滤液作为进水前，SBR 在无机配水的进水条件下运行了 265d。第 266d

将污泥消化液与无机合成废水按约 1∶3 比例进行混合作为进水。这一混合比例在第 267d 和第 270d 分别变为 1∶2 和 2∶1，在第 275d 直接将 100% 污泥消化液作为进水，而后运行 120d。反应器氮素转化效果和有机物去除效果如图 6－3 所示。

亚硝酸盐转化率（nitrite conversion efficiency，NCE），$NCE=\frac{\triangle[NO_2^--N]}{\triangle[NH_4^+-N]}\times100\%$

氨氮去除率（ammonia removal efficiency，ARE），$ARE=\frac{\triangle[NH_4^--N]}{[NH_4^+-N]_{inf}}\times100\%$

进水氨氮负荷（ammonia loading rate，ALR），$ALR=\frac{[NH_4^+-N]_{inf}}{1000\cdot V}\times Q_d$

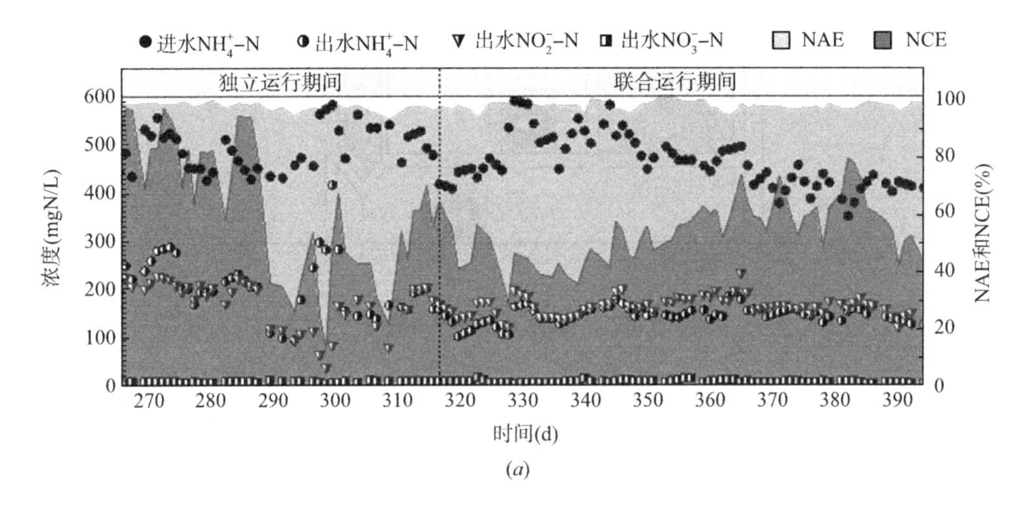

(*a*)

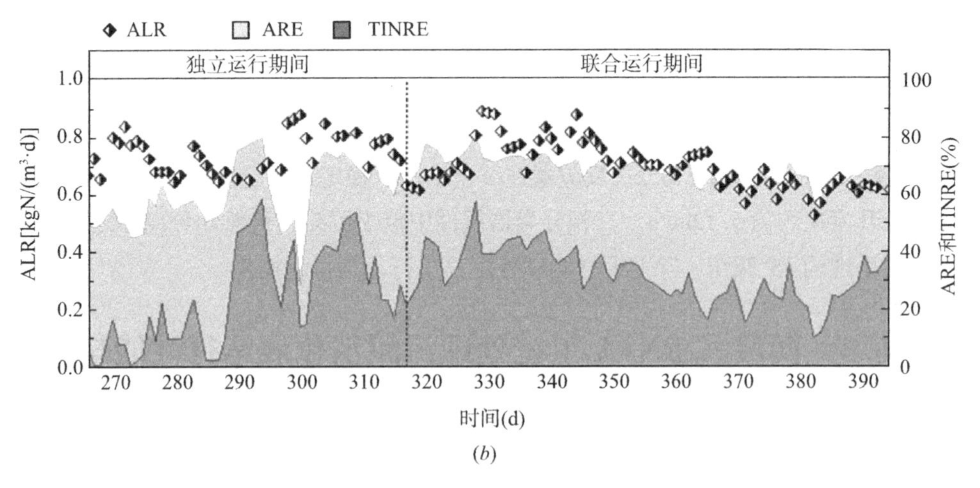

(*b*)

图 6－3 反应器氮素转化效果和有机物去除效果

（*a*）三氮浓度、NAE、NCE；（*b*）ALR、ARE 和 NRE 变化

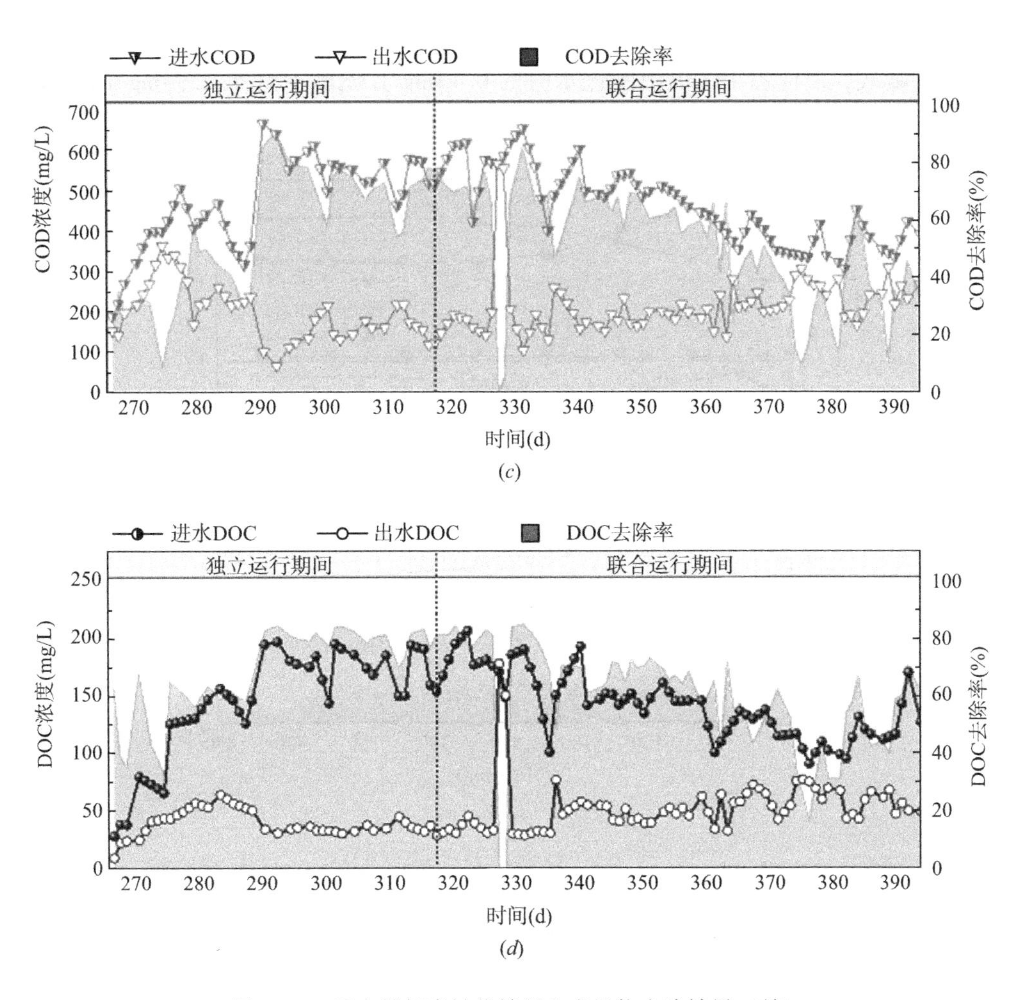

图6-3　反应器氮素转化效果和有机物去除效果（续）
（c）COD去除效果；（d）DOC去除效果

如图6-3（c）和图6-3（d）所示，从SBR反应器运行第266～275d，随着污泥消化滤液在进水中占比的增大，进水COD和DOC浓度分别由184mg/L和29.6mg/L增加至413mg/L和125.4mg/L。之后在第275～288d，进水COD和DOC浓度分别在300～500mg/L和100～150mg/L范围波动。期间反应器COD及DOC去除率分别可达40%和60%左右。由表6-1的抽样1号结果可知，尽管样品COD可达431.8mg/L，然而BOD_5仅为176.7mg/L，BOD_5/COD仅为0.41，可生化性较差。因此可推测出水中剩余约200mg/L的COD和约50mg/L的DOC为难降解有机成分，其余部分被短程硝化体系去除。

在无机合成废水的单周期中，反应器在5～25min由于未进行曝气而处于缺氧搅拌阶段，DO往往都很低（<0.01mg/L）［图6-4（a）］，同时pH（7.43）几乎不变。在第25min开始曝气后，DO迅速升高进入有效曝气阶段的低平台期。曝气初期由于CO_2的吹

脱效应会导致 pH 略微升高。然而在开始处理消化滤液后［图 6－4（b）］，在 5～25min 即使未进行曝气，反应器 DO 仍由刚进水时的 0.13mg/L 逐渐上升至 2.94mg/L，pH 也由 7.19 升至 7.30。

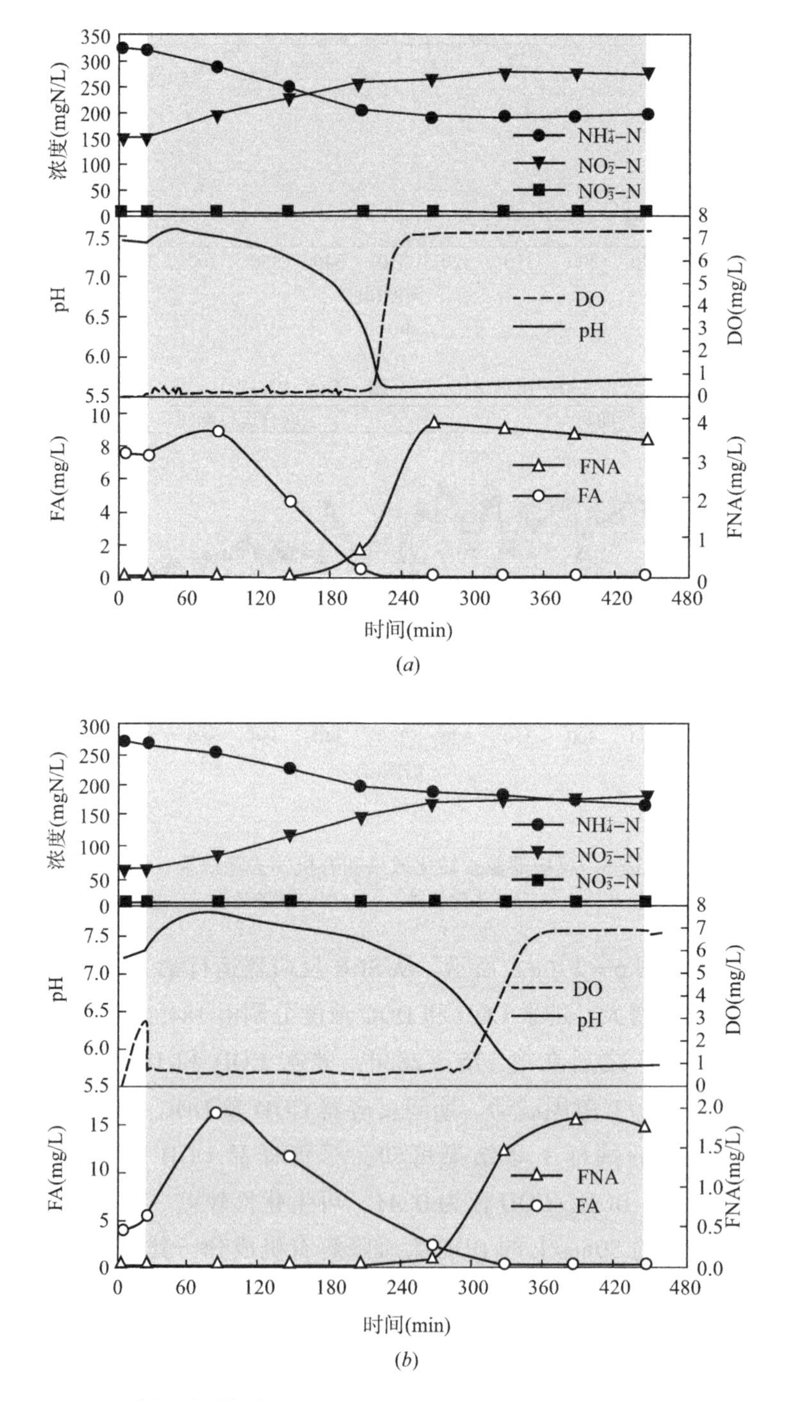

图 6－4　SBR 反应器单周期内 NH_4^+-N、NO_2^--N、NO_3^--N、pH、DO、FA 和 FNA 变化

（a）第 136d；（b）第 278d

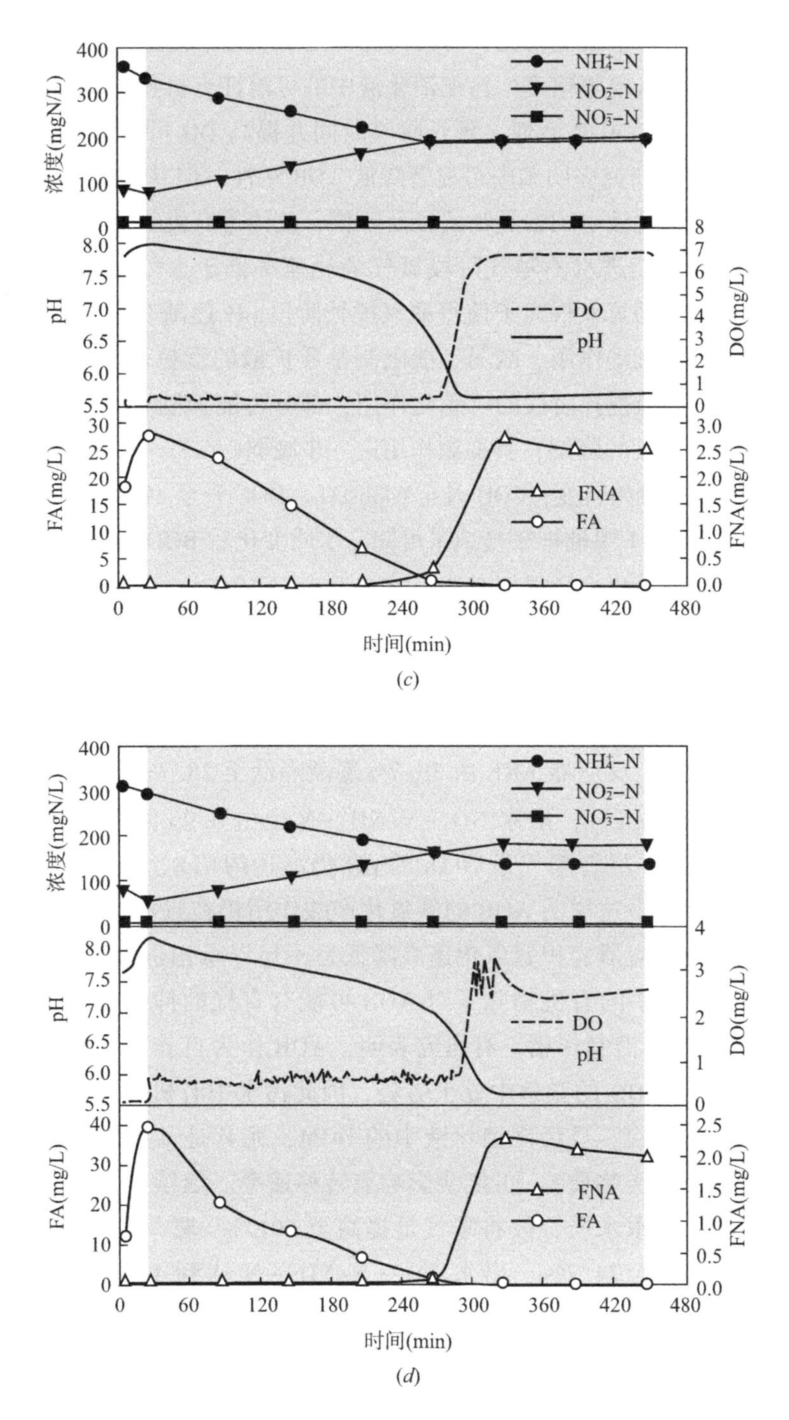

图 6-4 SBR 反应器单周期内 NH_4^+-N、NO_2^--N、NO_3^--N、pH、DO、FA 和 FNA 变化（续）

(*c*) 第 313d；(*d*) 第 325d

第 25min 开始曝气后 DO 反而迅速降至 0.75mg/L，随后进入有效曝气阶段的低平台期。推测在缺氧搅拌阶段，虽然未进行曝气，但仍存在大气复氧作用以补充微生物内源呼吸的耗氧，此时图 6－4（a）中微生物耗氧与大气复氧处于动态平衡状态，而图 6－4（b）中微生物耗氧速率小于大气复氧速率。污泥消化液中的可溶性有机物、能限制基质扩散的颗粒和胶体有机物都会抑制 AOB 活性，延长曝气时间并提高 DO 可解除悬浮颗粒和胶体对 AOB 的抑制。此外，有研究表明苯酚可显著降低 AOB 活性，但其去除后 AOB 活性可完全恢复。由此推测污泥消化液中的酚类物质以及颗粒、胶体等有机物抑制了短程硝化内耗氧微生物的活性，致使初期进水不曝气阶段氧气消耗速率低于大气复氧速率，DO 持续上升。而反硝化过程产生的氢氧根离子使得缺氧搅拌阶段 pH 逐渐升高。到第 25min，曝气产生的气泡加速了水流扰动作用，减弱了能限制基质扩散的颗粒和胶体有机物对 AOB 活性的抑制，同时经过缺氧搅拌阶段的反硝化作用，部分可能抑制 AOB 活性的有机物（如酚类物质）得到一定程度的降解，其抑制作用进一步减弱。

进水水质在第 290d 开始转变，COD 升至 648mg/L，DOC 升至 192.6mg/L［图 6－3（c）、图 6－3（d）］。由表 6－1 中抽样 2 号结果可知，水质变化后 BOD_5/COD 可达 0.77，可生化性较强。反应器中反硝化途径得到激活，NRE 升高至 46.6%，这也导致出水 NH_4^+-N 和 NO_2^--N 浓度均降至约 100mg/L［图 6－3（a）、图 6－3（b）］，NH_4^+-N 去除率（ARE）达到 75.0%。说明短程硝化反应体系可在短期内承受高有机物浓度的污泥消化液，反应器仍能保持较好的氨氧化效果，且 COD 和 DOC 去除率可达到 80%。

然而第 294～300d，反应器 ARE 由 79.7% 逐渐降低至 28.7%，出水 NH_4^+-N 浓度由 93.1mg/L 升高至 416.4mg/L，出水 NO_2^--N/NH_4^+-N 也由 0.99 降至 0.20。测试单周期曝气末期的 pH 后发现，尽管曝气最后 1h 的 pH 仍高达约 7.8，但能直接观察到 pH 随时间持续、缓慢地下降。这说明 AOB 的氨氧化产酸作用仍在进行，但 AOB 活性受到一定程度的抑制，致使反应器容积氨氧化速率降低且不足以承担进水氨负荷，出水 NH_4^+-N 逐渐积累。消化滤液中的有机物除了对 AOB 可能有直接的抑制作用，还能通过限制氧传质对 AOB 形成间接抑制作用。有研究表明，AOB 作为自养菌，与以有机碳源为底物的异养菌相比，在对 DO 的竞争中处于劣势，因此污水中有机碳源比例过高会对 AOB 活性产生一定程度的抑制。且污泥消化液中的 DOM，尤其是某些属于两亲分子的有机物（如短链脂肪酸和醇类物质），可能会影响氧转移速率。继续采用 36L/h 的曝气量可能已无法满足现在的进水水质，故将曝气量提高至 60L/h。曝气量调整后，第 304d 开始，反应器 ARE 恢复至 74.7%，出水 NO_2^--N/NH_4^+-N 达到 1.25，半短程硝化得以恢复。

以第 313d 单周期为例，如图 6－4（c）所示，反应器内 DO 在 5～25min 的缺氧搅拌阶段维持在 0.02mg/L 左右，未出现图 6－4（b）中持续上升的现象，与图 6－4（a）现象相似，说明此时微生物耗氧与大气复氧处于动态平衡状态。图 6－4（c）缺氧搅拌期间 NH_4^+-N 浓度由 356.7mg/L 降至 331.5mg/L，存在 AOB 的氨氧化作用，但同时 NO_2^--N 由 85.4mg/L 降至 72.3mg/L，NO_3^--N 由 7.2mg/L 降至 6.4mg/L，说明还存在以 NO_2^--N 为主的反硝化作用。相较而言，图 6－4（a）和图 6－4（b）缺氧搅拌阶段三氮浓度几乎不变，可能是由于短程硝化体系中的污泥经过一段时间的驯化，污泥中的AOB和反硝化菌逐渐适应了进水消化滤液的水质，可以耐受进水初期消化滤液中的抑制性有机物，利用大气复氧过程在缺氧搅拌阶段实现了短程硝化反硝化，并在随后的曝气阶段进行短程硝化。综上，耦合反硝化的半短程硝化反应已成功实现。

考虑到短程硝化段出水需要作为后段Anammox系统进水，若仍采用连续曝气策略，一方面会造成曝气能耗的浪费，另一方面出水中高DO（约7mg/L）可能会不利于后段Anammox厌氧体系运行。因此自第314d起开始采用DO自动控制系统，该系统与曝气泵构成串联“与”门逻辑电路。控制策略是在反应器曝气阶段DO超过3mg/L时切断电路停止曝气，DO低于2.5mg/L时开启电路开始曝气。第317～394d短程硝化出水作为后段Anammox系统进水，期间短程硝化反应器NAE达到97.4%±1.5%，NRE为31.7%±9.4%，COD和DOC平均去除率达51.4%和60.0%，说明耦合反硝化的半短程硝化性能良好；出水NO_2^--N/NH_4^+-N为1.13±0.11，可满足后段Anammox反应需要。

由图6-3（*c*）和图6-3（*d*）可知，进水有机物浓度波动对出水中有机物浓度影响不大，尽管第317～394d进水中COD和DOC分别在300～600mg/L和100～200mg/L之间波动，出水COD和DOC可维持在200mg/L和50mg/L，主要为难降解的有机物成分。在第327～328d观察到反应器有机物降解效果被限制，出水COD和DOC浓度与进水相比未显著降低［图6-3（*c*）、图6-3（*d*）］，但ARE和NRE反而有所升高，分别达到80%和50%左右［图6-3（*b*）］，说明反应器短程硝化和反硝化功能良好。有研究指出AOB释放的SMP主要由生物质相关产物（biomass associated products，BAP）组成，其由胞外聚合物EPS水解产生。推测尽管反应器通过反硝化作用降解了污泥消化液中的可降解有机物，但受其他环境压力（如PI中的有毒物质）的响应，微生物EPS水解产生大量的SMP。

2. Anammox反应器启动与运行

短程硝化反应器运行至第317d时以其出水作为Anammox反应器（AM-EGSB）的进水，Anammox反应器氮素转化效果和有机物去除效果如图6-5所示。总体而言，在运行期间AM-EGSB反应器NH_4^+-N去除率可达到80%～90%，NRE在70%～80%范围内波动。

由图6-5（*e*）和图6-5（*f*）可知，Anammox体系对部分溶解有机物也具有一定的去除能力，COD和DOC平均去除率达41.2%和37.6%，且前段短程硝化反应无法去除的部分溶解有机物，可在Anammox段有效去除，最终出水COD约100mg/L，DOC约30mg/L。Yang等人发现，Anammox工艺能有效将复杂有机物分解成结构更简单且更容易被微生物利用的有机分子，整个过程是有机物降解细菌（如反硝化菌）与Anammox菌共同作用的结果。进一步检测后发现，AM-EGSB出水中BOD_5约为22～30mg/L，说明最终出水中的有机物仍以难降解的惰性有机物为主。第327～328d，即使前段SBR反应器出水COD超过500mg/L，DOC超过150mg/L，经后段EGSB反应器后出水COD仍约为100mg/L，DOC甚至低于30mg/L，COD和DOC去除率均高达80%，说明Anammox系统对高浓度

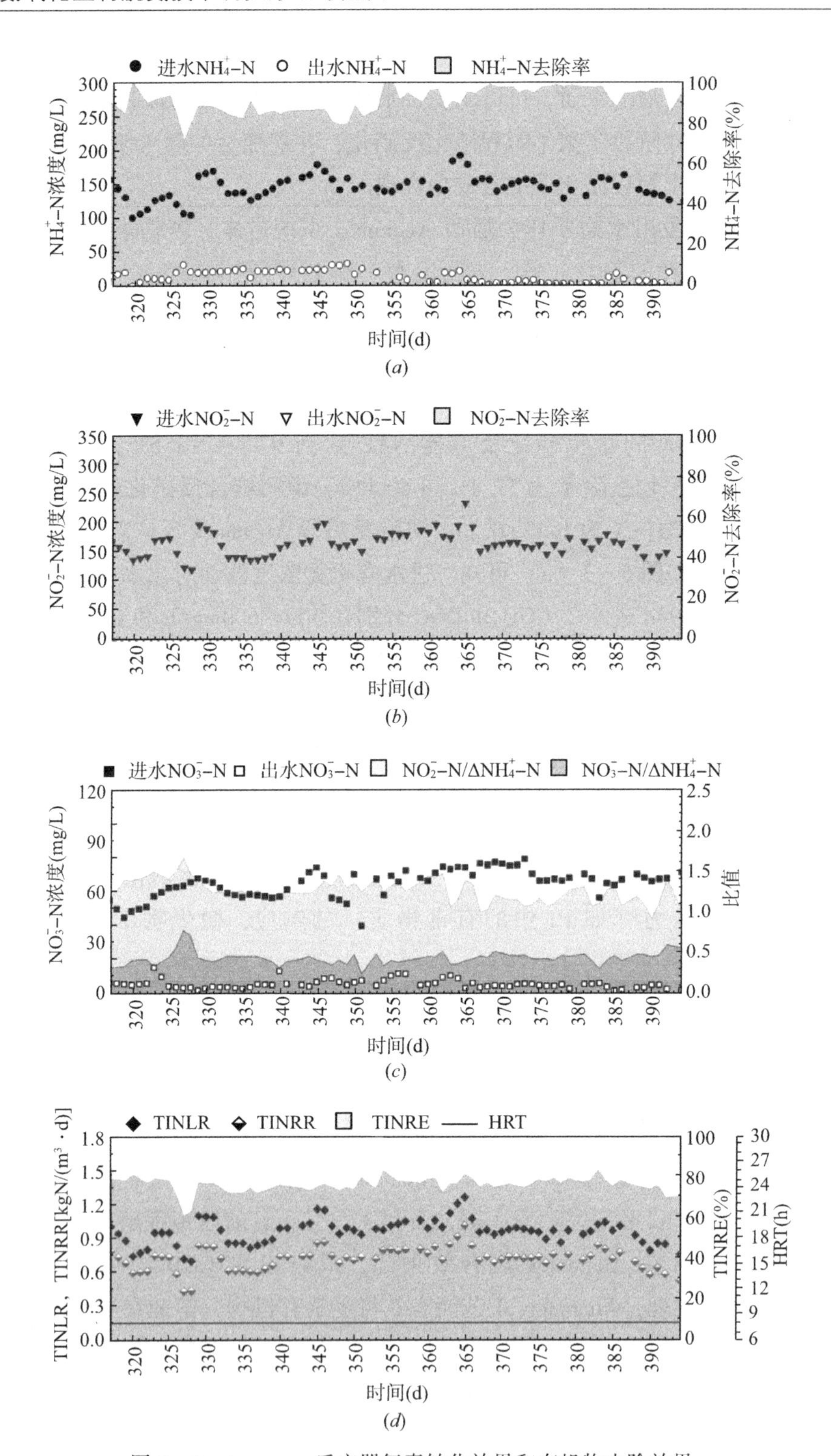

图 6-5 Anammox 反应器氮素转化效果和有机物去除效果

(*a*) EGSB 反应器进出水 NH_4^+-N 浓度及去除率变化；(*b*) 进出水 NO_2^--N 浓度及去除率变化；(*c*) 进出水 NO_3^--N 及 NO_2^--N/NH_4^+-N、NO_3^--N/NH_4^+-N 浓度及去除率变化；(*d*) HRT、总无机氮负荷、总无机氮去除负荷及总无机氮去除率变化

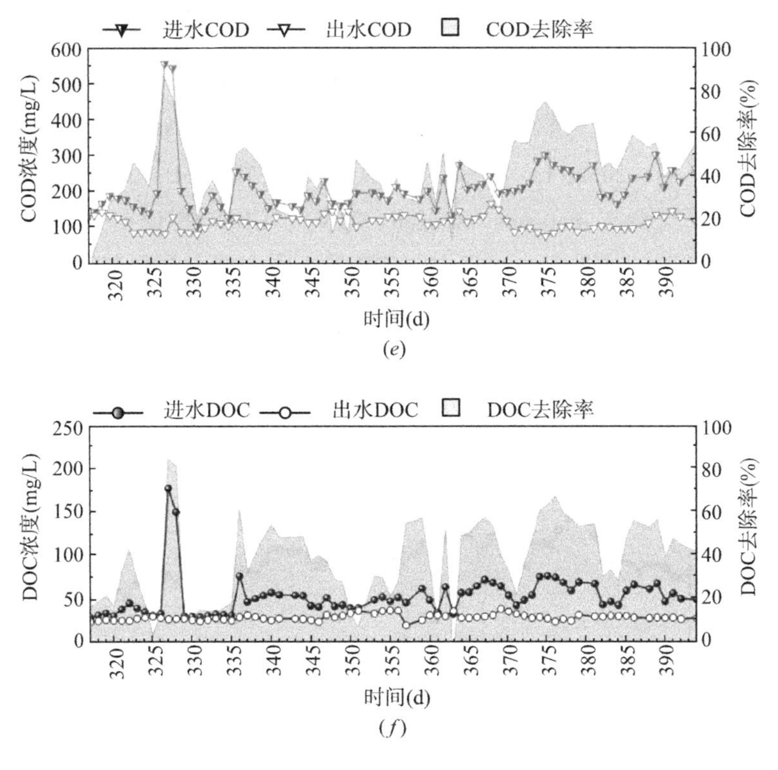

图6-5 Anammox反应器氮素转化效果和有机物去除效果（续）
（*e*）COD去除效果；（*f*）DOC去除效果

有机物具有短期消纳能力。如图6-5（*a*）、图6-5（*b*）和图6-5（*d*）所示。尽管第327d最终出水中NO_2^--N仍未被检出，但NH_4^+-N浓度却达到30mg/L，NH_4^+-N去除率和NRE分别降至71.0%和60.2%，NO_2^--N/NH_4^+-N和NO_3^--N/NH_4^+-N分别达到1.65和0.78，明显高于Anammox反应理论值1.32和0.26。推测短期内高浓度有机物的进入刺激了NOB活性，并与Anammox菌竞争亚硝氮，使得出水NH_4^+-N积累。第329d开始AM-EGSB反应器出水COD和DOC恢复至正常水平，EGSB反应器NRE也恢复至76.1%。

与以无机合成废水进水相比，以实际污泥消化液作为Anammox系统进水，体系平均NH_4^+-N和NO_2^--N去除率均有所升高（表6-2）。但由于前段短程硝化体系中存在反硝化作用，有部分的TN损失，因而后段进水氮负荷NLR比预期更低［0.94±0.11kg N/(m^3·d)］。此外，NO_2^--N/NH_4^+-N和NO_3^--N/NH_4^+-N在进水切换为污泥消化液后显著升高，表明反应器内存在一定的硝化作用。

不同进水条件下EGSB反应器脱氮性能 **表6-2**

进水条件	NH_4^+-N 去除率（%）	NO_2^--N 去除率（%）	NLR［kgN/(m^3·d)］	NRR［kgN/(m^3·d)］	NRE（%）	△NO_2^--N/△NH_4^+-N	△NO_3^--N/△NH_4^+-N
无机废水	87.0±7.2	98.1±2.9	1.28±0.11	1.04±0.12	81.0±4.0	1.22±0.13	0.26±0.08
污泥消化液	90.6±6.3	99.8±0.2	0.94±0.11	0.71±0.10	75.0±3.6	1.26±0.14	0.45±0.08

3. 两段式 PN/A 工艺整体运行性能

进一步考察了短程硝化和厌氧氨氧化两段式联合工艺对消化滤液的脱氮除碳效果［图 6－6（*a*）］。结果表明，联合工艺运行期间，进水 NH_4^+-N 在 400～600mg/L 之间波动，出水 NH_4^+-N 为 10～20mg/L，出水 NO_3^--N 为 60～70mg/L，几乎无 NO_2^--N 被检出。联合工艺总无机氮（total inorganic nitrogen，TIN）、COD 和 DOC 平均去除率分别为 83.1%、74.1%和 77.9%［图 6－6（*b*）］。COD 的去除主要由短程硝化段反应器承担，保障了后段 Anammox 反应器良好。进水中 COD 的平均浓度约为 450.1mg/L，短程硝化段和 Anammox 段 COD 去除率分别为 54.0%和 21.0%；进水中 DOC 的平均浓度约为 141.8mg/L，短程硝化段和 Anammox 段 DOC 去除率分别为 62.2%和 16.6%（表 6－3）。

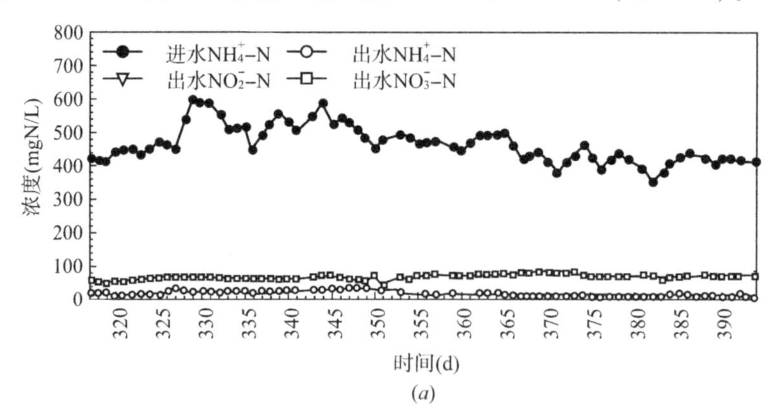

(*a*)

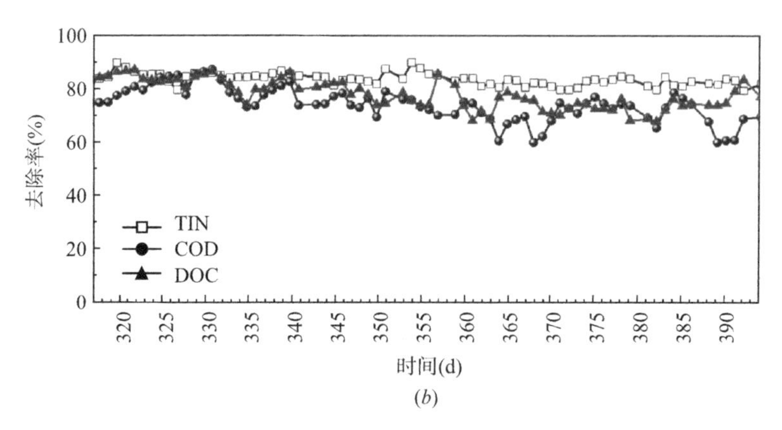

(*b*)

图 6－6 两段式 PN/A 工艺运行效能

（*a*）进出水三氮变化；（*b*）TIN、COD 和 DOC 去除率

联合工艺进出水水质情况 **表 6－3**

水质参数	进水	短程硝化出水	厌氧氨氧化出水
pH	7.53	6.12	6.89
浊度（NTU）	74.1	32.5	8.5
COD（mg/L）	450.1	207.2	112.5
DOC（mg/L）	141.8	53.6	30.0

此外，尽管联合工艺进水为加入聚丙烯酰胺后得到的消化污泥脱水滤液，但其中仍然不可避免含有一定的悬浮物质。有报道指出，污泥 EPS 是一种良好的生物絮凝剂，可有效减少污水浊度和有机物。因此，经两段式 PN/A 工艺处理后，浊度由进水中 74.1NTU 降低至短程硝化段出水中的 32.5NTU，而后降至 8.5NTU（表 6－3）。联合工艺最终出水 pH（6.89）接近中性，浊度小于 10NTU，有一定的色度。

6.3.2　水相有机物组成变化

采用 GC-MS 对两段式 PN/A 工艺进出水中有机物成分进行分析（图 6－7）。结果表明，污泥消化液中存在苯酚（13.53min）、对甲酚（15.94min）和 3，5－二甲基酚（17.49min）等酚类物质响应峰，尤其是对甲酚峰，响应强度达到 6.12×10^8，相比其他响应峰高至少一个数量级。苯酚又名石碳酸，可使细胞变性，且有表面活性剂的作用，可破坏细胞膜半透性，使细胞内含物外溢，进而对细胞产生毒害作用。而甲酚是苯酚的衍生物，杀菌能力比苯酚更强。

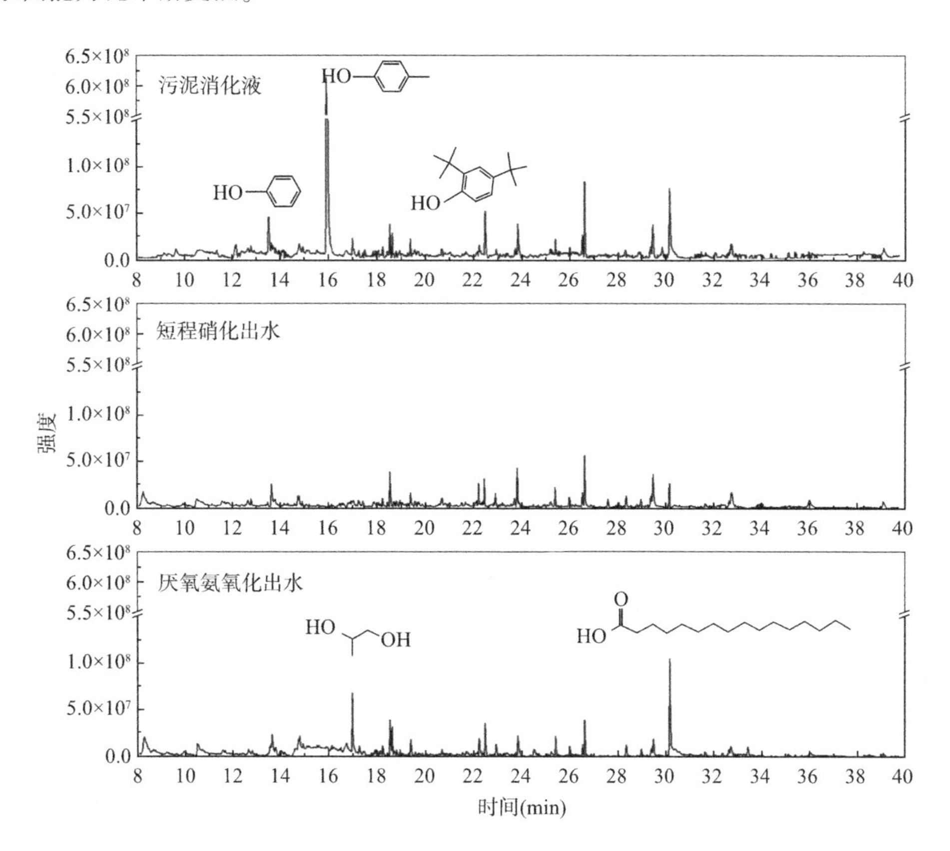

图 6－7　两段式 PN/A 工艺 GC-MS 图谱

这些有机物在采用污泥消化液进水的初期对短程硝化运行性能产生了一定影响，但经过一段时间的运行后，该体系中微生物逐渐适应污泥消化液水质。部分有机物酚强度在经过短程硝化处理后有所降低，尤其是沸点相对更低的酚类物质（如苯酚和对甲酚），在短程硝化出水中未检出。经过 Anammox 段处理后，出水中又增加了一些有机物峰，如 1,2-丙二醇（16.99min）和硬脂酸（33.41min）。推测为后段 EGSB 反应器中微生物代谢产物，且未被 EGSB 反应器中的异养微生物有效降解。

经联合工艺处理后，进出水中烃类物质的峰强变化不大，可能是由于这些烃类物质多呈现难生物降解性（图 6-8）。污泥消化液中的短链脂肪酸（如 3-甲基丁酸和戊酸）、醇类物质［1,2-丙二醇、丙三醇（甘油）、1-十三醇］、2-丙烯酸十二烷基酯、苯甲醛以及大部分的酚类物质（如苯酚、对甲酚和 3,5-二甲基酚），都在前段短程硝化段中得到有效

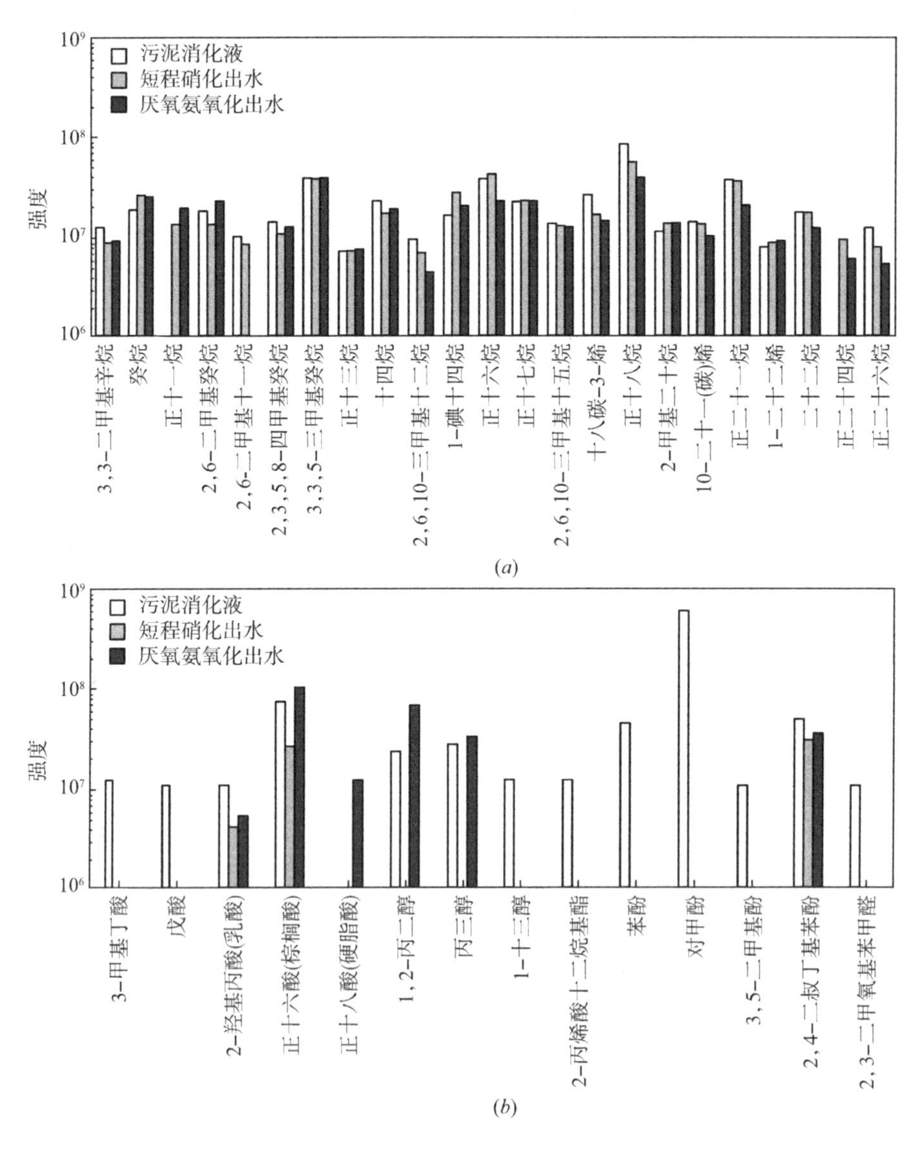

图 6-8　PN/A 工艺进出水中的有机物组成分析结果

(*a*) 烃类有机物质；(*b*) 非烃类有机物质

降解。但其中较低分子量的醇（1，2-丙二醇和丙三醇）经过后段AM-EGSB反应器处理后在Anammox出水中再次被检测到，推测可能是厌氧体系的微生物产物。乳酸和棕榈酸在前段AO-SBR反应器可被部分去除，但后段AM-EGSB反应器又会再产生一部分进入水相。硬脂酸仅在最终出水AE被检出，推测可能是Anammox反应体系中的微生物产物。有研究也称长链脂肪酸（包括棕榈酸和硬脂酸）表现出难生物降解性。

Lu等人对污泥厌氧消化出流有机物成分进行分析后，发现除易于生物降解的物质外，还存在大量惰性有机物组成顽固性化学需氧量（recalcitrant chemical oxygen demand，rCOD），如腐殖质（HS）和复杂的高分子量（HMW）蛋白质。不可生物降解的溶解有机物主要由腐殖质和疏水性DOC组成。还鉴定出了极性代谢物（如二肽、苯环类及其取代衍生物）、非极性脂质（如二酰基甘油、长链脂肪酸）、烃类物质、甘油酯等物质。其中残留的二肽主要为芳香族蛋白质的分解产物，如具有荧光特性的酪氨酸和色氨酸的蛋白质，而非其他脂肪族蛋白质。

在本研究中，由于GC-MS主要用于鉴定弱极性、相对挥发性和热稳定性的有机物成分，因此还使用了三维荧光光谱法分析具有较高分子量的类蛋白质和类腐殖质成分，结果如图6-9所示，荧光光谱参数见表6-4。污泥消化液中存在较高荧光强度的峰A，峰值位于Ex/Em=275nm/297.5nm，推测为类酪氨酸蛋白质成分。前文已通过GC-MS在污泥消化液中鉴定出了苯酚、对甲酚和3,5-二甲基酚等酚类物质。苯酚、对甲酚和3,5-二甲基酚结构与酪氨酸类似，均为单环芳香类化合物，都含有π*-π共轭双键结构，在Ex/Em=(270～280nm)/(295～305nm)附近有荧光峰存在，易与类酪氨酸蛋白质荧光峰重叠。

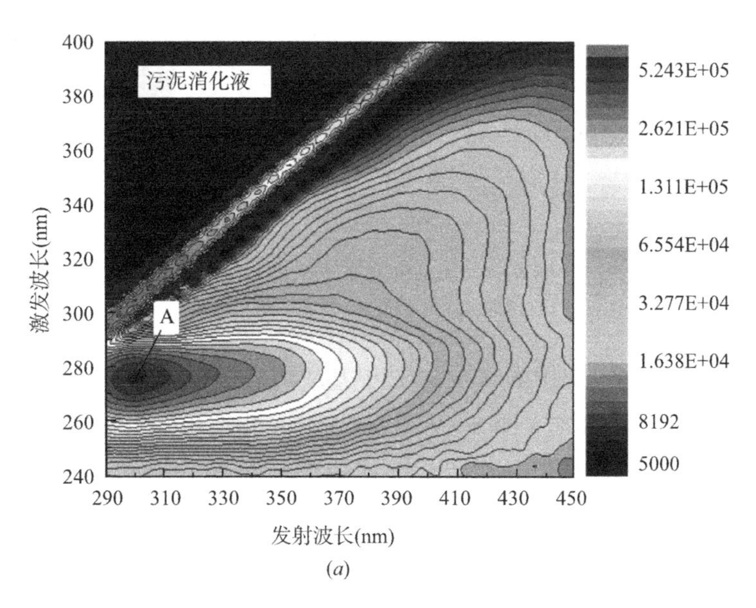

(*a*)

图6-9　3D-EEM荧光光谱

(*a*) 污泥消化液

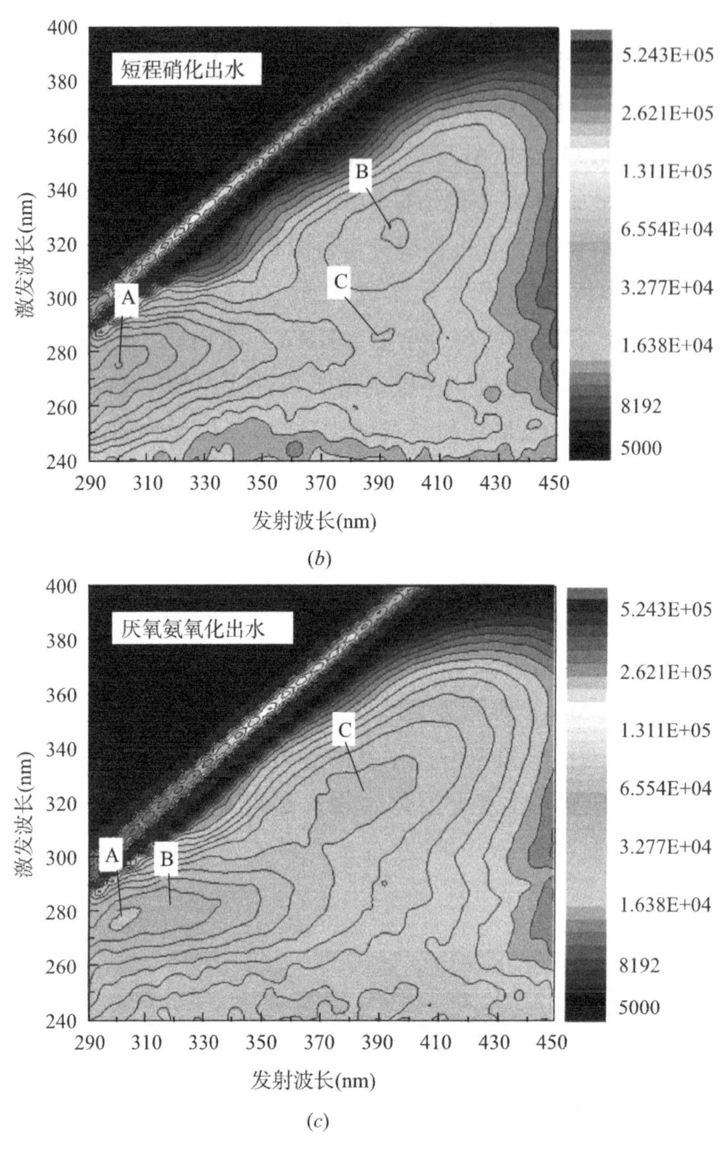

图 6－9　3D-EEM 荧光光谱（续）

（b）短程硝化出水；（c）厌氧氨氧化出水

短程硝化出水中苯酚、对甲酚和 3,5－二甲基酚均未被检测到［图 6－9（b）］，同时峰 A 的荧光强度降低了 89.8%（图 6－9 和表 6－4）。由此可知短程硝化出水中强烈的荧光峰 A 主要由单环芳香酚类化合物组成，该荧光峰扭曲并遮盖了本应位于 $Ex/Em=(250\sim400nm)/(380\sim450nm)$ 的腐殖酸荧光峰。随着前段短程硝化反硝化体系对酚类物质的去除，厌氧氨氧化出水中剩余部分类酪氨酸蛋白质成分，以及海洋腐殖酸（峰 B）和聚芳环类腐殖酸（峰 C）得以在三维荧光图谱中显现。经过 Anammox 段处理后，最终出水中还能检测到类色氨酸蛋白质荧光峰，推测可能为溶解微生物产物 SMP。

样品 EPS 荧光光谱参数 **表 6-4**

样品	峰	*Ex/Em*（nm/nm）	荧光强度	组成
污泥消化液	A	275/297.5	521391	类酪氨酸蛋白质和酚类物质
短程硝化出水	A	275/300.0	53209	类酪氨酸蛋白质
	B	325/395.0	26440	海洋腐殖酸
	C	285/387.5	22842	聚芳环类腐殖酸
厌氧氨氧化出水	A	275/300.0	66918	类酪氨酸蛋白质
	B	280/320.0	62101	类色氨酸蛋白质
	C	320/385.0	38239	海洋腐殖酸

采用蒽酮试剂法和修正的 Folin-Lowry 法测定样品中的多糖（PS）、蛋白质（PN）和腐殖质（HS）浓度［图 6-10（*a*）］。污泥消化滤液这三种成分以蛋白质和腐殖质为主，其蛋白质和腐殖质经短程硝化段处理后分别降低了 76.8% 和 66.1%，经 Anammox 段处理后又持续降低了 2.5% 和 7.6%，多糖浓度则几乎不变。如图 6-9（*b*）、图 6-9（*c*）和表 6-4 所示，Anammox 段处理后 COD、DOC 和腐殖酸浓度都有所降低，但出水中的海洋腐殖酸荧光强度高于短程硝化出水。推测其原因包括：（1）短程硝化段的低 pH 对腐殖酸荧光强度产生了干扰。在不同 pH 环境下，具有荧光特性的弱酸（如腐殖酸）或弱碱离子结构发生变化，荧光强度随之改变。有研究发现，腐殖酸荧光强度与 pH 在 2～10 范围内的变化正相关。（2）短程硝化反应产生的亚硝酸盐在 300～400nm 范围内对有机物荧光发射光的吸收作用。对污泥消化液、短程硝化出水及厌氧氨氧化出水中 UV-Vis 吸收光谱进行测定后发现［图 6-10（*b*）］，短程硝化出水在 300～400nm 处存在一个明显的吸收峰，这可能是由于高浓度的亚硝酸盐造成的。

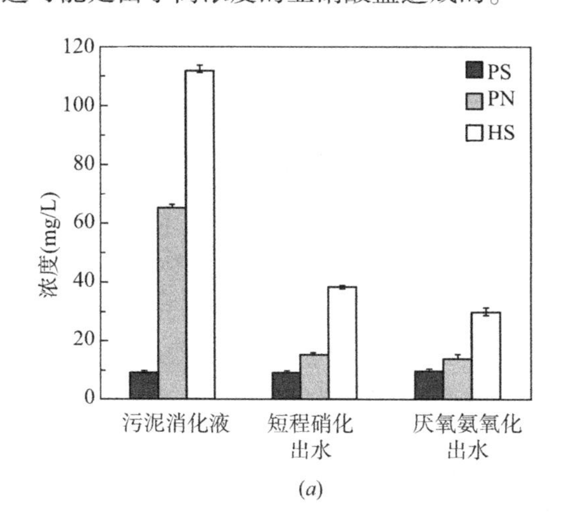

(*a*)

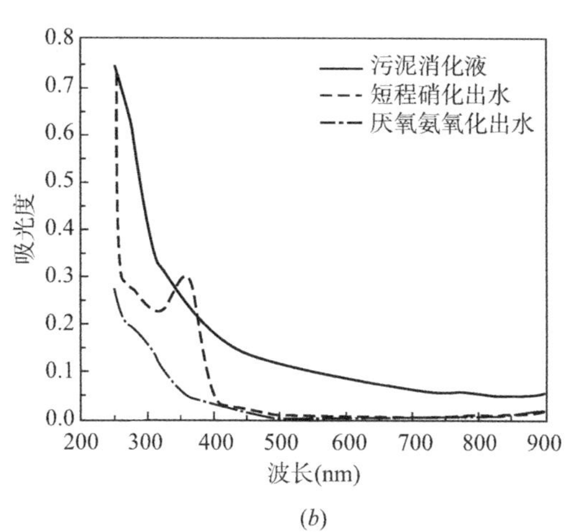

(*b*)

图 6-10 PN、PS 和腐殖质浓度和 UV-Vis 吸收光谱

6.4 污泥消化液对体系污泥特性与微生物群落的影响

6.4.1 污泥消化液对短程硝化污泥的影响

1. EPS 组成变化

EPS 会改变微生物表面疏水性、电性及聚合性等，对污染物的迁移转化具有重要作用。EPS 上有大量疏水性区域，对水环境中有机物（如苯和腐殖酸等）具有良好的吸附作用。在 AO-SBR 反应器不同进水条件下取适量污泥测定其 EPS 各成分含量（图 6-11）。A0 代表进水为无机合成废水条件下的污泥样品；A1、A2 代表污泥消化液进水条件下的污泥样品，反应器氮损失分别为 10% 和 30%。

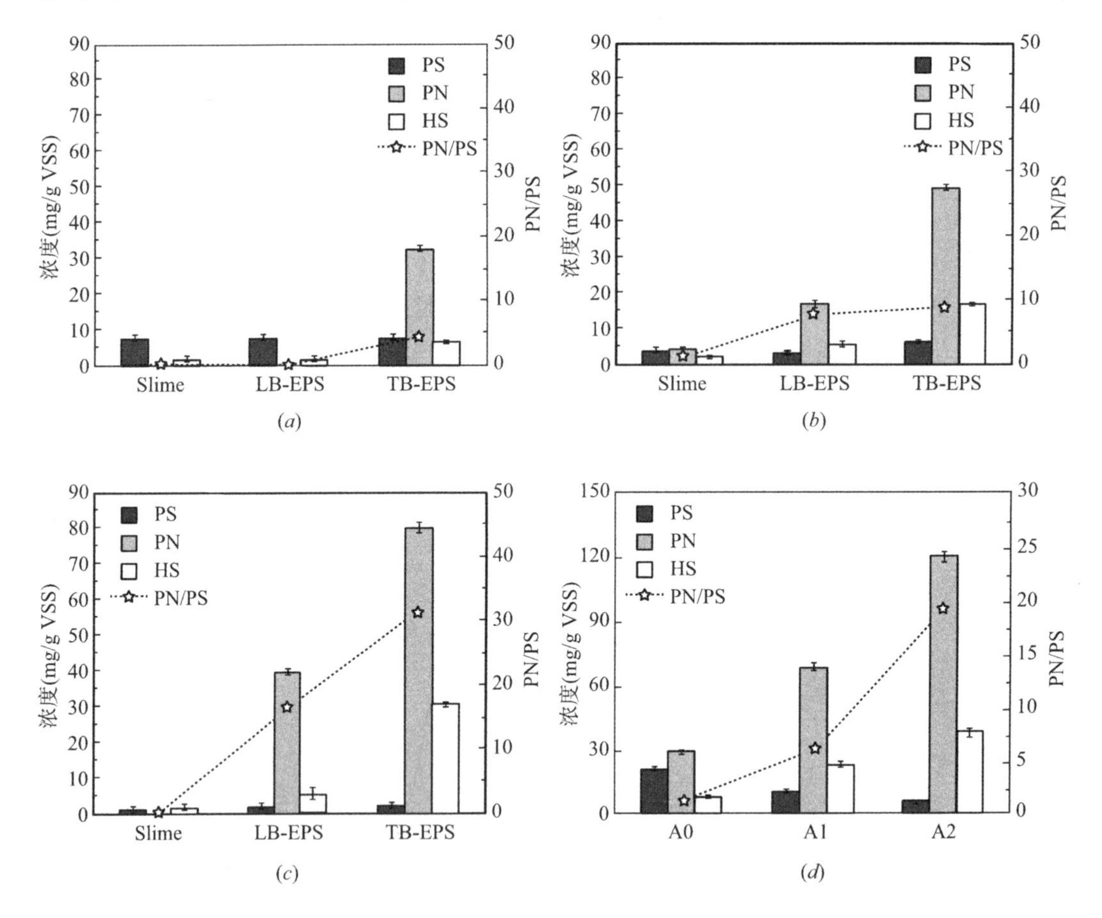

图 6-11 短程硝化污泥样品的不同层 EPS 及总 EPS 中 PN、PS、HS、PN/PS 的分布变化
(*a*) A0；(*b*) A1；(*c*) A2；(*d*) 总 EPS

如图 6-11 (*d*) 所示，相比无机进水（A0），污泥消化液进水后，初期（A1）污泥 EPS 中多糖浓度减少了 49.3%，但蛋白质和腐殖质浓度分别增加了 134.9% 和

189.1%。而随着反应器持续运行和进水COD及BOD_5的提升（表6-1），反硝化作用增强，污泥样品A2相比A1的EPS中多糖浓度进一步减少了43.0%，蛋白质和腐殖质分别进一步增加了75.5%和67.4%。EPS总量也由最初（A0）的（58.7±1.7）mg/g VSS升高至（165.4±1.4）mg/g VSS（A2），PN/PS由1.36±0.05升至19.40±0.62。有类似研究也发现在处理污泥消化液后，反应器中污泥EPS蛋白质含量有所增加。这可能是由于异养微生物在利用复杂有机物时会分泌胞外酶，进而增加了污泥EPS中蛋白质含量。且随着胞外PN/PS增加，细胞表面疏水性增强，有利于有机污染物的吸附降解。

研究表明EPS中的LB层和TB层所占比例，会对污泥性质及其对污染物的吸附降解能力产生显著影响。LB层结构疏松，对污染物有传递能力，能使污染物快速渗透至TB层中并被储存起来。LB层占EPS比例越高，则污染物传递速度越快。TB层结构紧密，对污染物具有良好的吸附储存作用。相比无机进水［图6-11（*a*）］，在进水BOD_5不高且反硝化作用也不强的反应器运行初期［图6-11（*b*）］，污泥LB-EPS层蛋白质和腐殖质由几乎为0分别增加至（16.4±0.9）mg/g VSS和（5.0±0.9）mg/g VSS。这是由于在不利环境中，细菌会倾向于产生更多的LB-EPS，且LB-EPS的增加有利于污染物的传递。此外，TB-EPS层蛋白质和腐殖质浓度的增加则有利于污染物的吸附持留。因而，随着进水BOD_5升高和反硝化作用突显，污泥LB-EPS和TB-EPS均增加更为明显，更有利于有机物在EPS中的传递和吸附。

采用三维荧光光谱仪扫描污泥各EPS层，并以0.05% NaCl溶液为空白对照扣除其背景荧光值。对荧光强度数据进行处理，得到的数据称为“比荧光强度”。再将所有图进行统一标度，最高峰均设为3×10^5（图6-12），荧光光谱参数见表6-5。

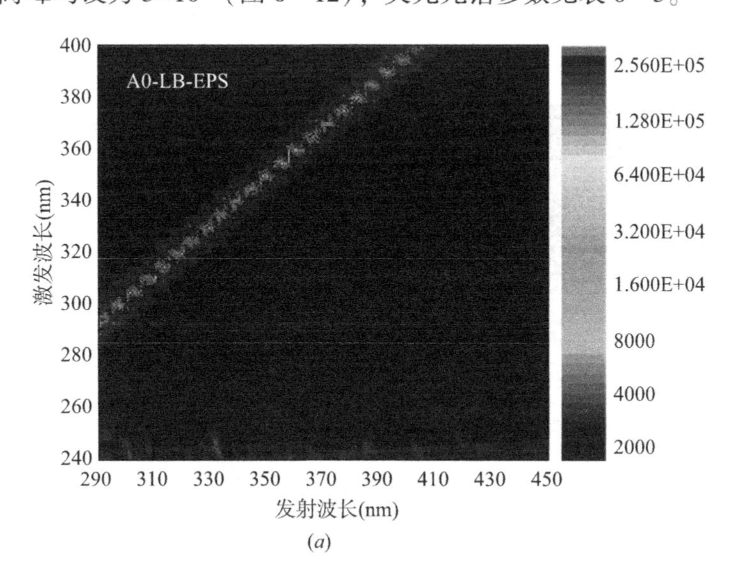

(*a*)

图6-12 A0、A1和A2的LB-EPS和TB-EPS的3D-EEM荧光光谱

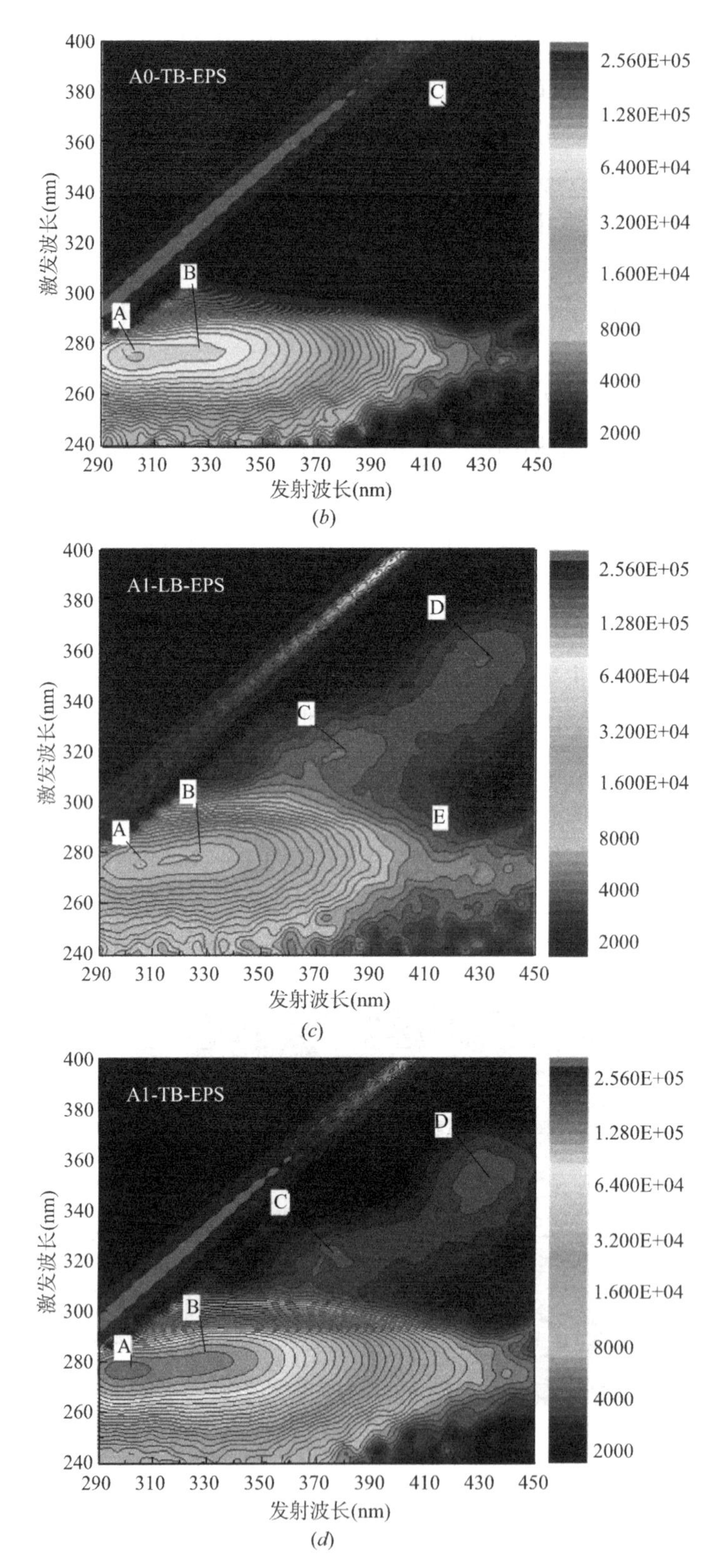

图 6-12 A0、A1 和 A2 的 LB-EPS 和 TB-EPS 的 3D-EEM 荧光光谱（续）

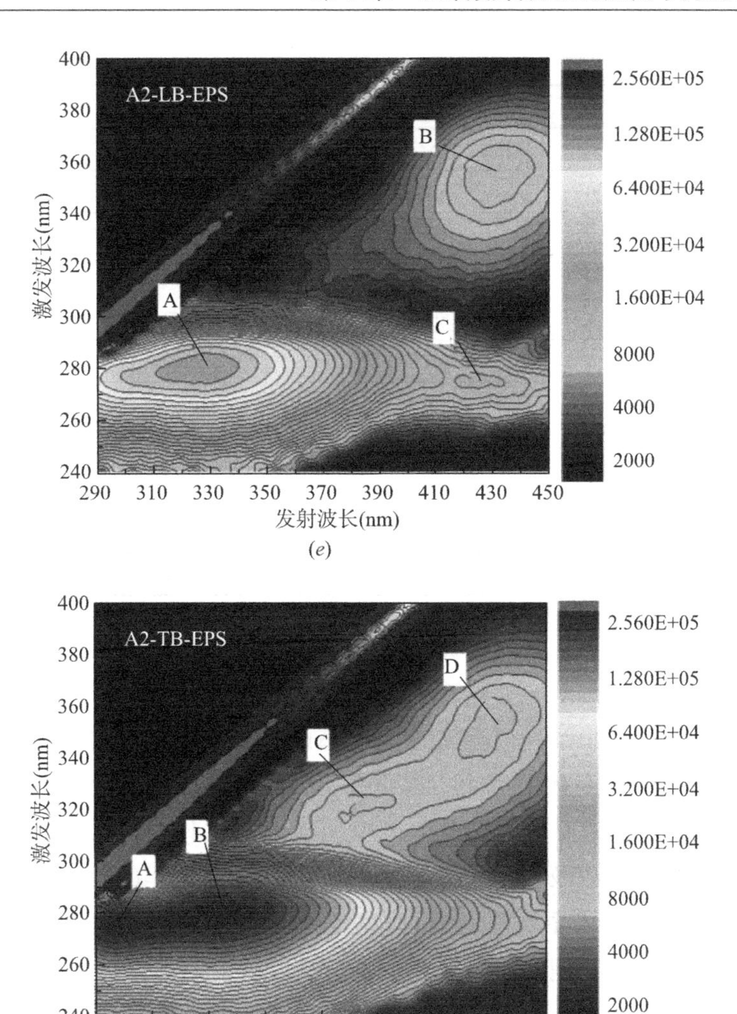

(e)

(f)

图 6-12　A0、A1 和 A2 的 LB-EPS 和 TB-EPS 的 3D-EEM 荧光光谱（续）

不同污泥样品（A0、A1、A2）EPS 荧光光谱参数　　**表 6-5**

样品	EPS 层	峰	Ex/Em（nm/nm）	比荧光强度	组成
A0	TB	A	275/302.5	99660	类酪氨酸蛋白质
		B	275/337.5	85026	类色氨酸蛋白质
		C	350/427.5	2217	聚羧酸类腐殖酸
A1	LB	A	275/305.0	36362	类酪氨酸蛋白质
		B	280/332.5	34723	类色氨酸蛋白质
		C	320/380.0	5018	海洋腐殖酸
		D	355/427.5	4277	聚羧酸类腐殖酸
		E	270/432.5	6183	聚芳环类腐殖酸

续表

样品	EPS层	峰	*Ex*/*Em*（nm/nm）	比荧光强度	组成
A1	TB	A	275/302.5	148200	类酪氨酸蛋白质
		B	280/335.0	133156	类色氨酸蛋白质
		C	320/380.0	3914	海洋腐殖酸
		D	360/430.0	4135	聚羧酸类腐殖酸
A2	LB	A	280/327.5	123434	类色氨酸蛋白质
		B	355/430.0	9940	聚羧酸类腐殖酸
		C	275/432.5	12088	聚芳环类腐殖酸
	TB	A	280/297.5	286417	类酪氨酸蛋白质
		B	285/337.5	288508	类色氨酸蛋白质
		C	325/387.5	9246	海洋腐殖酸
		D	350/427.5	9432	聚羧酸类腐殖酸

结果表明，短程硝化反应器内污泥EPS层鉴定出了丰富的荧光有机物。随着进水有机物浓度增加（A0→A1→A2），观察到LB-EPS和TB-EPS中类蛋白质和类腐殖酸荧光强度逐渐增强。有研究指出活性污泥EPS中腐殖酸主要来源于对实际污水的吸附，但也有研究认为是由微生物自身代谢产生。本研究发现随着污泥消化液进水有机物浓度的增加，LB-EPS和TB-EPS中腐殖酸荧光峰强度明显增加，其中包括*E*m波长位于紫外区（<400nm）的海洋腐殖酸以及*E*m波长位于可见区（>400nm）的聚羧酸类腐殖酸和聚芳环类腐殖酸。而PI和PE中主要鉴定出的为海洋腐殖酸和聚芳环类腐殖酸，且无机进水条件下仅在TB-EPS中观察到微弱的聚羧酸类腐殖酸峰。因此该体系活性污泥EPS中不同种类的腐殖酸来源可能不同，*E*m波长位于紫外区的海洋腐殖酸吸附自污泥消化液进水，*E*m波长位于可见区的聚羧酸类腐殖酸和聚芳环类腐殖酸可能由微生物自身在进水有机物刺激下产生。

2. 污泥形态和粒径大小变化

通过体视显微镜和普通光学显微镜观察处理污泥消化液前后的短程污泥外观形态变化（图6-13）。图6-13（*a*）~图6-13（*c*）为体视显微镜照，图6-13（*d*）为普通光学显微镜照。为便于比较污泥聚集体形态和大小，图6-13（*a*）1和图6-13（*b*）1放大倍数统一为1倍，图6-13（*a*）2和图6-13（*b*）2放大倍数统一为4倍；为便于观察其他微生物，图6-13（*c*）1和图6-13（*c*）2放大倍数分别为2倍和11.5倍。

结果表明，处理消化液后污泥絮体尺寸明显变大，污泥结构也变得更为密实，并且可观察到许多明显的污泥团聚体，絮状污泥存在向颗粒化发展的趋势。图6-13（*c*）1为存活于附着在池壁上污泥中的昆虫，体长约10mm，此外还观察到活性污泥中存在少量行动缓慢的长条形后生动物。由于体视显微镜放大倍数有限，故采用普通光学显微镜进一步放大观察，如图6-13（*d*）1所示，该微生物体长约1mm，具有消化排泄系统，推测为某种能降解有机质的线虫。此外，处理消化滤液后的活性污泥絮体中可以观察到少量丝状菌，推测含高浓度有机物的消化滤液创造了有利于异养微生物生存的条件。

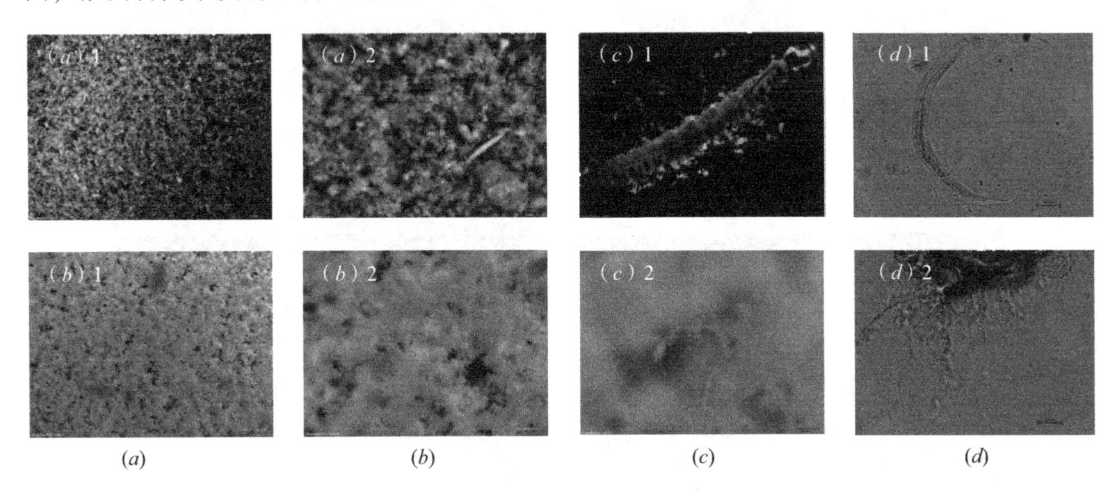

图6-13 处理无机合成废水和污泥消化液时AO-SBR反应器内活性污泥及其他微生物显微照片
(*a*) 无机合成废水；(*b*) ～ (*d*) 污泥消化液

进一步借助SEM观察处理污泥消化液前后SBR反应器污泥菌落的微观结构(图6-14)。放大倍数为10000的图标号为1，放大倍数为25000倍的图标号为2和3。两种污泥中的细菌都以椭球形和短杆形为主，长约1.2μm，宽约0.6μm。不同之处在于处理无机合成废水时[图6-14(*a*)]，菌体表面较为光滑平整，轮廓清晰；而在处理污泥消化液后[图6-14(*b*)]，菌体表面以及菌与菌之间存在大量黏性物质，可能是微生物分泌的EPS，EPS可使菌体聚集在一起，并促使较大尺寸污泥絮体甚至颗粒污泥形成。

为了进一步阐明污泥消化液进水对亚硝化污泥的尺寸大小的影响，使用激光粒度仪测试得其粒径分布情况，如图6-15和表6-6所示。处理污泥消化液后的污泥A2粒径相比A0显著提升，粒径分布曲线向粒径增大方向移动，并出现了粒径为0.6～2.5mm的污泥，进一步证实了处理消化液后反应内污泥的颗粒化趋势。推测原因可能包括：

（1）消化污泥脱水过程会投加一定量絮凝剂（阳离子聚丙烯酰胺，CPAM）。部分絮凝剂残留在滤液中，随滤液进入反应器中。有研究称投加絮凝剂和多价阳离子，可以促进微生物间的静电吸附及吸附架桥作用，进而提高颗粒污泥形成速度。

（2）污泥EPS的增多促进了污泥颗粒化。有研究发现短程硝化进水中的COD有利于颗粒污泥形成。EPS中各种成分亲疏水性差异会直接影响微生物聚集体疏水性，如Martin-Ceraceda等人发现生物膜EPS的疏水性是活性污泥EPS的3倍。EPS中PN具有疏水性，PS则具有亲水性。进水有机物刺激异养菌生长，加速胞外蛋白质分泌，EPS蛋白质含量增加。随着PN/PS增加，污泥疏水性增强，加速污泥颗粒化过程。

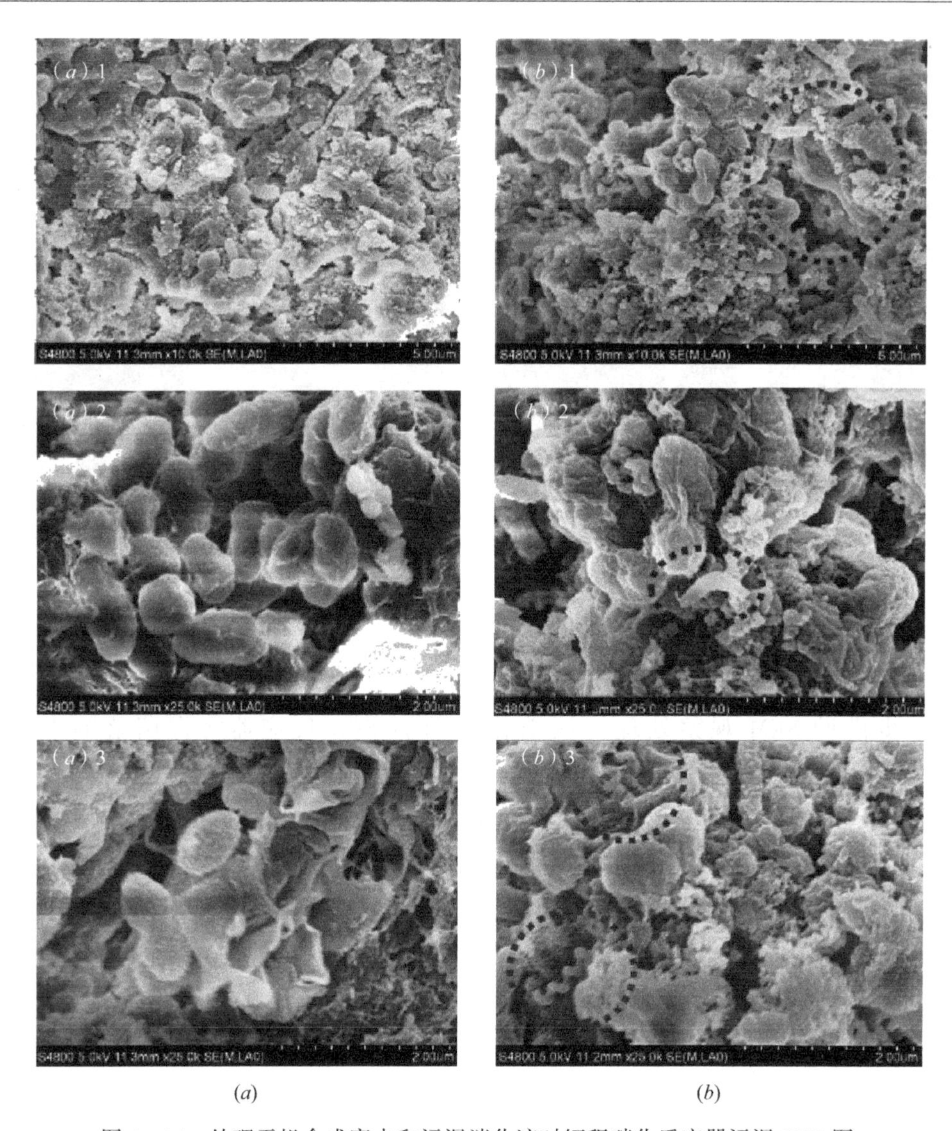

图 6－14　处理无机合成废水和污泥消化液时短程硝化反应器污泥 SEM 图
(a) 无机合成废水；(b) 污泥消化液

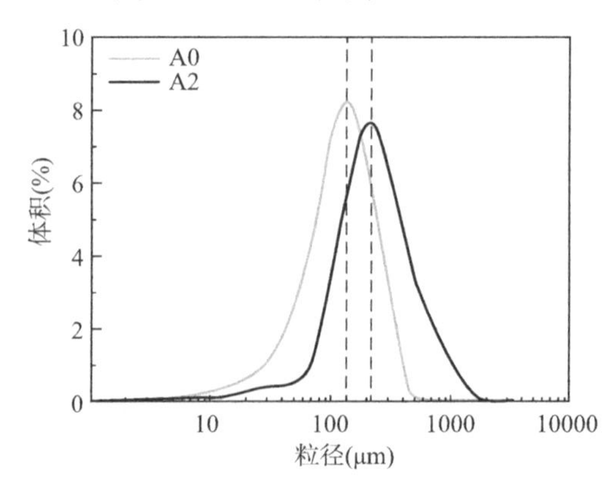

图 6－15　污泥样品（A0、A2）粒径分布

污泥样品（A0、A2）粒径参数 表6-6

样品	D10（μm）	D50（μm）	D90（μm）	D［4，3］（μm）	众数（μm）
A0	45.2	125	257	140	135
A2	91.6	225	599	296	225

3. 硝化菌活性变化

污泥消化滤液中的有机物可能对短程硝化体系中的自养菌AOB活性产生负面影响。因此，本研究采用氧吸收速率（OUR）法表征SBR中污泥AOB和NOB活性（表6-7），比氨氮吸收速率（specific ammonia utilization rate，SAUR）和比亚硝酸氮吸收速率（specific nitrite utilization rate，SNUR）分别表征AOB和NOB活性。结果表明，处理消化滤液后的短程污泥中AOB活性显著降低约5.3%（$p<0.05$），但NOB的活性未发生显著性变化（$p>0.05$），仍维持在极低水平（表6-7）。这说明污泥消化滤液对短程硝化体系的AOB抑制作用较小，因而未对短程硝化反应体系造成影响。

污泥样品活性参数 表6-7

样品	SAUR［mg NH_4^+-N/(g MLVSS · h)］	SNUR［mg NO_2^--N/(g MLVSS · h)］
A0	90.01±0.35	0.37±0.14
A2	85.21±0.85	0.35±0.27
p	0.02	0.94

4. 微生物群落组成变化

进一步探究了污泥样品OTU数以及系统中微生物种群分布Alpha多样性相关指标（表6-8）。相比A0样品，A2样品的Simpson指数升高，Ace指数、Chao指数和Shannon指数都降低，说明污泥消化液降低了污泥中的物种数量、丰富度以及群落多样性。

污泥样品（A0、A2）Alpha多样性统计表 表6-8

样品	OTU数	Shannon	Simpson	Ace	Chao	Coverage
A0	444	3.71	0.06	549.27	539.79	0.997
A2	443	2.80	0.19	524.33	531.05	0.997

A0和A2两种污泥样品在门和属分类水平上的菌群分布如图6-16所示，其中将相对丰度小于1%的菌门或菌属归入others中。结果表明，A0和A2两种污泥样品中的主要菌门包括变形菌门（Proteobacteria）、拟杆菌门（Bacteroidetes）和绿弯菌门（Chloroflexi）。Proteobacteria在污水处理系统中较为常见，代谢方式多样，常见的AOB和部分NOB菌属于该菌门，处理污泥消化液后其相对丰度由58.1%降至27.7%。与此相反的是Bacteroidetes相对丰度由25.2%升高至61.2%，该菌门通常被认为具有多种适应性，可用于降解高分子量聚合化合物，且偏爱附着在颗粒表面或藻类细胞上生长，在处理含有复杂有机物成分（如海洋腐殖酸）和有颗粒化趋势的污泥体系中占据优势地位。

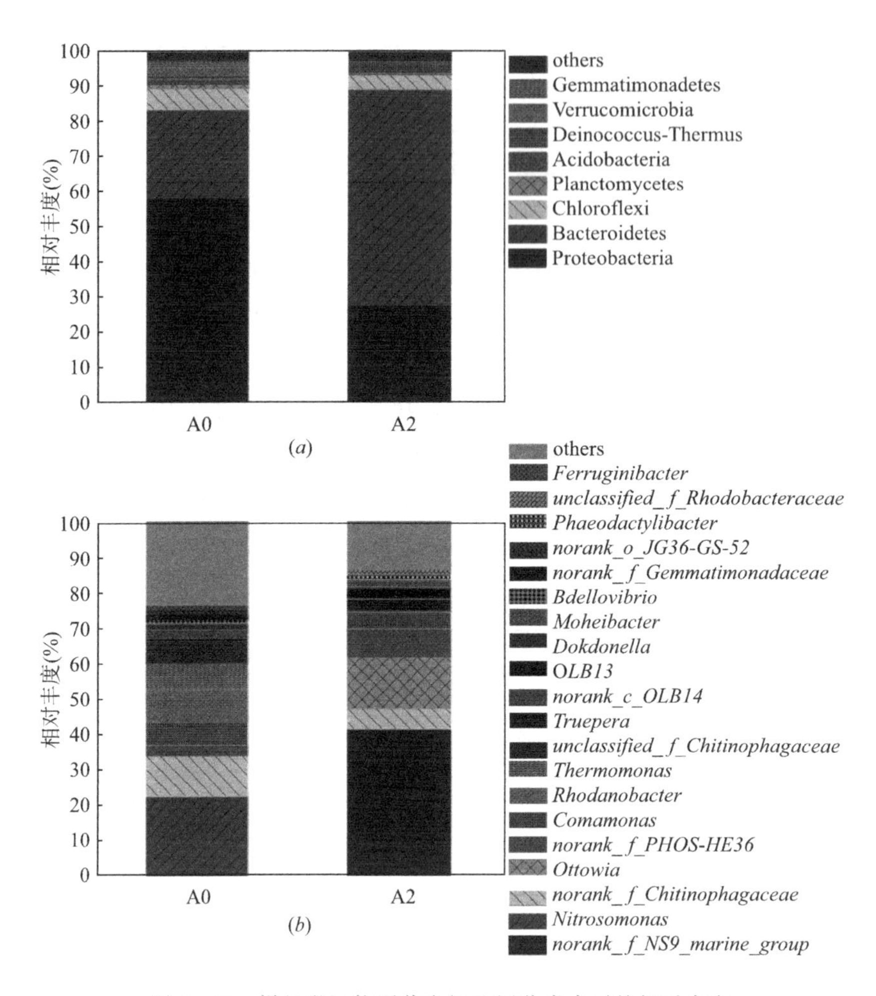

图 6-16 样品微生物群落在门和属分类水平的相对丰度

(*a*) 门；(*b*) 属

在属水平上，处理污泥消化液前后的污泥样品中检测出的主要功能菌 AOB 均为 *Nitrosomonas* 菌属，其相对丰度呈现显著降低的趋势，由无机进水时 A0 的 21.8% 降至污泥消化液进水时 A2 的 0.3%。但前文中曾测得 AOB 活性仅降低了 5.3%（表 6-7），因而在处理污泥消化液时短程硝化体系仍可保持良好的氨氧化性能。值得注意的是，Bacteroidetes 门中的 *norank_f_NS9_marine_group* 相对丰度由 0.75% 升高至 41.1%，成为短程硝化反应体系中的优势菌属。Marine Group 是细菌的一个未经培养的分支，发现于海洋生态系统，其许多成员功能作用仍未明确。已有研究发现海洋中存在氨氧化古菌类群，参与海洋中的氮循环，推测本研究中发现的 *norank_f_NS9_marine_group* 可能是某种具有氮循环功能的菌属。反硝化菌属 *Ottowia*、*Rhodanobacter* 和 *Truepera* 等在处理污泥消化液后在短程硝化系统中得到显著富集。其中 *Ottowia* 菌属相对丰度由 0.03% 升高至 14.4%，该菌属可以酚类物质（如苯酚和甲酚）作为反硝化碳源，实现对污泥消化液中酚类物质的降解；被认为具有纤维素降解能力的 *Rhodanobacter*，相对丰度由 9.32% 降至 0.02%，这可能与 A2 样品 EPS 中多糖含量的减少有关；*Truepera* 菌属相对丰度由 0.81% 升至 3.26%，有研究发现该菌属被发现在处理含盐量高、COD 高、色度高、可生化性差、水质成分复杂的难降解制药废水体系中占优势地位。

6.4.2　污泥消化液对厌氧氨氧化污泥的影响

1. 污泥 EPS 组成变化

在厌氧氨氧化反应器不同进水条件下取适量污泥测定其 EPS 各成分含量（图 6-17），其中 B0 代表进水为无机合成废水运行条件下的 Anammox 污泥样品，B1 则代表短程硝化出水作为后段进水后 Anammox 污泥样品，此时短程硝化进水为污泥消化液。

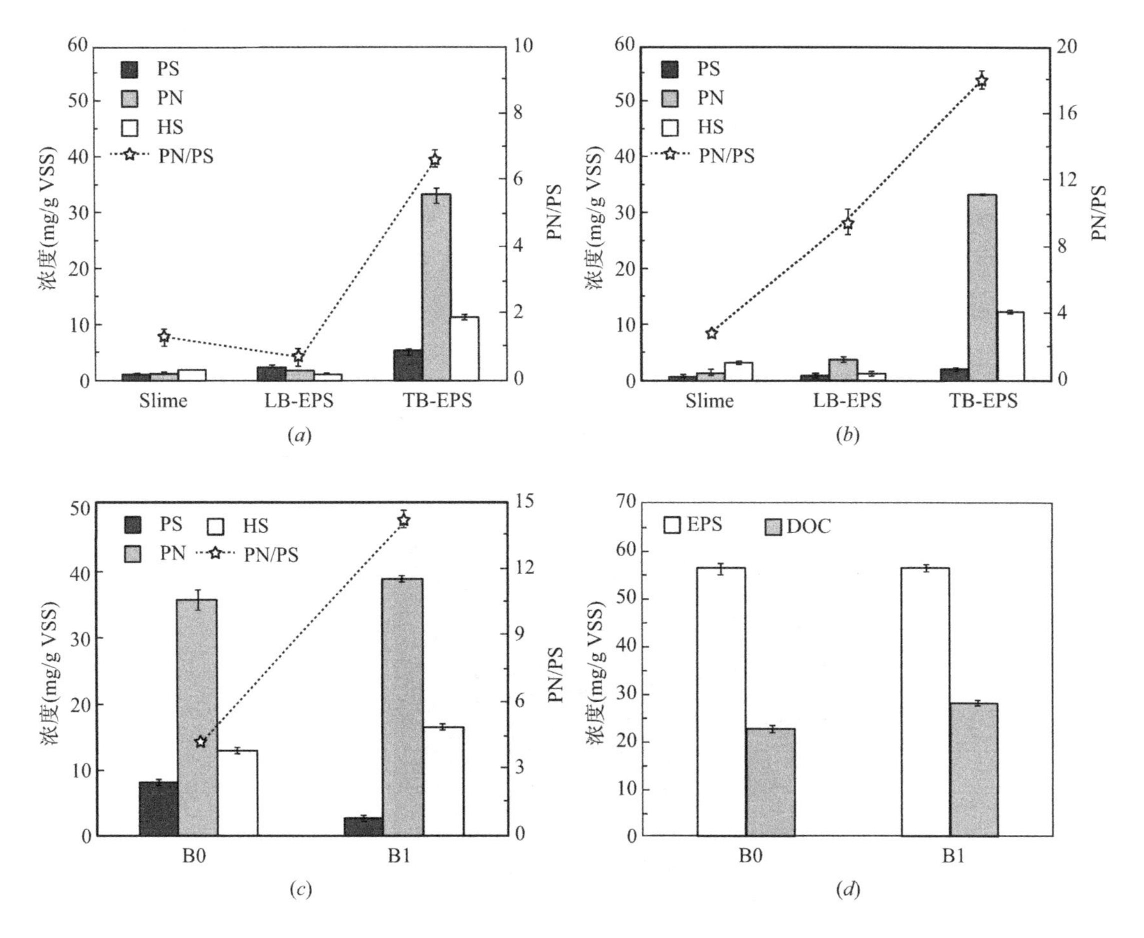

图 6-17　污泥样品不同层 EPS 及总 EPS 中 PN、PS、HS、PN/PS 的分布变化
（*a*）B0；（*b*）B1；（*c*）PN/PS；（*d*）EPS、DOC

如图 6-17 所示，短程硝化出水接入 EGSB 后，Anammox 污泥中 EPS 的 PN 和 HS 含量分别增加了 8.5% 和 25.4%，PS 含量却减少了 67.4%，这也导致 PN/PS 由 4.26±0.16

升高至 14.21±0.46。这表明，污泥中细胞表面疏水性增强，从而对污泥消化液中的疏水性有机物有更好的吸附降解作用。而 EPS 总量（PN+PS+HS）在污泥消化液接入后未发生显著变化（$p>0.05$），由最初 B0 的（56.3±1.0）mg/g VSS 略微变化为 B1 的（56.9±0.3）mg/g VSS。但 EPS 中的 DOC 含量由（23.3±0.4）mg/g VSS 显著增加至（28.1±0.6）mg/g VSS，增幅达 20.8%，这可能是由于 EPS 对污泥消化液中的有机物（如部分烃类物质）吸附作用导致的。

污泥消化液接入前后 Anammox 污泥 B1 相比 B0 的 EPS 中 PN 含量的增加主要体现在 LB-EPS（图 6-17）。有研究称在不利环境中，细菌会倾向于产生更多的 LB-EPS，且异养微生物分泌的胞外酶也会增加 EPS 中 PN 浓度。污泥 LB-EPS 和 TB-EPS 的 PN/PS 增加，细胞表面疏水性增强，有利于 EPS 对有机物的传递和吸附。B1 相比 B0 的 EPS 中增加的 HS 主要通过 Slime 层体现。考虑到后段 Anammox 反应器对 HS 有一定程度的去除能力，Slime 层中增加的 HS 可能来自于短程硝化出水。

污泥样品 EPS 中 Slime、LB 和 TB 层三维荧光光谱图如图 6-18 所示，各荧光参数汇总于表 6-9 中。相比 B0 的三维荧光光谱图，B1 的 Slime 和 LB-EPS 层中都能观察到比荧光强度更强的类蛋白质峰和海洋腐殖酸峰，且进水替换为污泥消化液后，比荧光强度增加的腐殖酸峰均为海洋腐殖酸。可能是由于 Anammox 污泥对进水中海洋腐殖酸的吸附作用使 EPS 中腐殖酸量增加，且 EPS 的吸附作用对最终厌氧氨氧化出水中 HS 浓度的降低发挥了一定程度的作用。与前段短程硝化污泥不同的是，EPS 中未观察到有 *E*m 波长位于可见区（>400nm）的聚羧酸类腐殖酸峰和聚芳环类腐殖酸峰的出现，说明短程硝化出水作为 AM-EGSB 进水的条件尚未刺激 Anammox 污泥体系代谢产生位于可见区（>400nm）的聚羧酸类腐殖酸和聚芳环类腐殖酸。

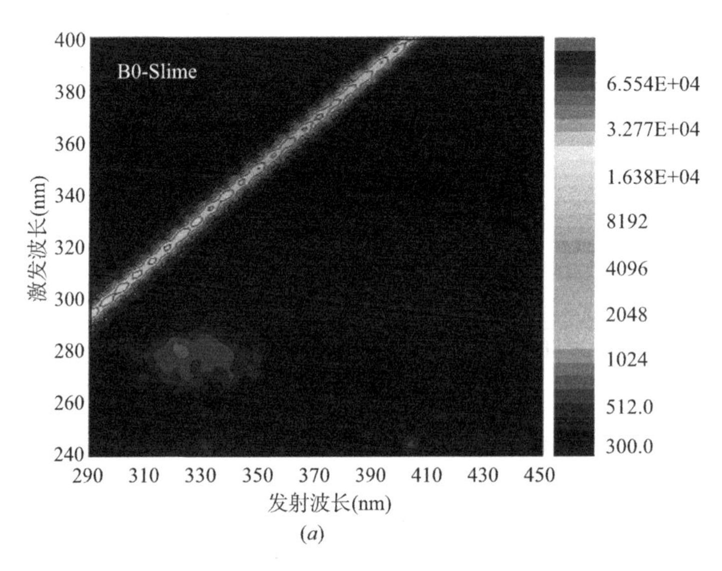

(*a*)

图 6-18　样品 B0 和 B1 的 Slime、LB-EPS 和 TB-EPS 的 3D-EEM 荧光光谱

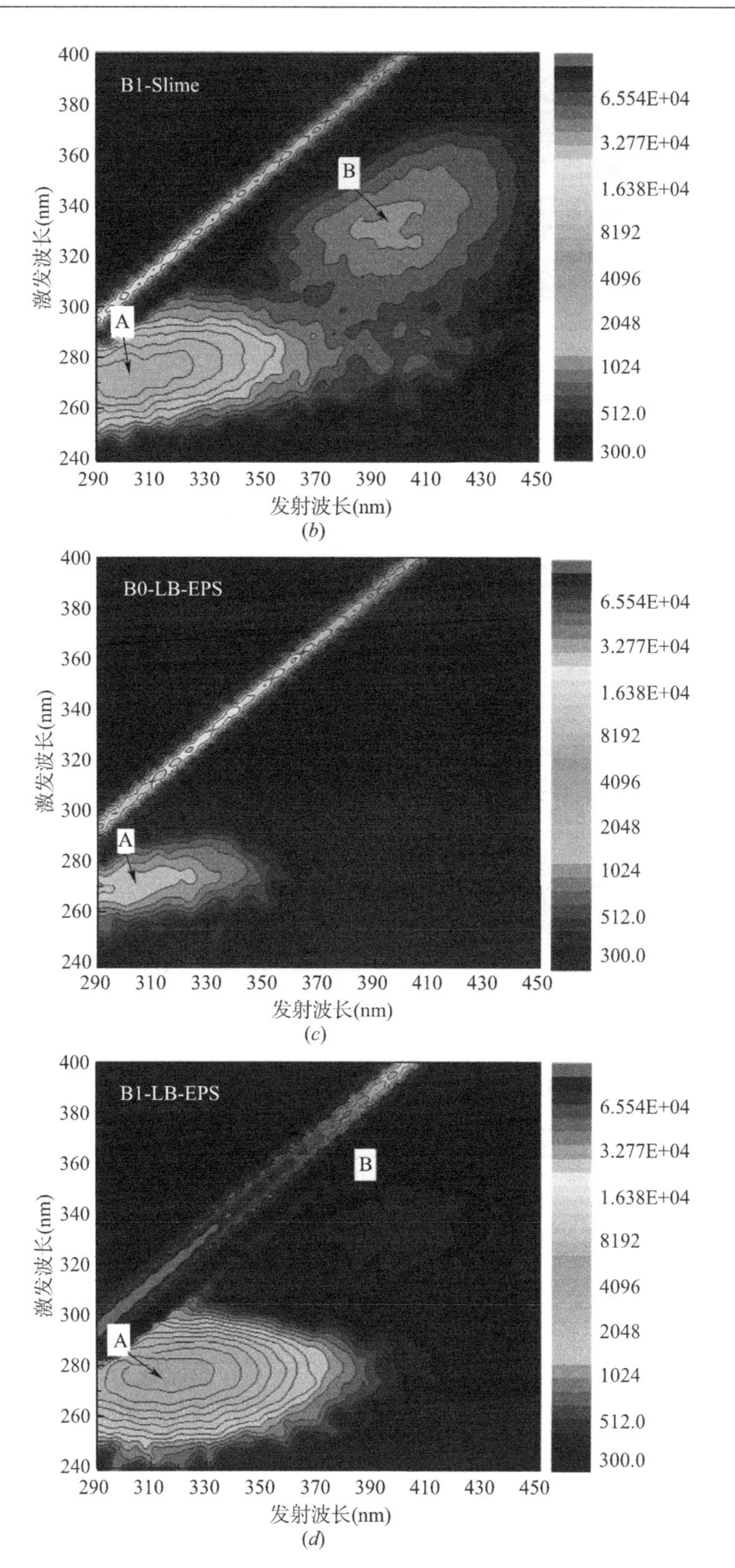

图6-18　样品B0和B1的Slime、LB-EPS和TB-EPS的3D-EEM荧光光谱（续）

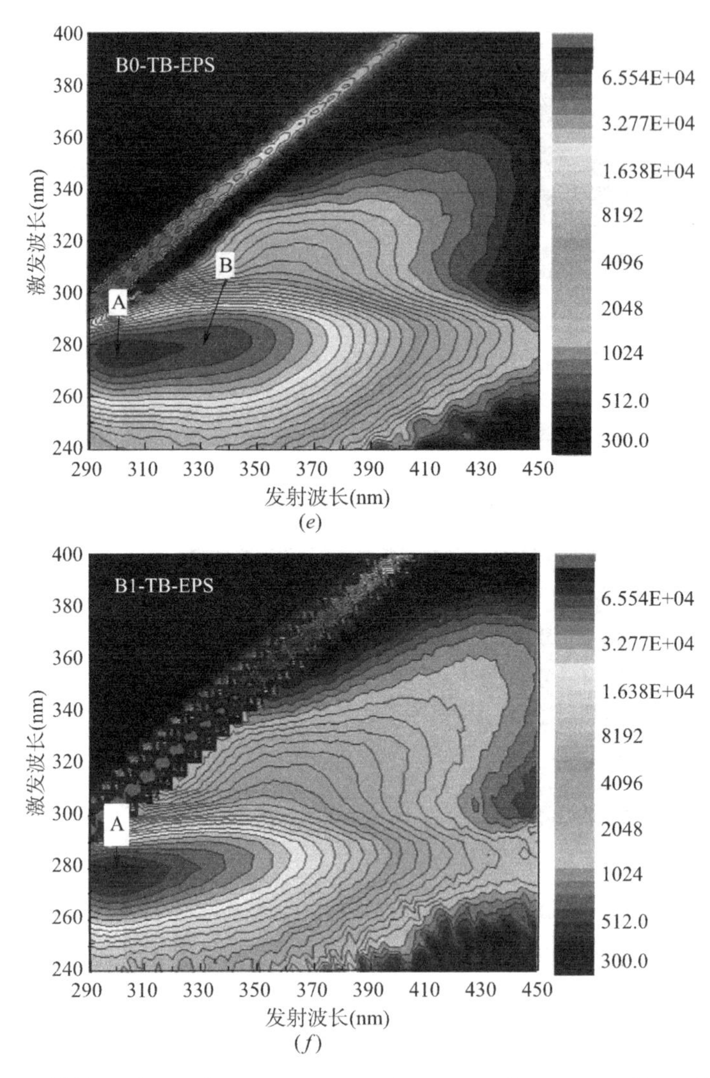

图 6-18　样品 B0 和 B1 的 Slime、LB-EPS 和 TB-EPS 的 3D-EEM 荧光光谱（续）

不同污泥样品（B0、B1）EPS 荧光光谱参数　　**表 6-9**

样品	EPS 层	峰	Ex/Em（nm/nm）	比荧光强度	组成
B0	Slime	A	280/322.5	769	类色氨酸蛋白质
	LB	A	275/302.5	1707	类酪氨酸蛋白质
	TB	A	275/302.5	83043	类酪氨酸蛋白质
		B	280/332.5	72002	类色氨酸蛋白质
B1	Slime	A	270/300.0	3494	类酪氨酸蛋白质
		B	325/392.5	1146	海洋腐殖酸
	LB	A	280/317.5	7007	类酪氨酸蛋白质
		B	340/402.5	465	海洋腐殖酸
	TB	A	280/300.0	106518	类酪氨酸蛋白质

2. 污泥形态变化

借助体视显微镜观察 Anammox 污泥形态，如图 6－19 所示。为便于直观对比颗粒污泥形态和大小变化，标号为 1 的图放大倍数统一为 1 倍，标号为 2 和 3 的图放大倍数统一为 4 倍。如图 6－19（*a*）1 和图 6－19（*b*）1 所示，污泥消化液接入后，Anammox 颗粒粒径显著提升，体系中也同时存在许多结构破坏并趋于絮体化的散碎颗粒。此外，体系中还能观察到一些呈棕褐色的颗粒，可能是在有机物刺激下由异养菌增殖产生的。

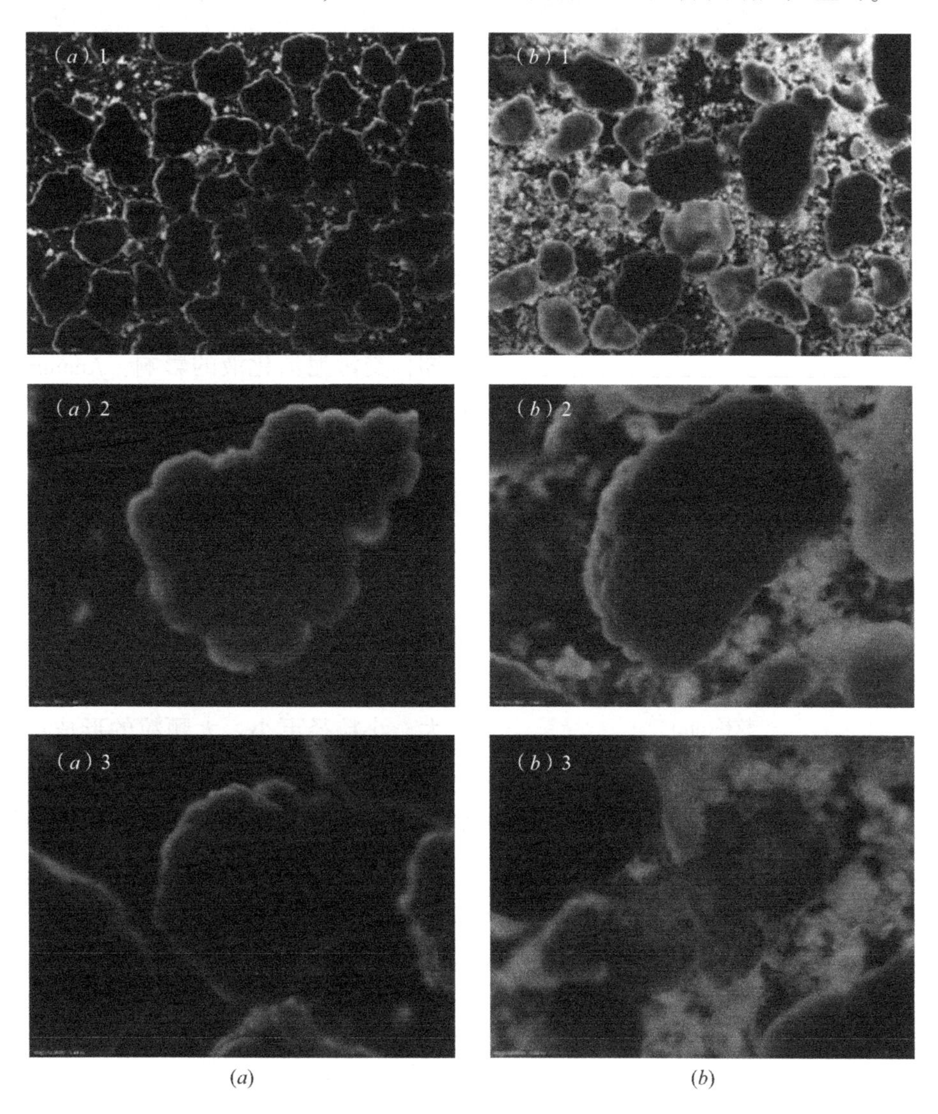

图 6－19　进水为无机合成废水和污泥消化液时 Anammox 颗粒污泥体视显微镜图
（*a*）无机合成废水；（*b*）污泥消化液

通过体视显微镜还观察到水相中有许多快速游动的小白点，又采用放大倍数更大的光学显微镜对污泥样品进行观察（图 6－20），这种微生物体长约 500μm，呈长梭形，可能是某种类似裂口虫或漫游虫的原生动物。

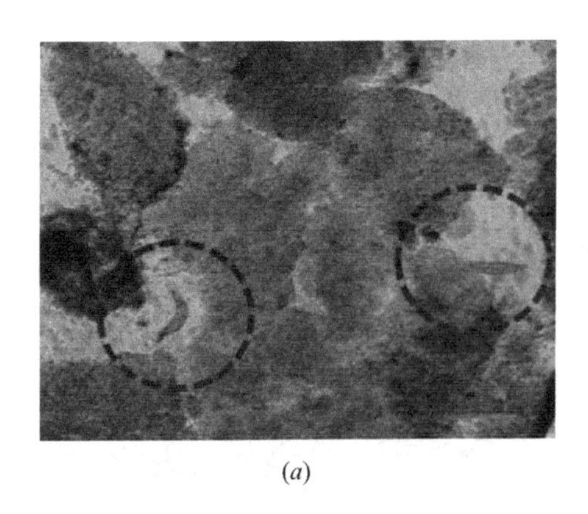
(a)

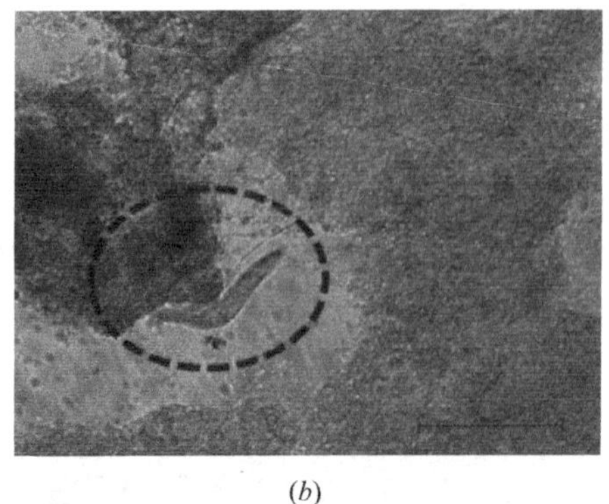
(b)

图 6-20 进水为无机合成废水和污泥消化液时污泥中微生物显微镜图
(a) 无机合成废水；(b) 污泥消化液

为了进一步阐明污泥消化液对 Anammox 颗粒污泥的尺寸大小的影响，借助激光粒度仪测试 Anammox 污泥样品 B0 和 B1 的粒径分布，如图 6-21 和表 6-10 所示。由表 6-10 可知，受污泥消化液的影响，Anammox 污泥粒径 D10 由 336μm 降低至 123μm，但 D90 由 2160μm 升高至 2280μm。图 6-21 中结果显示，Anammox 污泥仍以大颗粒为主，峰值粒径由 1183μm 升高至 1343μm，但体积占比减小；小粒径絮状污泥峰值粒径由 174μm 降低至 153μm，体积占比增加。这表明污泥粒径分布趋于向两种极端方向发展，即大粒径更大，小粒径更小。大颗粒的形成可能是由于有机物的刺激致使 EPS 中 PN/PS 增大，细胞表面疏水性增强，从而更有利于菌体聚集成颗粒，有研究发现在特殊有机物（如酚）的胁迫下，Anammox 颗粒污泥粒径甚至达到了 15.6mm。而小粒径污泥比例增多可能是有机物的抑制作用导致部分颗粒解体。

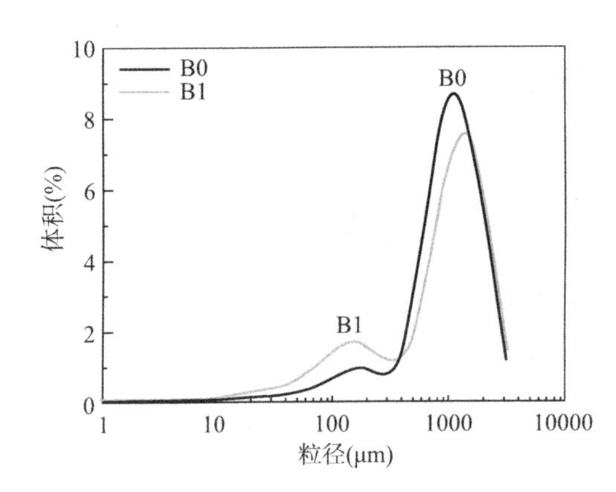

图 6-21 污泥样品（B0、B1）粒径分布

污泥样品（B0、B1）粒径参数 **表 6-10**

样品	D10（μm）	D50（μm）	D90（μm）	D［4，3］（μm）	众数（μm）
B0	336	1080	2160	1190	1183
B1	123	1080	2280	1150	1343

3. 污泥流变性质变化

对于污泥样品进行应变幅度扫描测试，以确定材料线性黏弹性区域（LVE）范围。即流变图上流变性质（G' 和 G''）与应变无关，直到达到临界应变水平（γ）。在此之后，材料行为是非线性的。本实验中对厌氧氨氧化污泥样品 B0 和 B1 进行应变扫描测试，即固

定角频率 $\omega=5\text{rad/s}$，应变 γ（%）由小到大呈阶梯式变化（0.05%～150%），得到 G'、G''和 η^* 随 γ 变化曲线（图6-22）。

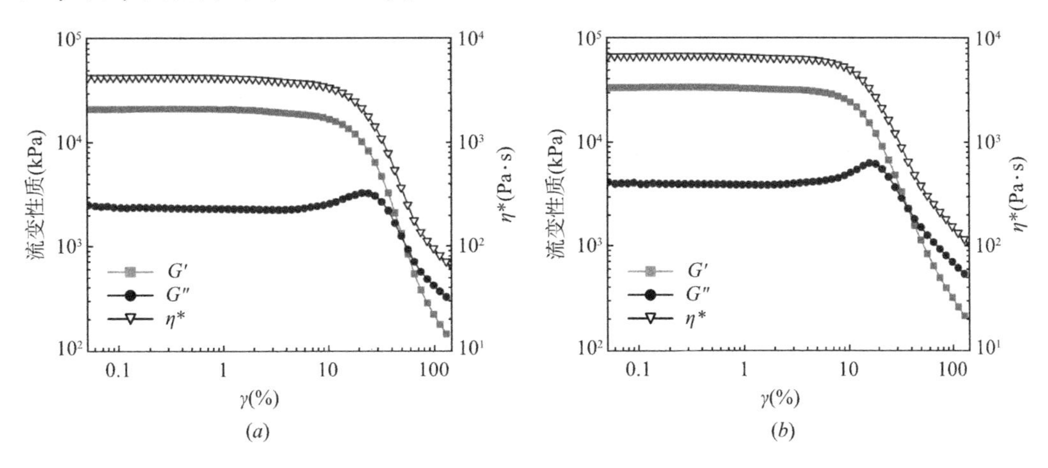

图6-22 进水为无机合成废水和污泥消化液时污泥 G'、G''和 η^* 随 γ 变化曲线
（a）无机合成废水；（b）污泥消化液

线性黏弹性区域的特征在于恒定的流变特性。由图6-22可知，各 Anammox 污泥样品在非线性特性出现之前可以被拉伸到约3%的极限，且在 LVE 范围内 $G'>G''$，弹性占主导。这一现象符合物理凝胶的流变学特性，表明 B0 和 B1 两种 Anammox 污泥样品都具有交联聚合物网络结构，在一定的应变范围内具有黏弹性。当应变消除后，材料恢复其原始尺寸。大分子的无机聚合物或生物聚合物如弹性蛋白质和胶原蛋白质显示出相似的特征。随着应变增加至约50%时，$G'<G''$，此时黏性占主导，Anammox 污泥表现出流体特征，说明其存在屈服点。上述 Anammox 污泥流变参数变化特征与由胞外多糖和肽段反应形成的凝胶类似。

本研究还对 B0 和 B1 污泥样品进行频率扫描测试，即固定应变 $\gamma=1\%$（处于 LVE 范围），角频率 ω 由小到大呈阶梯式变化（0.5～100rad/s），得到 G'、G''和 η^* 随 ω 变化曲线（图6-23）。B0 和 B1 污泥的 η^* 都随 ω 增大而逐渐减小，表现出剪切稀化行为。这种性质与聚合物凝胶的性质类似，因此进水替换为污泥消化液后未改变 Anammox 污泥能发生剪切稀化行为的聚合物凝胶性质。G'都随着 ω 增大缓慢增加，这是因为在 ω 较小时，污泥结构中的分子链在流动过程中有充足的松弛时间，弹性小，G'因而较低；随着 ω 增大，污泥分子链发生形变的时间间隔缩短，弱化了链段松弛效应，增加了弹性形变储能，故 G'逐渐升高。

Carreau-Yasuda 模型可为聚合物材料的剪切稀化行为提供有价值的信息。为了更深入地描述剪切稀化行为，本研究采用了具有屈服应力的 Carreau-Yasuda 模型。其中包括5个参数：σ_0 为屈服应力，η_0* 为零复数黏度，λ 为时间常数，a 为 Yasuda 参数，n 为无量纲幂律指数。调整这5个参数以获得与实验数据的最佳拟合，结果见表6-11。Anammox 污泥的 Yasuda 参数似乎是剪切稀化过程中的固有参数，即使进水条件改变也未变化。此外，两种污泥拟合出的屈服应力大小 B1>B0。

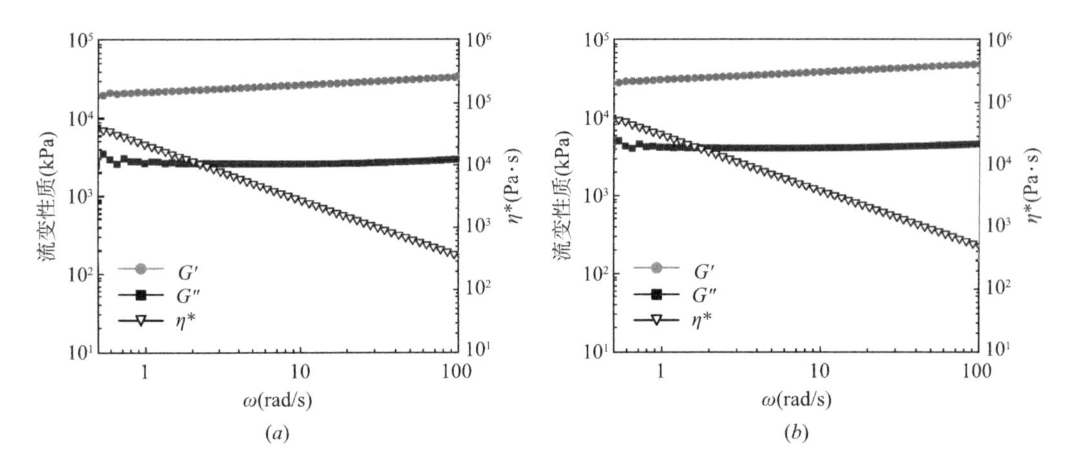

图 6－23　进水为无机合成废水和污泥消化液时污泥 G'、G''和 η^* 随 ω 变化曲线

（a）无机合成废水；（b）污泥消化液

污泥样品剪切稀化曲线拟合结果　　表 6－11

参数		B0	B1
η_0 *	零复数黏度	2496. 7	3352. 4
λ	时间常数	191203. 5	1
n	无量纲幂律指数	−585. 0	−780. 8
a	Yasuda 参数	1	1
σ_0（Pa）	屈服应力	20753. 9	29515. 2
$\pm\sigma_0$（Pa）		173. 2	239. 6
R^2	相关系数	0. 994	0. 995

表征污泥流变性质的另一个重要参数是损耗因子 tan δ，表征黏性相对弹性部分的比值。对 B0 和 B1 污泥样品应变扫描测试的损耗因子值进行计算［图 6－24（a）］，并汇总 B0 和 B1 污泥应变扫描测试 LVE 范围内的 G'值和频率扫描测试的 σ_0 值［图 6－24（b）］。

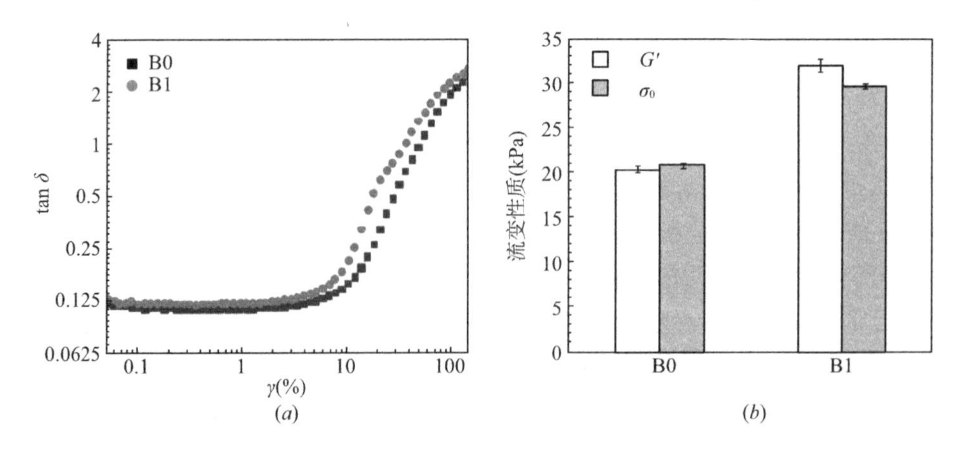

图 6－24　污泥样品 tan δ 随 γ 变化曲线以及污泥样品 G'和 σ_0 值

材料 G' 值越高，其内部反应交联密度就越高，机械强度也将更高，因此可以通过 G' 大小表征具有凝胶特性的 Anammox 污泥机械强度大小。图6－24（*b*）中 B1 的 G' 和 σ_0 值均比 B0 升高了约 50%，说明无论采用应变扫描还是频率扫描测试，B1 污泥的机械强度高于 B0 污泥。一方面，在进水污泥消化液有机物的刺激下，EPS 中 PN/PS 增大［图6－17（*c*）］，细胞表面疏水性增强，可能有利于提高菌体聚集成颗粒的强度。另一方面，颗粒表面及缝隙间分布着更多的丝状菌［图6－24（*b*）］，使得颗粒结构紧密，在剪切应力作用下不易解体。这也有利于更大颗粒的形成，致使大颗粒峰值粒径向大粒径方向移动。然而原生动物的活动和捕食作用可能使部分 Anammox 颗粒破碎并导致污泥减量，这同时也影响了颗粒结构。本章节实验中，如图6－24（*a*）所示，当应变小于2%时，即处于 LVE 范围内，B1 与 B0 具有相近的损耗因子水平。但当应变超过2%时，B1 的损耗因子迅速增大，同样率先达到溶胶—凝胶转变点。

4. Anammox 活性变化

在 AM-EGSB 进水为无机合成废水时，取适量 Anammox 污泥进行批次实验测定其异位 Anammox 活性（ex situ SAA）（图6－25）。向纯水中投加氯化铵和亚硝酸钠配制含约 40mg/L 氨氮和 50mg/L 亚硝氮的基质溶液，获得对照组污泥的 SAA。将处理污泥消化液的 SBR 出水与纯水以 1∶3 的体积比进行混合，混合后的基质溶液也含约 40mg/L 氨氮和 50mg/L 亚硝氮，获得在污泥消化液短期影响下的污泥异位 SAA。

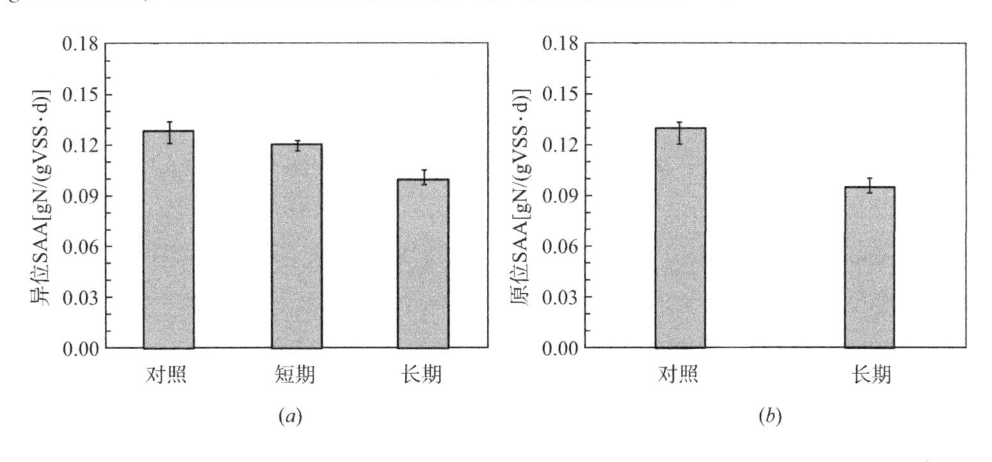

图6－25　异位和原位厌氧氨氧化活性

（*a*）异位 SAA；（*b*）原位 SAA

结果表明，4 倍稀释过的污泥消化液短期内不会对污泥 Anammox 活性产生显著性影响；但长期运行条件下，Anammox 污泥 SAA 相比对照降低了 21.1%（$p<0.05$）。进一步在 AM-EGSB 反应器中进行批次实验测试 Anammox 污泥原位 SAA 变化，仍具有相似的变化规律［图6－25（*b*）］，Anammox 原位活性显著降低了 26.9%。因此相较而言，在处理污泥消化液后，Anammox 菌活性下降幅度远大于短程硝化段中 AOB（降低 5.3%）。这可能是由于污泥消化液中有机物对 Anammox 菌的抑制作用显著，尽管短程硝化段已去除部

分有机物，但 Anammox 菌对这些抑制性的有机物相较 AOB 更为敏感。此外，厌氧氨氧化段进水中的低 pH 条件也会对 Anammox 菌活性造成影响。通常认为 Anammox 菌适宜 pH 为 6.7～8.3，最佳 pH 为 8.0，超出 6.5～9.0 范围时会使 Anammox 菌失活。由表 6－3 可知，厌氧氨氧化段进水平均 pH 为 6.12，并不是 Anammox 菌的最佳 pH 条件。

5. 微生物群落组成变化

B0 和 B1 污泥样品 OTU 数以及系统中微生物种群分布的 Alpha 多样性相关指标见表 6－12。各样品 Coverage 值均大于 0.99，说明本实验测序结果可以基本覆盖样品微生物组成。相比 B0 样品，B1 样品 Simpson 指数下降，而 Ace、Chao 和 Shannon 都升高。说明污泥消化液作为进水后，EGSB 反应器污泥物种数量、丰富度以及群落多样性都有所增加。

污泥样品（B0、B1）Alpha 多样性统计表 **表 6－12**

样品	OTU 数	Shannon	Simpson	Ace	Chao	Coverage
B0	471	3.33	0.12	606.63	636.93	0.997
B1	519	3.48	0.09	683.45	701.11	0.995

从门分类水平上看［图 6－26（*a*）］，B0 和 B1 污泥样品中相对丰度均大于 1% 的菌门主要有浮霉菌门（Planctomycetes）、绿弯菌门（Chloroflexi）、变形菌门（Proteobacteria）和拟杆菌门（Bacteroidetes）。浮霉菌门主要存在于水生环境中，有独特细胞结构，目前发现的 Anammox 菌都属于该门，本研究在以污泥消化液作为进水后相对丰度由 48.68% 降至 41.75%，仍然是污泥中的优势菌门。变形菌门包括常见的 AOB 和部分 NOB，相对丰度由 20.16% 升至 25.71%。

在两种样品中鉴定出的主要（相对丰度>1%）菌属中［图 6－26（*b*）］，与氮素转化直接相关的菌属包括 *Nitrospira*、*Candidatus*_Kuenenia 和 *unclassified_f_Brocadiaceae*。*Candidatus*_Kuenenia 和 *unclassified_f_Brocadiaceae* 均为 Anammox 菌，接入污泥消化液后，两菌属的相对丰度由 43.4% 降至 36.7%，与 Anammox 污泥 SAA 下降趋势一致。其中 *unclassified_f_Brocadiaceae* 相对丰度由 29.3% 降至 21.6%，但 *Candidatus*_Kuenenia 相对丰度由 14.1% 升至 15.1%。推测在进水氮负荷降低、复杂有机物及低 pH 的多种因素影响下，*unclassified_f_Brocadiaceae* 的生长受到较大影响，*Candidatus*_Kuenenia 则能适应这些变化。已有研究指出，*Candidatus*_Kuenenia 具有高的底物亲和力，且能更好地适应水质变化。

Nitrospira 是一种典型的 NOB 菌属，接入污泥消化液后其相对丰度由 0.85% 升至 1.35%。NOB 可去除有毒的亚硝氮，但也会导致出水硝氮积累，进而增大 ΔNO_3^-－N/ΔNH_4^+－N 系数（表 6－2）。NOB 的增殖可能与 Anammox 体系所处的较低 pH 环境有关。*Nitrospira* 作为 K－策略（较低的比生长速率和较高的底物亲和力）的 NOB 菌属，在低 DO 条件下，相比其他 NOB 菌属具有更高的氧气竞争优势。反硝化菌属 *Denitratisoma* 相对丰度由 9.62% 升高至 15.36%，这可能有利于 AM－EGSB 反应器中有机物的去除。Yang 等人发现 Anammox 工艺能有效地将复杂有机物分解成具有更简单结构的有机分子，更容易被

微生物利用，整个过程被认为是有机物降解细菌（如反硝化菌）与 Anammox 菌共同作用的结果。

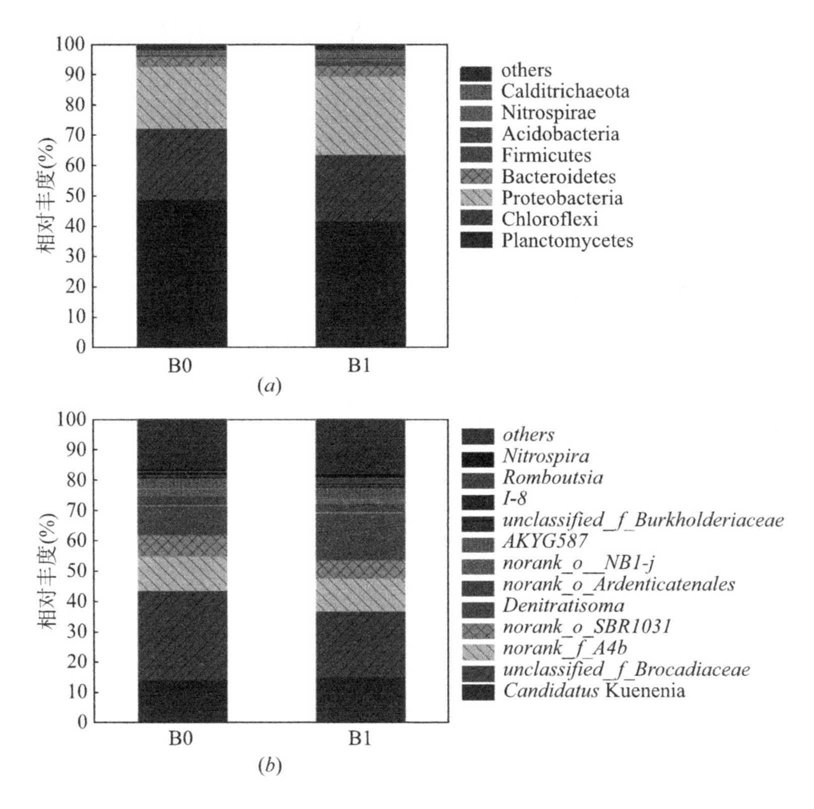

图 6-26 厌氧氨氧化样品微生物群落在门和属分类水平的相对丰度

（a）门；（b）属

6.5 小结与展望

本章成功构建了污泥消化液两段式 PN/A 自养脱氮工艺，并考察了该工艺的脱氮除碳运行效果。采用三维荧光和 GC-MS 等手段揭示污泥消化液中有机化合物在两段式自养脱氮系统中的转化规律，并探究污泥消化液水质对系统中污泥的活性、EPS、粒径和微生物种群等污泥性质的影响。研究结果表明，采用逐步提高进水中污泥消化液占比的方式可有效启动 PN/A 工艺，短程硝化段 NAE 达 97%以上，厌氧氨氧化段 NRE 达 75%以上。联合工艺运行期间，进水 NH_4^+-N 浓度在 400～600mg/L 间波动，出水中 NH_4^+-N 浓度为 10～20mg/L，NO_3^--N 浓度为 60～70mg/L，NO_2^--N 几乎未被检出，TIN、COD 和 DOC 平均去除率分别为 83.1%、74.1%和 77.9%。最终出水 pH（6.89）接近中性，出水浊度低于 10NTU。相比传统硝化反硝化，本研究采用的自养脱氮工艺可在曝气能耗及碳源、碱度投加方面节约 62.7%的运行费用。

联合工艺处理实际污泥消化液仍存在一些问题尚待改进。例如，实际高氨氮废水中通常还含有浓度较高的有机物，有机物的引入将引起反硝化菌和异养好氧菌的增殖以及悬浮固体和胶体的引入，PN/A 工艺在长期运行过程的稳定调控仍需进一步探索。此外，最终出水中存在大量惰性难降解有机物，无法直接排放至天然水体，如何耦合经济高效技术对工艺出水进行深度处理也值得关注。

第7章 厌氧氨氧化工艺应用于垃圾渗沥液处理

7.1 垃圾渗沥液水质分析

我国城市垃圾无害化处理主要包括卫生填埋和焚烧，无害化处理比例达到99%，其中垃圾焚烧是一种重要的无害化处理办法，垃圾焚烧不仅可以减少垃圾体积约90%，还能利用焚烧产生的热量发电，是未来垃圾无害化处理的主要发展方向。由于我国垃圾分类系统还在建设当中，生活垃圾中含大量厨余垃圾，含水率比较高，因此垃圾焚烧前通常会先堆放3～7d，以降低垃圾含水率，堆放过程中会产生大量渗沥液，可达垃圾处理质量的5%～28%，且随降雨、季节、地域等因素变化。

垃圾焚烧厂渗沥液的污染物组成特点与垃圾填埋场新鲜垃圾渗沥液相似，其具有有机物浓度高、氨氮浓度高、含多种金属离子、营养元素失衡、水质水量变化大等特点，典型垃圾渗沥液水质参数见表7－1。垃圾渗沥液中含有大量有机物，因垃圾组成及堆放环境而不同，焚烧厂渗沥液 COD_{Cr} 范围为8500～85000mg/L，而且可生化性较好，BOD_5/COD_{Cr} 通常大于0.4。垃圾渗沥液中含有的有机物种类多，包含大量VFAs，随着堆放时间的延长，VFAs所占比例会有所降低，腐殖化程度逐渐上升。此外，垃圾渗沥液中还有生物大分子（如蛋白质、多糖、脂质等）、腐殖酸、芳香化合物、酚类、长链脂肪酸、烷烃、醇类、醛类、酮类等。垃圾焚烧厂渗沥液中氮元素主要以氨氮的形式存在，其浓度可达1100～3200mg N/L，还有部分氮素以有机氮的形式存在，有机氮在经过厌氧处理后会部分转化为氨氮，可能使垃圾渗沥液中氨氮的浓度进一步升高。

我国垃圾焚烧厂渗沥液水质情况 **表7－1**

指标	文献报道	上海A焚烧厂	上海B焚烧厂
COD_{Cr}（mg/L）	13212～52334	29600～53200	33900～79800
BOD_5（mg/L）	5765～19280	17800～34100	12500～47100
NH_4^+-N（mg-N/L）	2122～3213	1160～1937	308～1527
TN（mg-N/L）	2312～3706	-	850～2971
pH	6.5～7.5	5.8～6.8	—

两段式PN/A工艺在处理老龄垃圾填埋场渗沥液领域已经得到了广泛研究，一些研究

在此基础上还对经典 PN/A 工艺进行改进，例如增加厌氧消化、耦合反硝化等，进一步提高工艺经济性及脱氮效果，例如 Zhang 等人使用短程硝化—厌氧氨氧化—反硝化处理老龄渗沥液，总氮去除率甚至高达 98.7%。相比之下，PN/A 处理垃圾焚烧厂渗沥液鲜有研究涉及，这是由于新鲜渗沥液中含大量复杂的有机污染物，易造成系统崩溃。因此，本章提出，在 PN/A 工艺前段耦合厌氧消化工艺，降低废水 COD，为后段短程硝化、厌氧氨氧化创造更适宜的生存环境，从而提升工艺处理效能与稳定性。

7.2 工艺流程及运行参数

采用厌氧消化—短程硝化—厌氧氨氧化（anaerobic digestion-partial nitrification-anammox，AD-PN-AMX）串联工艺实现垃圾焚烧厂渗沥液脱氮除碳，其中厌氧消化段采用 UASB 反应器，短程硝化和厌氧氨氧化段均采用 SBR，实验装置示意图如图 7-1 所示。

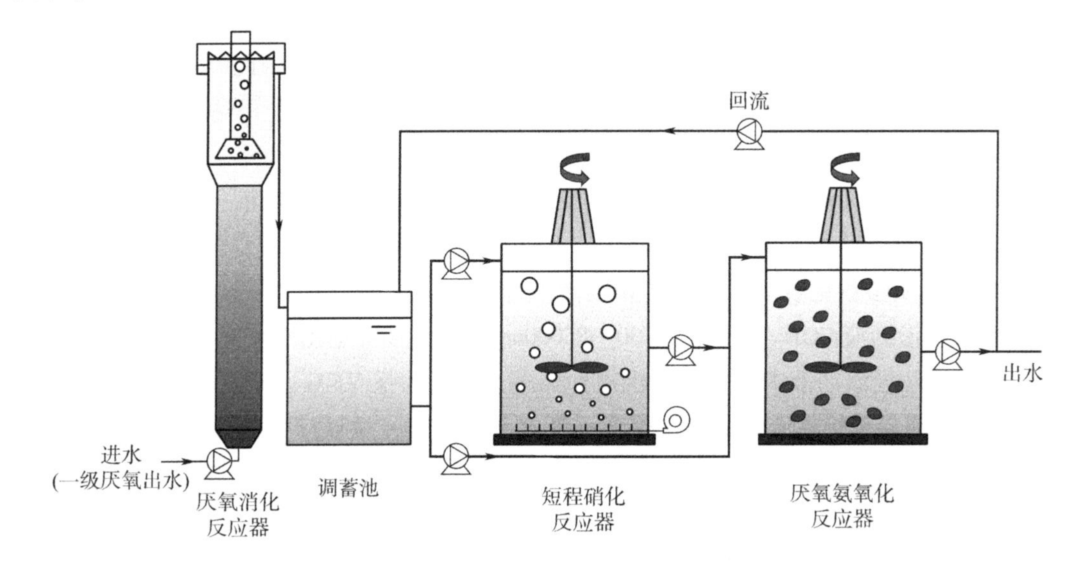

图 7-1 厌氧消化—短程硝化—厌氧氨氧化工艺流程图

厌氧消化使用的 UASB 反应器材料为有机玻璃，设计水力停留时间为 3d，主反应区有效容积 6L，内径 100mm，高 750mm，反应区温度由水浴控制为（36±2）℃；短程硝化使用的 SBR 反应器材料为有机玻璃，设计氮负荷 0.5～0.7kg/(m^3·d)，有效容积 2L，搅拌桨转速为（180±10）r/min，温度由水浴控制为（33±2）℃；反应器底部设置鼓风曝气装置，反应期间持续鼓入空气。厌氧氨氧化使用的 SBR 反应器材料为有机玻璃，设计氮负荷 0.4～0.6kg/(m^3·d)，有效容积 2.5L，搅拌桨转速为（90±10）r/min，温度由水浴控制为（33±2）℃。

厌氧消化污泥来源于某垃圾渗沥液处理厂厌氧消化反应器，为絮状污泥，含大量泥沙，污泥浓度测定难度较大，接种后反应器主体污泥浓度约为20000mg VSS/L；短程硝化污泥来源于自然放置4个月以上的短程硝化反应器，接种初期污泥为墨绿色絮体，运行一段时间后转变为橘黄色，接种后反应器内污泥浓度为（1240±65）mg VSS/L；厌氧氨氧化污泥来源于已长期稳定运行的厌氧氨氧化反应器，主要为暗红色颗粒污泥，存在部分黄色絮状污泥，接种后反应器内污泥浓度为（1375±35）mg VSS/L。

实验所使用的三个反应器启动时间不同，为便于对实验结果描述，将短程硝化启动记为1d，厌氧消化和厌氧氨氧化分别于45d和21d启动。厌氧消化反应阶段Ⅰ（45～113d）流量为2L/d，水力停留时间为3d；阶段Ⅱ（114～187d）流量为1L/d，水力停留时间为6d；阶段Ⅲ（188～237d）流量为0.5L/d，水力停留时间为12d。短程硝化反应运行过程可分为四个阶段，对应运行参数见表7-2。厌氧氨氧化反应运行过程可分为四个阶段，各阶段对应运行参数见表7-3。

短程硝化反应器各阶段运行参数　　**表7-2**

指标	启动阶段	阶段Ⅰ	阶段Ⅱ	阶段Ⅲ
时间（d）	1～113	114～164	165～187	188～237
流量（L/d）	3	2	2	1
水力停留时间（h）	16	24	24	48
单周期时长（h）	8	12	12	12
进水	无机合成废水	50%渗沥液	50%渗沥液	100%渗沥液

厌氧氨氧化反应器各阶段运行参数　　**表7-3**

指标	启动阶段	阶段Ⅰ	阶段Ⅱ	阶段Ⅲ
时间（d）	21～136	137～164	165～187	188～237
流量（L/d）	3	2	2	1
水力停留时间（h）	20	30	30	60
单周期时长（h）	8	12	12	12
进水	无机合成废水	50%渗沥液	50%渗沥液	100%渗沥液

实验废水为上海垃圾焚烧厂渗沥液经一级厌氧处理后的废水，不同时期水质波动较大，进水水质见表7-4。厌氧消化全程使用垃圾渗沥液作为进水。短程硝化和厌氧氨氧化反应器启动阶段进水使用合成废水，主要成分为（g/L）：NH_4Cl（按需配制）；$NaNO_2$（按需配制）；$KHCO_3$（按需配制）；KH_2PO_4，0.025；$CaCl_2$，0.3；$MgSO_4 \cdot 7H_2O$，0.3；$FeSO_4 \cdot 7H_2O$，0.00625；Na_2EDTA，0.00625和微量元素浓缩液1 mL/L。微量元素浓缩液包括（g/L）：H_3BO_3，0.035；$CoCl_2$，0.525；$CuSO_4 \cdot 5H_2O$，0.625；$ZnSO_4 \cdot 7H_2O$，1.075；$MnCl_2 \cdot 4H_2O$，2.475；$NiCl_2 \cdot 6H_2O$，0.475；$NaMoO_4 \cdot 2H_2O$，0.55；Na_2EDTA，15。短程硝化和厌氧氨氧化反应器阶段Ⅰ和Ⅱ使用稀释50%的厌氧消化出水，阶段Ⅲ则

使用100%厌氧消化反应器出水。

厌氧消化进水水质　　表7-4

指标	COD (g/L)	BOD (g/L)	NH_4^+-N (gN/L)	总氮 (gN/L)	碱度 ($gCaCO_3$/L)	pH
浓度	3.8～15.8	1.7～9.4	0.9～1.8	1.1～2.0	7.0～12.0	7.8～8.6

7.3 工艺长期运行性能

7.3.1 厌氧消化反应器运行性能

本研究中厌氧消化反应器可视作二级厌氧处理设施，共运行193d，根据水力停留时间差异可分为阶段Ⅰ（45～113d）、阶段Ⅱ（114～187d）和阶段Ⅲ（188～237d），水力停留时间分别为3d、6d和12d。运行期间对反应器有机物去除效果进行长期考察，结果如图7-2所示，DOC去除率为50.0%±9.0%，COD去除率为46.4%±5.3%，BOD去除率为57.8%±5.8%，厌氧消化段将渗沥液BOD/COD由0.51±0.05降至0.40±0.04，废水可生化性显著降低（$p<0.05$），有效避免有机物对后续自养脱氮体系的影响。在运行阶段Ⅱ和Ⅲ厌氧消化出水已接入短程硝化，其COD/NH_4^+-N为2.8±0.9，且有机物多为难降解有机物，该COD/NH_4^+-N条件下反硝化菌不会因底物竞争对氨氧化菌和厌氧氨氧化菌造成抑制。

阶段Ⅰ（45～113d）进水流量为2L/d，水力停留时间为3d，由于垃圾焚烧厂一级厌氧反应器运行状况不佳，渗沥液在阶段Ⅰ水质波动明显。阶段Ⅰ平均DOC去除率为49.2%±13.8%，进水DOC在684～3500mg/L范围内波动，但是出水DOC浓度却能维持相对稳定，为638～1376mg/L［图7-2（*a*）］，尤其是当86d进水DOC浓度从1044mg/L增加至3160mg/L后，出水DOC浓度仅从788mg/L增加至1376mg/L，厌氧消化反应器起到了稳定水质的作用，这对后续工艺稳定运行有利。鉴于当进水DOC浓度较低时（819～1157mg/L，48～56d），出水DOC浓度也与进水DOC浓度较高的时间段接近（638～768mg/L，48～56d），推测剩余有机碳主要为厌氧不可降解或降解速度慢的物质，如腐殖酸、纤维素等。阶段Ⅰ平均BOD去除率为59.4%±6.0%，进水BOD在2011～9414mg/L范围内波动，运行初期出水BOD低至783～2240mg/L（45～81d），但当进水BOD逐渐升高后（82～113d），出水BOD增长至1520～2940mg/L［图7-2（*b*）］。阶段Ⅰ进水COD变化趋势与BOD相似，在3920～15830mg/L范围内波动，但COD去除率略低于BOD去除率，为46.0%±5.2%，出水COD为2280～7980mg/L［图7-2（*c*）］。

阶段Ⅱ（114～187d）为避免阶段Ⅰ污泥流失造成厌氧消化处理效果恶化，出水有机污染物浓度增加，影响后续工艺运行，将水力停留时间从3d延长至6d。阶段Ⅱ渗沥液水质较阶段Ⅰ稳定，且有机污染物浓度有所下降，阶段Ⅱ末期，厌氧消化反应器出水DOC、

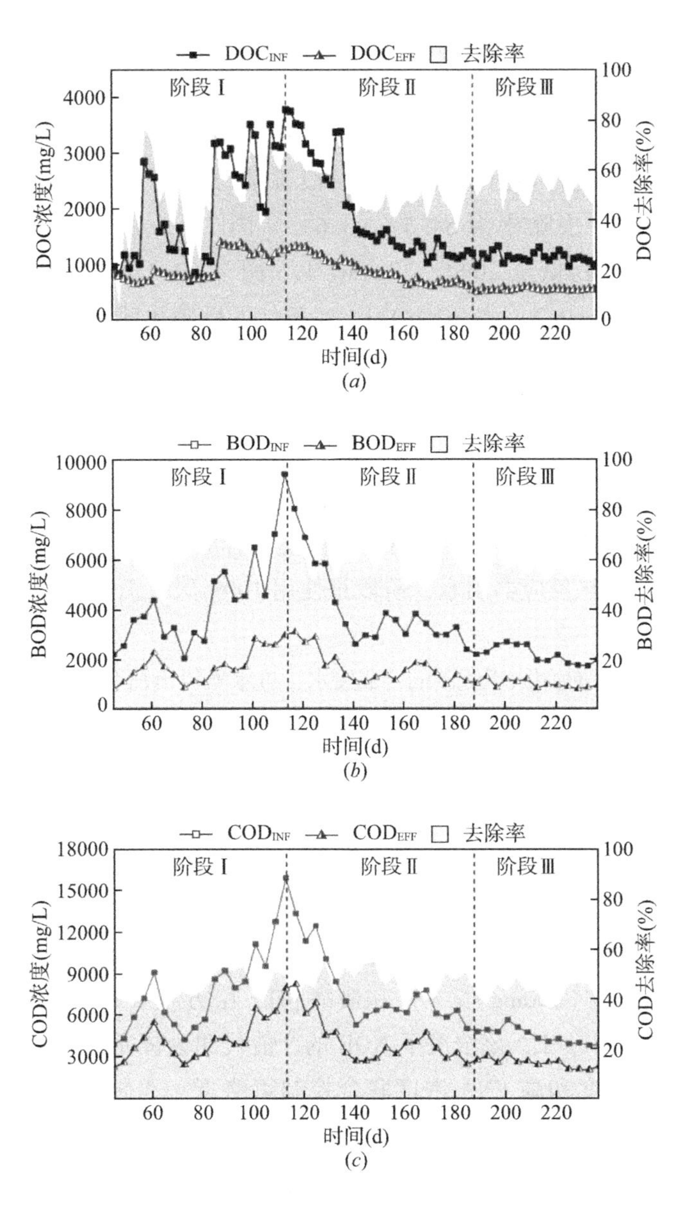

图7-2 厌氧消化有机物去除效果

(*a*) 溶解性有机碳；(*b*) 生化需氧量；(*c*) 化学需氧量

BOD和COD已分别降低至586mg/L、1130mg/L和3470mg/L（图7-2）。阶段Ⅱ平均DOC去除率为51.1%±7.3%［图7-2（*a*）］，平均BOD去除率为58.2%±5.8%［图7-2（*b*）］，平均COD去除率为49.5%±5.5%［图7-2（*c*）］。虽然阶段Ⅰ末期发生了污泥流失，阶段Ⅱ的BOD去除率和COD去除率变化并不明显，这可能是因为水力停留时间的延长。此外，流失的污泥主要为沉于反应器底部的泥沙和无机物，对厌氧消化有机物去除效果的影响可能较小。阶段Ⅱ厌氧消化出水COD/NH_4^+-N已降至3.3±1.0，对后续短程硝化—厌氧氨氧化体系影响较小，因此阶段Ⅱ已将厌氧消化出水接入后段短程硝化反应器。

阶段Ⅲ（188～237d）由于实验相关的垃圾焚烧厂变更，渗沥液水质有所变化，有机物浓度有所降低，水质波动幅度也减小。考虑到后段厌氧氨氧化反应器在该时期采用100%渗沥液运行，为避免有机物对厌氧氨氧化菌的影响，将厌氧消化反应器流量进一步减少至0.5L/d，此时水力停留时间为12d。阶段Ⅲ平均DOC去除率为51.9%±3.4%［图7－2（*a*）］，平均BOD去除率为54.5%±3.6%［图7－2（*b*）］，平均COD去除率为42.7%±3.2%，出水COD低至2090～3224mg/L［图7－2（*c*）］。阶段Ⅲ厌氧消化出水COD/NH_4^+-N已降至2.2±0.2，该COD/NH_4^+-N条件下反硝化菌不会因底物竞争对后段氨氧化菌和厌氧氨氧化菌造成抑制。

7.3.2 短程硝化反应器运行性能

短程硝化反应器共运行237d，根据进水水质和水力停留时间差异可分为启动阶段、阶段Ⅰ、阶段Ⅱ和阶段Ⅲ（表7－2）。启动阶段使用合成废水，阶段Ⅰ、Ⅱ使用经自来水稀释约50%后的厌氧消化反应器出水，阶段Ⅲ使用100%厌氧消化反应器出水（含50%厌氧氨氧化出水回流）。

启动阶段（1～113d）使用人工配制的合成废水，进水氨氮负荷为0.44～1.38kg N/(m^3·d)，接种污泥为放置4个月以上的短程硝化污泥，接种初期污泥呈墨绿色，尽管短程硝化污泥经长时间自然放置，其在接入合成废水并曝气后立即产生了NO_2^-积累。控制短程硝化的关键是充分抑制NOB的产能代谢，在本实验中低溶解氧浓度和高FNA浓度为主要控制策略。短程硝化反应器曝气量设置为（0.3±0.1）L/min，溶解氧浓度为0.3～0.5mg/L，该溶解氧浓度下AOB相比NOB因氧亲和力更高而具有生长优势。由于在序批式反应器中，随着反应进行，氮素浓度和pH都在发生变化，短程硝化反应器内FNA一直在变化，根据反应器内最低NO_2^-浓度（200mg-N/L）和最高pH，由方程（7－1）可计算出反应器内FNA浓度始终高于0.08mg/L，该浓度下NOB的产能代谢会被完全抑制。

在上述低溶解氧浓度和高FNA浓度联合控制策略下，本研究中NOB几乎被完全抑制，在后续微生物群落组成分析中，NOB丰度低于0.1%，稳定运行期间出水NO_3^--N浓度低于15mg-N/L，NAE为97.1%±2.44%。但在启动初期，由于曝气和曝气流量控制装置频繁故障，在运行25～31d曝气过量，NOB抑制效果减弱，出水NO_3^--N浓度在第29d上升至88.3mgN/L，NAE降至82.1%（图7－3），说明单一控制因素可能难以实现NOB的抑制。由于启动阶段进水使用的是无机合成废水，短程硝化反应器几乎没有氮损失，启动阶段NRE为2.6%±3.5%。在成功实现短程硝化后，还需控制短程硝化出水NO_2^-/NH_4^+比例在1.32附近，以满足后续厌氧氨氧化进水基质比例要求。碱度（alkalinity，ALK）和NH_4^+-N浓度的比值对短程硝化出水NO_2^-/NH_4^+比例有很大影响，氨氧化是产酸反应，当碱度被耗尽时，反应器内pH会迅速下降至6.0～6.5，低pH或无机碳源不足会阻止AOB继续发生氨氧化反应。在碱度耗尽则短程硝化反应停止这一假设基础上，短程硝化出水NH_4^+/NO_2^-比例（*y*）与进水NH_4^+-N/ALK（*x*）应符合方程（7－2）。本实验在长期运行条件下通

过调整 $NaHCO_3$ 和 NH_4Cl 投药量控制进水 NH_4^+-N/ALK 分别为 1.79、3.57、4.44 和 5.36，考察出水 NO_2^-/NH_4^+，结果如图 7-3 中 32～113d 所示，将各进水 NH_4^+-N/ALK 条件下出水 NH_4^+/NO_2^- 的平均值整理后用最小二乘法拟合可得到拟合方程［式（7-3）］（图 7-4）。该方程与理论方程［式（7-2）］有一定差异，这可能是因为在实际运行中存在诸多不确定因素，例如反应器内碱度无法完全耗尽、存在微弱的反硝化反应产碱等。在该方程的基础上，可采用调节垃圾渗沥液碱度以控制短程硝化 NH_4^+/NO_2^-，但实际应用时还需结合反应器内反硝化反应程度，对进水 NH_4^+-N/ALK 进行更细致的调节。

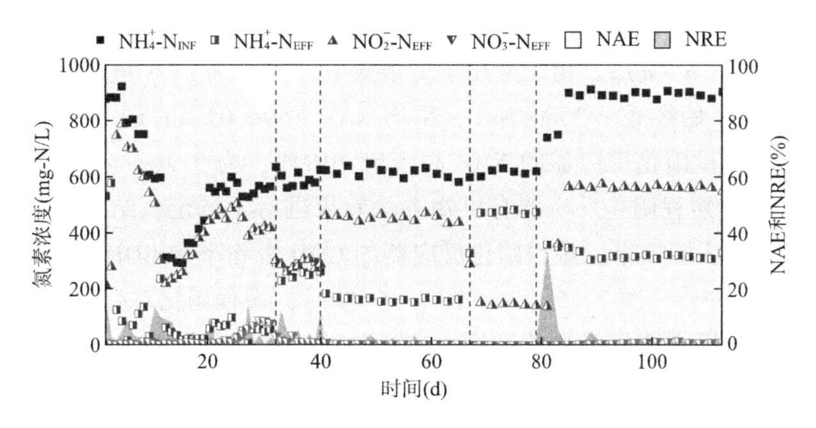

图 7-3　短程硝化启动阶段运行效果

$$FNA=\frac{47[NO_2^--N]}{14(e^{-\frac{2300}{273+T}}\cdot 10^{pH}+1)} \quad (7-1)$$

其中，FNA 为游离亚硝酸浓度（mg/L）；$[NO_2^--N]$ 为 NO_2^--N 浓度（mg-N/L）；T 为温度（℃）。

$$y=7.15x-1 \quad (7-2)$$

$$y=8.02x-1.23 \quad (7-3)$$

其中，x 为进水 NH_4^+-N/ALK，gNH_4^+-N/g$CaCO_3$；y 为出水 NH_4^+/NO_2^-，M/M。

阶段Ⅰ（114～164d）短程硝化反应器进水为 50% 稀释后的厌氧消化反应器出水，流量设置为 2L/d，水力停留时间为 1d，进水氨氮负荷为 0.43～0.90kg N/(m^3·d)［图 7-5（a）］。维持曝气量为（0.3±0.1）L/min，不对进水调整时（117～125d），短程硝化出水 NO_2^-/NH_4^+ 为 2.31～2.90［图 7-5（a）］，使用 3mol/L 盐酸对短程硝化进水碱度进行调整以实现短程硝化出水 NO_2^-/NH_4^+ 接近

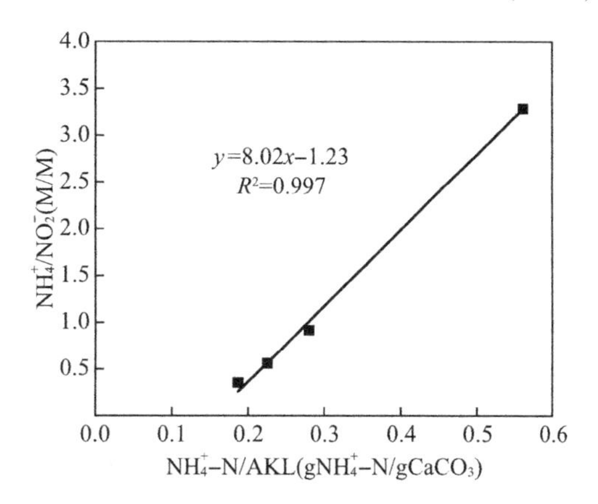

图 7-4　短程硝化进水 NH_4^+-N/ALK 与出水 NH_4^+/NO_2^- 的关系

1.32（厌氧氨氧化理论基质配比），调整后在127～135d实现短程硝化出水NO_2^-/NH_4^+控制为1.33～1.51［图7-5（*a*）］。在第135～141d将短程硝化与后段厌氧氨氧化串联，并将厌氧氨氧化出水回流与厌氧消化出水按1∶1混合作为短程硝化进水，然而由于厌氧氨氧化反应受到抑制，出水中仍含有部分NO_2^-，未反应完的NO_2^-与厌氧消化出水混合后，在短程硝化反应器进水桶内发生反硝化，反硝化产生的额外碱度使短程硝化出水NO_2^-/NH_4^+迅速上升，如此恶性循环造成自养脱氮系统彻底失控。而后第143～163d为解决上述问题不再将厌氧氨氧化出水回流，继续使用自来水稀释厌氧消化出水，并继续使用3mol/L盐酸调整碱度，短程硝化逐渐恢复，第151～163d出水NO_2^-/NH_4^+为1.27～1.57［图7-5（*a*）］。由于采用了低溶解氧浓度和高FNA浓度抑制NOB，阶段Ⅰ期间出水NO_3^--N始终低于25mg N/L，平均NAE为96.0%±1.6%。由于进水中含有有机物，阶段Ⅰ短程硝化反应器的NRE高于启动阶段，为9.2%±4.1%。阶段Ⅰ末期（143～163d）也对短程硝化反应器有机物去除效果进行了测定，结果表明好氧过程对有机物有非常好的去除效果，短程硝化反应器的COD去除率和BOD去除率达39.0%±7.2%和60.4%±7.7%［图7-5（*b*）、图7-5（*c*）］，短程硝化对有机物的去除有利于为后段厌氧氨氧化提供更好的自养环境，有机物浓度偏高的垃圾焚烧厂渗沥液更适合采用两段式工艺。值得一提的是，虽然阶段Ⅰ使用碱度调控最终实现了短程硝化出水NO_2^-/NH_4^+比例适宜厌氧氨氧化进水，但此方法存在一定缺陷，一是需要投加一定量的酸，尤其是当碱度较高时，会增加废水处理药剂成本；二是短程硝化反应终点pH较低（6.0～6.5），导致厌氧氨氧化进水pH较低，若厌氧氨氧化反应造成的pH上升不能与进水低pH相抵消，则易造成厌氧氨氧化酸抑制。因此，在后续阶段对短程硝化出水NO_2^-/NH_4^+比例控制方法进行了调整。

阶段Ⅱ（165～187d）变更了阶段Ⅰ采用的碱度控制短程硝化出水NO_2^-/NH_4^+的方法，采用将部分厌氧消化出水与经充分亚硝化的短程硝化出水混合的方法控制厌氧氨氧化进水NO_2^-/NH_4^+。相比阶段Ⅰ，该方法无需投加盐酸，且短程硝化出水与厌氧消化出水混合后pH约为7.2～7.5，不会对后段厌氧氨氧化造成抑制，但是由于一部分废水未经过短程硝化直接进入厌氧氨氧化反应器，其中包含的有机物可能会对厌氧氨氧化造成一定影响。阶段Ⅱ进水氨氮负荷为0.43～0.78kg N/(m^3·d)，短程硝化出水NO_2^-/NH_4^+为2.62±0.26，根据该比例控制经短程硝化的渗沥液与未经过短程硝化的渗沥液混合比约为3.5±0.3，在该混合比例下，厌氧氨氧化段进水NO_2^-/NH_4^+为1.27±0.10［图7-5（*a*）］，实际操作时混合比例还需要根据测得的短程硝化出水NO_2^-/NH_4^+进行微调。阶段Ⅱ也实现了NOB生理代谢的抑制，平均NAE为95.6%±1.5%，NRE与阶段Ⅰ相近，为9.0%±4.1%。阶段Ⅱ短程硝化段COD去除率为43.8%±6.4%，BOD去除率为59.1%±4.7%［图7-5（*b*）、图7-5（*c*）］，但是由于部分废水未经过短程硝化，实际上工艺整体有机物去除率应当略微有所下降。

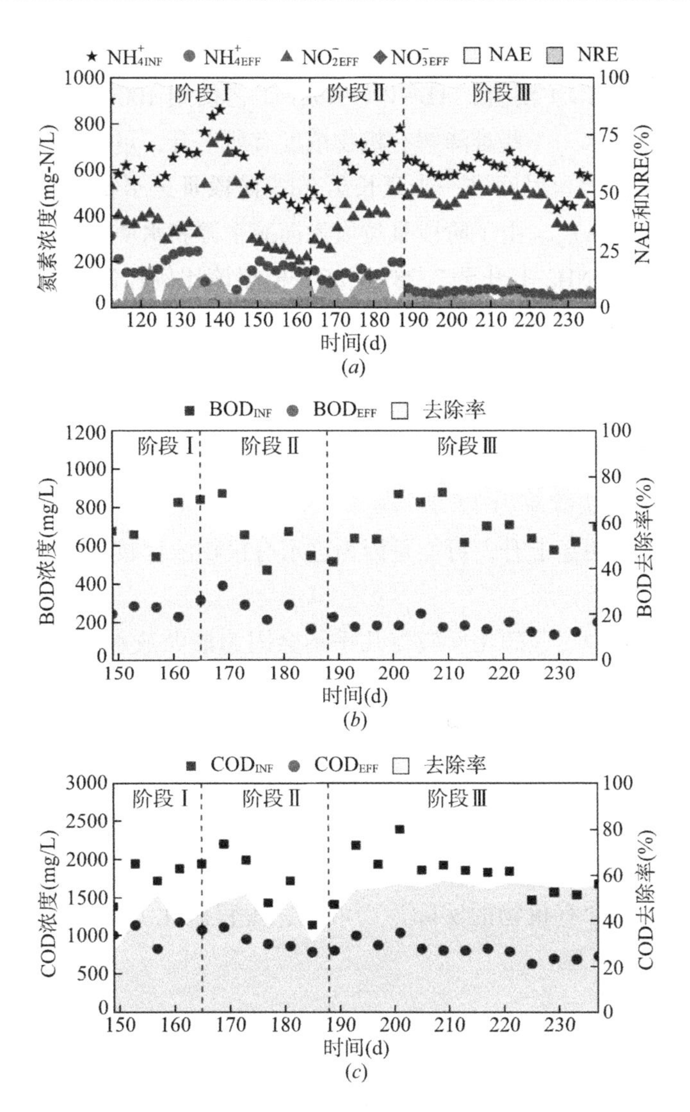

图7－5 阶段Ⅰ、Ⅱ和Ⅲ短程硝化运行效果

（a）氮素；（b）生化需氧量；（c）化学需氧量

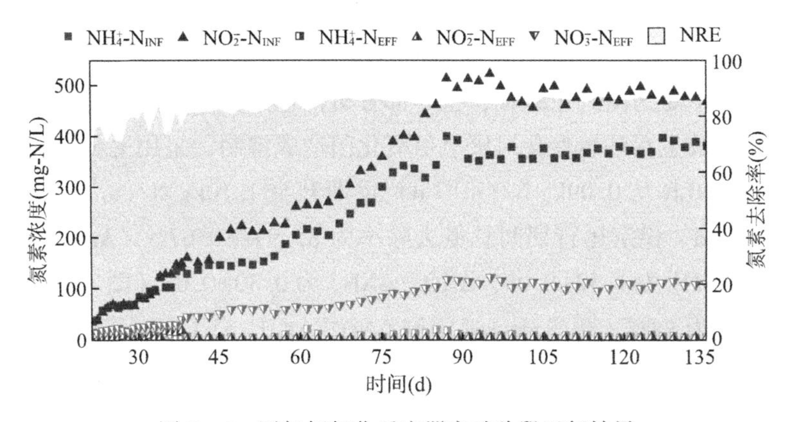

图7－6 厌氧氨氧化反应器启动阶段运行效果

阶段Ⅲ（188～237d）不再使用自来水对厌氧消化出水进行稀释，而是将厌氧氨氧化出水与厌氧消化进水按1∶1混合，AD-PN-AMX工艺使用100%渗沥液运行。考虑到完全使用垃圾渗沥液作进水，一些难降解有机物浓度有所上升，可能对厌氧氨氧化造成不利影响，将短程硝化水力停留时间进一步延长至2d。阶段Ⅲ进水氨氮负荷为0.21～0.33kg N/(m^3·d)［图7-5（*a*）］。由于阶段Ⅲ垃圾渗沥液来源和水质发生了变化，碱度非常充足，短程硝化出水NO_2^-/NH_4^+上升至7.28±0.89，根据该比例控制经短程硝化的渗沥液与未经过短程硝化的渗沥液混合比例约为1.78±0.2，在该混合比例下，厌氧氨氧化段进水NO_2^-/NH_4^+约为1.28±0.14（图7-6）。阶段Ⅲ平均NAE为97.1%±0.7%，NRE为6.6%±2.0%，虽然阶段Ⅲ采用100%渗沥液运行，但其NRE相比阶段Ⅰ、Ⅱ反而有所降低，这可能是因为阶段Ⅲ渗沥液中有机物浓度较低，反硝化反应减弱。阶段Ⅲ平均COD去除率为54.4%±2.0%，BOD去除率为72.8%±4.2%［图7-5（*b*）、图7-5（*c*）］，有机物去除效果较阶段Ⅰ、Ⅱ有明显上升，可能是因为进水有机物浓度较低，且水力停留时间进一步延长。

总体来说，本研究中短程硝化反应器几乎不会因为渗沥液水质而被抑制，且NOB始终被充分抑制，运行期间NAE为96.3%±1.4%，低溶解氧和高FNA浓度条件可以实现垃圾渗沥液短程硝化控制。在出水NO_2^-/NH_4^+控制策略上，本研究先后采用碱度控制和短程硝化进水量控制两种方法，最终考虑到药剂投加和低pH可能对后续厌氧氨氧化造成影响，采用了短程硝化进水量控制方法，并实现工艺稳定运行。短程硝化段对有机污染物有很好的去除效果，运行期间COD去除率为49.0%±7.2%，BOD去除率为67.1%±8.2%。相比合成废水，在处理含有机物的实际渗沥液时，短程硝化NRE由2.6%±3.5%上升至8.1%±3.6%。

7.3.3 Anammox反应器运行性能

Anammox反应器共运行217d，根据进水水质差异和水力停留时间差异可分为启动阶段、阶段Ⅰ、阶段Ⅱ和阶段Ⅲ（表7-3）。启动阶段使用合成废水，阶段Ⅰ、Ⅱ使用经自来水稀释50%后的渗沥液，阶段Ⅲ则使用100%渗沥液。

启动阶段（21～136d）使用人工配制的合成废水，接种污泥来自长期稳定运行的厌氧氨氧化反应器，主要为暗红色颗粒，也有部分黄褐色絮体。启动初期为避免接种过程的长时间空气暴露以及生存环境变化对厌氧氨氧化菌造成抑制，采用逐步提高氮负荷的方法启动，在66d内，NLR从0.09kg N/(m^3·d）逐渐升至1.10kg N/(m^3·d)，并在该氮负荷下稳定运行了49d。稳定运行期间总氮去除率为85.9%±0.67%，Anammox反应化学计量学比例$\Delta NO_2^-/\Delta NH_4^+$为1.32±0.06，$\Delta NO_3^-/\Delta NH_4^+$为0.30±0.02（图7-6）。Anammox反应理论总氮去除率为88%，化学计量学比例$\Delta NO_2^-/\Delta NH_4^+$为1.32，$\Delta NO_3^-/\Delta NH_4^+$为0.26，本研究的结果与之相比总氮去除率偏低，$NO_3^-/NH_4^+$略高，这可能是Anammox反应器中存在微弱的硝化反应。

阶段Ⅰ（137～164d）厌氧氨氧化进水采用短程硝化反应器阶段Ⅰ出水，水力停留时间为30h，进水氮负荷为0.32～0.59kg N/(m^3·d)［图7-7（*a*）］。虽然该进水氮负荷相比无机合成废水稳定阶段减少了50%，厌氧氨氧化还是受到了一定程度抑制，在137d出水NH_4^+-N和NO_2^--N浓度分别高达64mg N/L和87mg N/L。由于厌氧氨氧化出水在阶段Ⅰ部分回流至短程硝化进水桶内，未反应完的NO_2^-造成短程硝化进水桶内剧烈的反硝化反应，进水桶内液面出现许多乳白色泡沫，短程硝化碱度控制也受到影响，反硝化产生的碱度使短程硝化出水NO_2^-/NH_4^+上升，进而导致厌氧氨氧化反应受抑制更明显，如此恶性循环致使厌氧氨氧化进水几乎不含氨氮，自养脱氮系统崩溃。随后在151～164d，厌氧氨氧化出水不再回流后，自养脱氮系统逐渐恢复，平均NRE为75.4%±1.9%，厌氧氨氧化反应化学计量学比例$\Delta NO_2^-/\Delta NH_4^+$为1.30±0.20，$\Delta NO_3^-/\Delta NH_4^+$为0.21±0.04。在157d时，由于厌氧氨氧化进水pH过低，厌氧氨氧化反应几乎停止，随后立即向反应器内投加碳酸氢钾溶液后，厌氧氨氧化活性很快恢复，但是这暴露出碱度控制短程硝化的缺陷，即易导致后段厌氧氨氧化受低pH抑制。厌氧氨氧化段COD去除率和BOD去除率分别为20.6%±2.6%和47.3%±6.0%，由于短程硝化段已将大部分可降解有机污染物去除，厌氧氨氧化段有机物去除率相对较低。

阶段Ⅱ（165～187d）厌氧氨氧化进水采用短程硝化反应器阶段Ⅱ出水与厌氧消化出水混合后的废水，水力停留时间为30h，进水氮负荷为0.31～0.58kg N/(m^3·d)［图7-7（*a*）］。由于短程硝化出水NO_2^-/NH_4^+控制方法改变，厌氧氨氧化进水中有机物浓度较阶段Ⅰ升高，可能受有机物影响，厌氧氨氧化反应被轻微抑制，但其仍表现出稳定的氮去除效果。阶段Ⅱ平均NRE为78.9%±5.1%，运行末期出水NH_4^+-N、NO_2^--N和NO_3^--N浓度分别为42mg N/L、50mg N/L和26mg N/L，化学计量学比例$\Delta NO_2^-/\Delta NH_4^+$为1.33±0.17，$\Delta NO_3^-/\Delta NH_4^+$为0.13±0.03。由于进水有机物浓度升高，阶段Ⅱ平均COD去除率和BOD去除率分别为17.4%±4.0%和42.8%±9.5%［图7-7（*b*）、图7-7（*c*）］，相比阶段Ⅰ有小幅下降。

阶段Ⅲ（188～237d）为提高厌氧氨氧化出水水质，水力停留时间进一步延长至60h，稳定运行期间进水氮负荷为0.19～0.25kg N/(m^3·d)［图7-7（*a*）］。该阶段由于采用100%渗沥液运行，即使水力停留时间相比阶段Ⅱ延长了一倍，氮去除率并没有提升，运行期间平均NRE也仅为77.8%±2.4%［图7-7（*a*）］，可能渗沥液中某些难降解的有机物对厌氧氨氧化菌有抑制作用，因为阶段Ⅲ采用厌氧氨氧化出水回流稀释短程硝化进水，难降解有机物浓度较阶段Ⅱ会有明显上升。该阶段厌氧氨氧化反应化学计量学比例$\Delta NO_2^-/\Delta NH_4^+$为1.34±0.13，$\Delta NO_3^-/\Delta NH_4^+$为0.15±0.02，与阶段Ⅱ相近。厌氧氨氧化反应器阶段Ⅲ的COD去除率和BOD去除率分别为11.8%±3.7%和27.7%±13.1%［图7-7（*c*）］。

总体来说，本研究中厌氧氨氧化反应器在接入实际垃圾渗沥液后受到了一定程度抑制，最后100%渗沥液稳定运行期间平均NRE为77.8%±2.4%，原因可能是实际废水中组成复杂的有机物如酚类、甲醇、腐殖酸等物质都对厌氧氨氧化菌有抑制效果。稳定运行期间平均厌氧氨氧化反应化学计量学比例 $\Delta NO_2^-/\Delta NH_4^+$ 为 1.34±0.13，$\Delta NO_3^-/\Delta NH_4^+$ 为 0.15±0.02，说明厌氧氨氧化反应器内存在轻微的反硝化反应。稳定运行期间厌氧氨氧化反应器平均 COD 去除率和 BOD 去除率分别为 11.8%±3.7% 和 27.7%±13.1%，厌氧氨氧化反应器内的有机物大部分为不可降解有机物，主要为腐殖酸等。

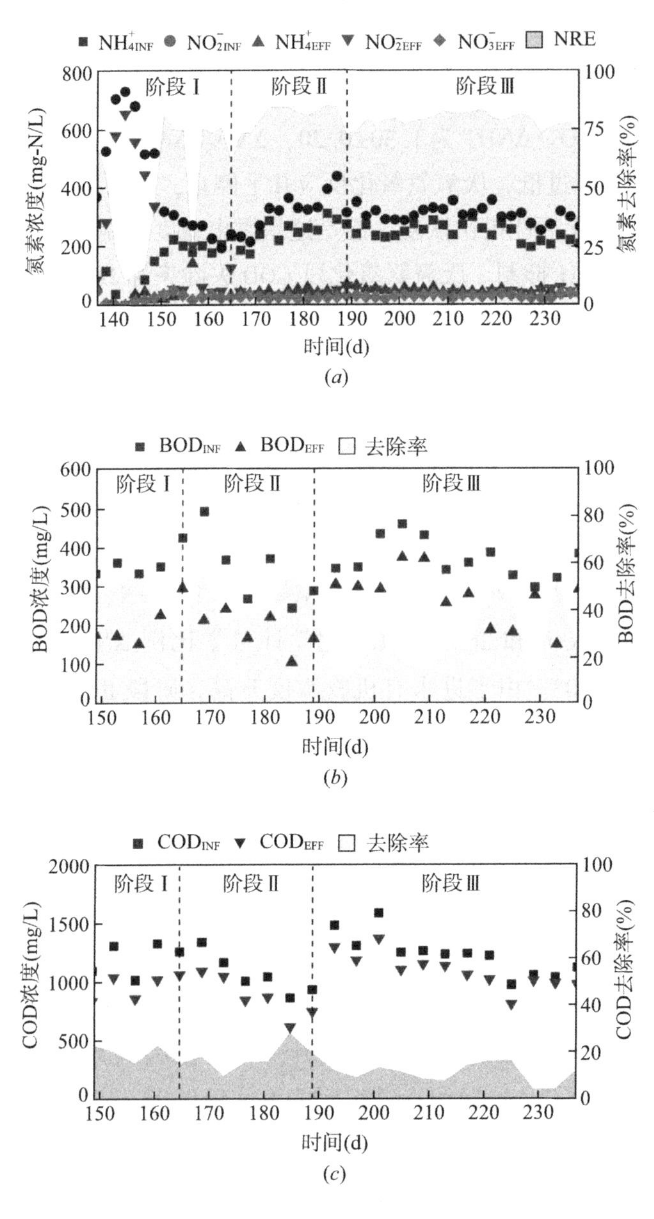

图 7-7 阶段Ⅰ、Ⅱ和Ⅲ厌氧氨氧化运行效果

(*a*) 氮素；(*b*) 生化需氧量；(*c*) 化学需氧量

7.4 有机物组成与污泥特性变化

7.4.1 有机物组成变化分析

1. 有机物总量变化

稳定运行期间（188～237d）各反应器进出水COD、BOD浓度如图7-8（*a*）所示。厌氧消化段和短程硝化段有机物浓度明显降低，而厌氧氨氧化段仅有小幅下降，长期运行过程中，经AD-PN-AMX工艺后垃圾焚烧厂渗沥液COD浓度由（4514±473）mg/L降低至（1068±130）mg/L，COD去除率约为76%；BOD浓度由（2150±288）mg/L降低至（262±57）mg/L，BOD去除率约为88%［图7-8（*a*）］。AD-PN-AMX工艺虽然主要目的是去除渗沥液中的氮素，但对有机物也有比较理想的去除效果，尤其是厌氧消化和短程硝化将大部分有机物去除，为厌氧氨氧化创造了相对良好的生存环境。

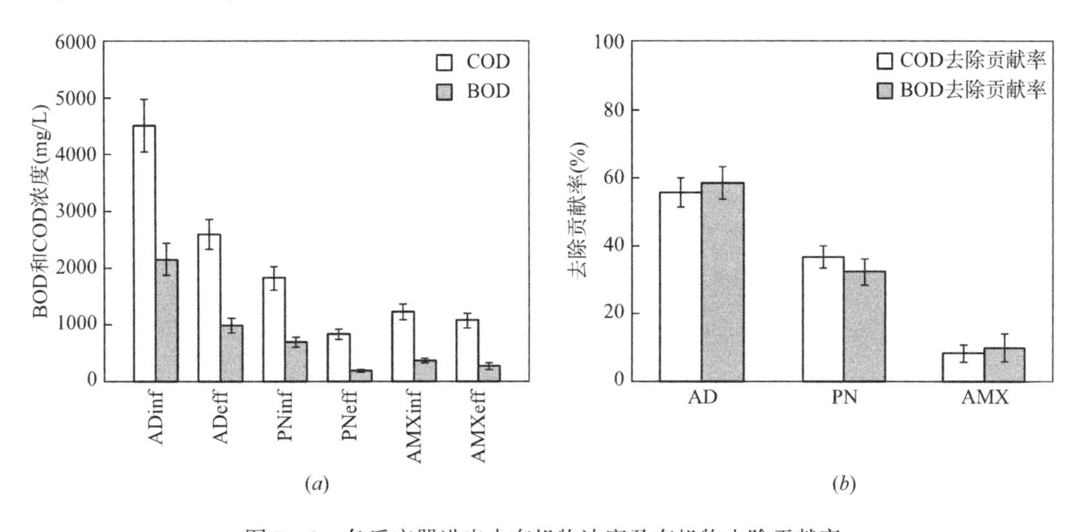

图7-8 各反应器进出水有机物浓度及有机物去除贡献率

根据图7-8（*a*），可以计算获得各反应器对COD和BOD去除的贡献，结果如图7-8（*b*）所示。其中，厌氧消化段贡献了主要的有机物去除，COD和BOD去除贡献率分别为55.4%±4.3%和58.2%±4.8%；短程硝化段COD和BOD去除贡献率略低，为36.4%±3.3%和32.0%±3.9%；厌氧氨氧化段的有机物去除贡献率非常低，COD和BOD去除贡献率仅为8.1%±2.6%和9.8%±4.1%，这是因为经过厌氧消化和短程硝化后渗沥液中的有机物浓度已经大大降低。考虑到反硝化反应需要足量有机碳源，厌氧氨氧化反应器中反硝化竞争NO_2^-可能不是本研究中厌氧氨氧化活性降低的主要原因，厌氧氨氧化出水还剩余NO_2^-以及厌氧氨氧化化学计量学比例接近理论值也可佐证该观点。

2. 有机物GC-MS分析

渗沥液中有机物组成非常复杂，其中包含具有生物毒性的芳香族化合物等，为了鉴定可能存在的对厌氧氨氧化有抑制作用的有机物并初步判断浓度范围，本研究使用气相色谱—质谱联用对稳定运行期间（188～237d）各反应器进出水有机物进行了定性分析，并基于色谱峰面积进行了相对定量分析，气相色谱如图 7－9 所示。

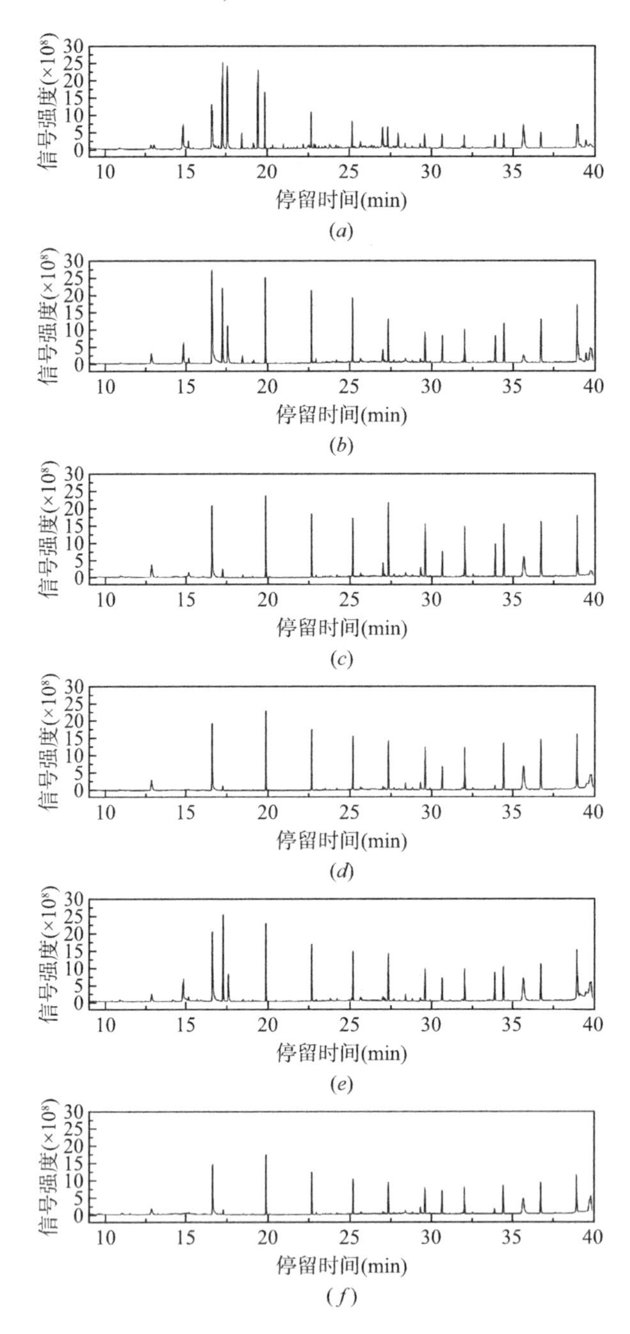

图 7－9 各反应器进出水 GC-MS 色谱图

(a) 厌氧消化进水；(b) 厌氧消化出水；(c) 短程硝化进水；(d) 短程硝化出水；(e) 厌氧氨氧化进水；(f) 厌氧氨氧化出水

本研究中 GC-MS 检测到的有机物包含短链有机酸、醇、芳香族化合物、长链烷烃、长链脂肪酸等。在厌氧消化段，易降解的有机物，如环己醇、2-丁氧基乙酸、辛二酸等小分子醇和羧酸几乎被完全降解，丙三醇、壬二酸等去除率也都超过 50%；芳香族化合物苯甲酸是一种防腐剂，有一定杀菌作用，在厌氧消化段去除率也高达 64%；正二十烷等烷烃生物可利用性较差，几乎不被降解；棕榈酸、硬脂酸等长链脂肪酸在厌氧消化后含量反而有大幅度上升，这是因为厌氧消化段油脂水解会释放大量长链脂肪酸。在短程硝化段，厌氧消化未完全去除的易降解有机物，如丙三醇、壬二酸经好氧过程被大部分降解；酚类化合物 2，4-二叔丁基苯酚去除率达 54.2%。在厌氧氨氧化段，丙三醇和壬二酸等易降解有机物通过反硝化反应等被降解；苯甲酸和 2，4-二叔丁基苯酚等芳香族化合物是可能对厌氧氨氧化菌造成抑制的有机物，但是根据色谱峰响应值可判断出厌氧氨氧化反应器进水苯甲酸和 2，4-二叔丁基苯酚浓度均未达到 10mg/L，对厌氧氨氧化菌不会造成明显抑制作用。

总体来说，垃圾渗沥液中含有短链有机酸、醇、芳香族化合物、长链烷烃、长链脂肪酸等有机物，大部分易降解有机物在经过 AD-PN-AMX 工艺后几乎被完全去除，烷烃和长链脂肪酸生物可利用性较差，几乎未被降解，可能具有生物毒性的芳香族化合物在渗沥液中的浓度不足以对厌氧氨氧化菌造成明显抑制。

3. 三维荧光光谱分析

渗沥液中的荧光物质包括芳香蛋白、腐殖酸等，本研究将稳定运行期间（188～237d）各反应器进出水稀释 10 倍后进行三维荧光光谱扫描（图 7－10）。渗沥液荧光光谱

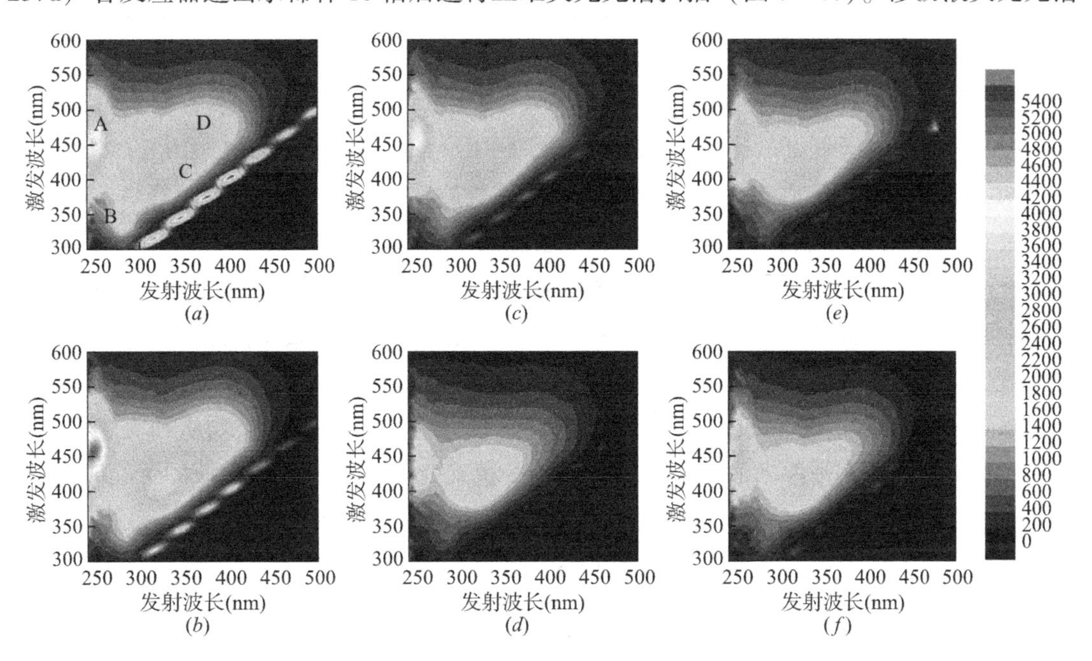

图 7－10　各反应器进出水三维荧光光谱图

（*a*）厌氧消化进水；（*b*）厌氧消化出水；（*c*）短程硝化进水；
（*d*）短程硝化出水；（*e*）厌氧氨氧化进水；（*f*）厌氧氨氧化出水

结果中主要包含4个清晰的荧光峰，分别记为A、B、C和D，其分别对应的物质种类见表7－5。其中峰B对应为类色氨酸类物质，是一类溶解性微生物产物；A、C和D对应为类富里酸类物质、海洋腐殖酸类物质、类胡敏酸类物质，均为腐殖酸类物质。

荧光峰对应物质种类　　表7－5

峰名称	*Ex*/*Em*（nm/nm）	代表物质
A	250/450	类富里酸类物质
B	280/345	类色氨酸类物质
C	330/415	海洋腐殖酸类物质
D	350/460	类胡敏酸类物质

比较厌氧消化反应器进水［图7－10（*a*）］和出水［图7－10（*b*）］荧光光谱可知，经过厌氧消化后类色氨酸类物质（峰B）的含量明显降低，因为类色氨酸类物质易降解，厌氧消化中产酸细菌具有降解氨基酸等物质的能力；而腐殖酸类物质（峰A、C）的含量有明显上升，这可能是厌氧消化段的腐殖化过程或微生物死亡分解后产生了腐殖酸。比较短程硝化反应器进水［图7－10（*c*）］和出水［图7－10（*d*）］荧光光谱可知，经过短程硝化后类色氨酸类物质（峰B）的含量进一步降低，荧光峰已经几乎消失，厌氧消化和短程硝化段完成了主要的易降解有机物去除；同时，腐殖酸类物质（峰A、C、D）的含量也有明显下降，腐殖酸通常被认为是难降解的有机质，其包含许多芳环、脂肪链等，在本研究中腐殖酸含量的减少可能是因为短程硝化絮状污泥对腐殖酸有较好的吸附作用，其中发挥最主要吸附功能的可能是EPS，因为EPS中的蛋白和多糖具有良好的吸附性能，且短程硝化污泥提取的EPS三维荧光图谱在接入渗沥液后逐渐接近渗沥液的三维荧光图谱（图7－11）。比较厌氧氨氧化反应器进水［图7－10（*e*）］和出水［图7－10（*f*）］荧光光谱可知，厌氧氨氧化段进水中几乎没有类色氨酸类物质，腐殖酸类物质（峰A、C、D）的含量有小幅下降，厌氧氨氧化段荧光物质去除效果一般。

根据图7－10可知短程硝化段和厌氧氨氧化段都存在腐殖酸的去除，EPS吸附作用可能是主要原因，因此本研究对污泥EPS提取后稀释至DOC为20mg/L，然后进行了三维荧光光谱扫描，结果如图7－12所示。合成废水运行阶段（109d），EPS荧光光谱在*Ex*/*Em*为280nm/345nm和280nm/300nm处有两个荧光峰，分别为类色氨酸类物质和类酪氨酸类物质。当工艺采用实际渗沥液运行后，污泥EPS荧光光谱逐渐接近渗沥液的荧光光谱图，在*Ex*/*Em*为350nm/430nm处和*Ex*/*Em*为265nm/450nm的周围区域出现了新的荧光峰，这些荧光峰均为腐殖酸类物质，考虑到EPS中蛋白质和多糖都有较强的吸附能力，可能正是EPS吸附了渗沥液中的腐殖酸，使得腐殖酸荧光峰出现，并使EPS的荧光光谱图接近垃圾渗沥液。此外，短程硝化EPS荧光谱图中腐殖酸类物质达到较高荧光强度的时间要先于厌氧氨氧化，一方面是因为短程硝化最先受到渗沥液冲击，厌氧氨氧化反应器进水腐殖酸含量较短程硝化少，另一方面因为短程硝化污泥为絮状污泥，其吸附面积远高于厌

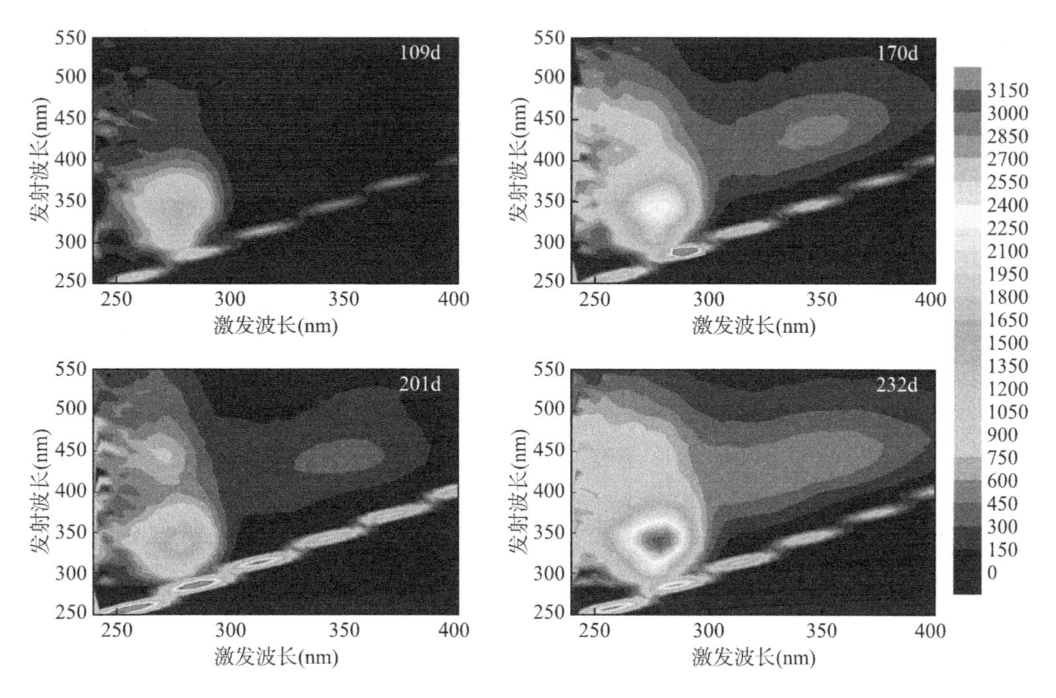

图 7-11 短程硝化污泥胞外聚合物荧光光谱

氧氨氧化颗粒污泥，对腐殖酸的吸附效果更好，故本研究两段式工艺构型中短程硝化段对厌氧氨氧化起到了一定的保护作用，但是厌氧氨氧化污泥在运行中不可避免地也会吸附一定量腐殖酸。

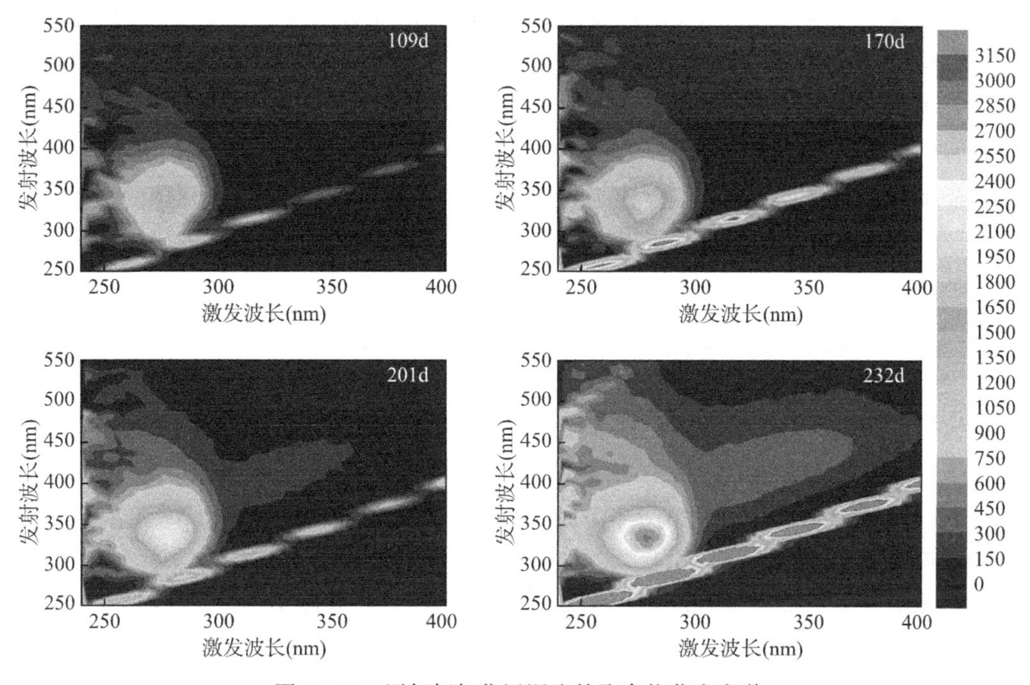

图 7-12 厌氧氨氧化污泥胞外聚合物荧光光谱

4. 蛋白质与腐殖酸含量

渗沥液中含大量腐殖酸，高浓度腐殖酸可能对厌氧氨氧化菌造成抑制，但是由于三维荧光光谱主要用于定性分析，因此又对渗沥液中的蛋白质和腐殖酸采用比色法进一步定量分析，结果如图 7－13 所示。

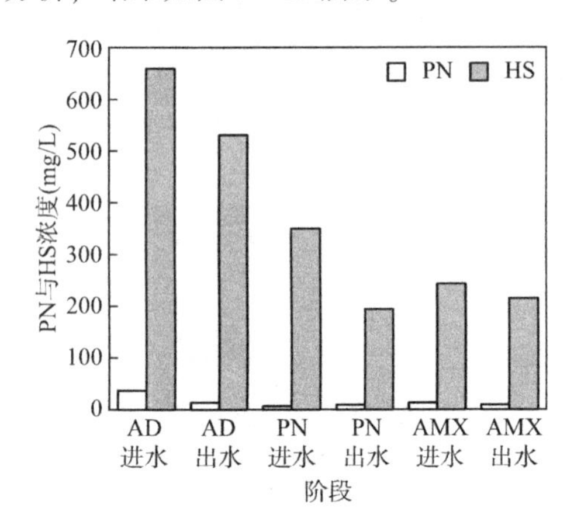

图 7－13　各反应器进出水蛋白质（PN）和腐殖酸（HS）浓度

渗沥液中蛋白质浓度非常低，可能因为实验用水是垃圾焚烧厂一级厌氧的出水，蛋白质这类易利用的碳源已经被去除，因此厌氧消化进水仅为 36.5mg/L，经过厌氧消化、短程硝化和厌氧氨氧化后，蛋白质浓度仅为 9.3mg/L，且短程硝化和厌氧氨氧化反应器进出水蛋白质浓度变化不明显，甚至有小幅上升。渗沥液中腐殖酸的浓度非常高，厌氧消化进水腐殖酸浓度高达 662.6mg/L，即使经过厌氧消化和短程硝化吸附等去除了大量腐殖酸，厌氧氨氧化进水也高达 245.6mg/L。图 7－13 显示经过厌氧消化段腐殖酸浓度有所降低，但三维荧光光谱中腐殖酸类物质峰的荧光强度却上升，这可能是因为部分腐殖酸并非荧光物质，总体来说每个反应器都对腐殖酸有一定去除效果，短程硝化段对腐殖酸的去除效果最明显，由 351.6mg/L 降至 192.9mg/L，可能因为絮状污泥良好的吸附性能。

厌氧氨氧化进水腐殖酸浓度高达 245.6mg/L，有研究表明腐殖酸浓度达到 70mg/L 时就会对厌氧氨氧化菌造成抑制，当腐殖酸浓度达到 200mg/L 时，比厌氧氨氧化活性会降低 57%，因此高浓度腐殖酸可能就是本研究中厌氧氨氧化菌受到抑制的主要原因。接入渗沥液后比厌氧氨氧化活性降低了 83%，可能因为实际渗沥液复杂的环境中的有毒有机物、重金属离子等因素带来的综合抑制效果。虽然腐殖酸抑制厌氧氨氧化菌的机理目前还不明晰，但已有研究表明腐殖酸可以进入细胞壁较薄的革兰氏阴性菌胞内，作为电子受体破坏电子传递链。

7.4.2　污泥浓度与活性变化

在长期运行过程中，考察了短程硝化和厌氧氨氧化反应器污泥浓度随时间的变化，运行期间虽然未对两个反应器进行主动排泥，但部分污泥会随出水被排出。其中 109d 为无机合成废水运行阶段，170d、201d 和 232d 均为垃圾渗沥液运行阶段，污泥浓度变化如图 7－14 所示。

短程硝化反应器启动时以低污泥量接种，接种时污泥浓度为（1240±65）mg VSS/L，在第 109d 时，污泥浓度仅增长至（1545±45）mg VSS/L［图 7－14（*a*）］，这是因为 AOB 作为自养微生物生长速度本身比较缓慢，且出水中不时会流失一些污泥，短程硝化反应器污泥浓度近乎稳定。然而，当短程硝化反应器接入实际垃圾渗沥液后，污泥浓度迅速提高，在第 170d 时已经增长至（4450±40）mg VSS/L，这是因为垃圾渗沥液中的有机污染物致使短程硝化反应器中好氧异养微生物迅速增长，其以有机碳作为碳源和能源，合成代谢速度远高于 AOB。而后在 170～232d 期间，短程硝化反应器污泥浓度趋近于稳定，并有小幅下降的趋势，这可能是由于该时间段废水中有机污染物浓度有较为明显的下降，同时污泥浓度的增加使得随出水排出的污泥量增加。

厌氧氨氧化反应器启动时同样以低污泥量接种，接种时污泥浓度为（1375±35）mg VSS/L，在第 109d 时，污泥浓度几乎不变，为（1415±45）mg VSS/L［图 7－14（*b*）］。在接入垃圾渗沥液后，厌氧氨氧化反应器因异养菌生长，污泥浓度增长至（1715±45）mg VSS/L，但是污泥浓度增长幅度远低于短程硝化污泥，这是因为大部分可降解的有机污染物都在短程硝化段被消耗。而后厌氧氨氧化污泥浓度一直以较稳定的速度逐渐增长至第 232d 的（2090±80）mg VSS/L，且此过程增长的主要为絮体污泥。相比接种初期的颗粒污泥，渗沥液运行稳定期间除了颗粒污泥外还有大量呈褐色的絮状污泥。

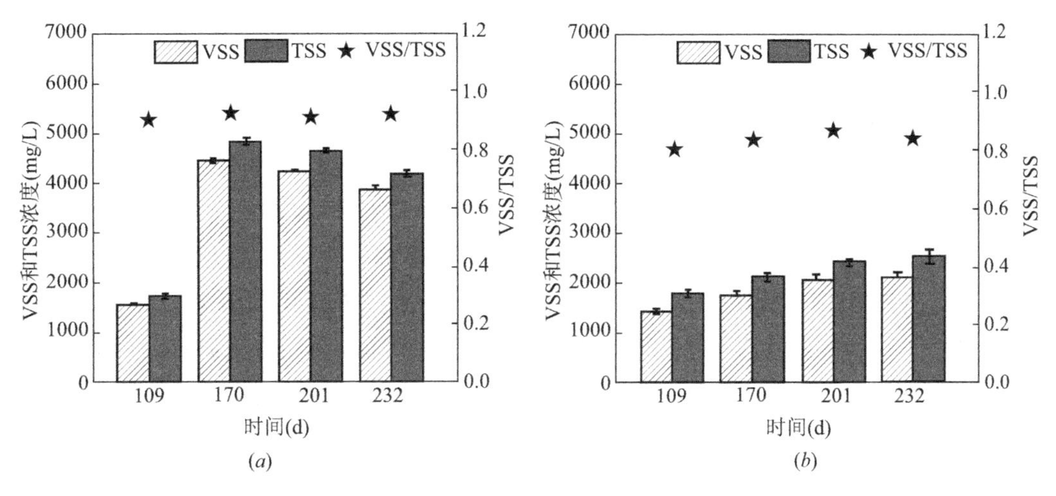

图 7－14　反应器污泥浓度变化

（*a*）短程硝化；（*b*）厌氧氨氧化

进一步考察了短程硝化和厌氧氨氧化反应器中功能微生物活性，其中短程硝化反应器用氨氧化速率（Ammonia Oxidation Rate，AOR）和以污泥浓度归一化后的比氨氧化速率（Specific Ammonia Oxidation Rate，SAOR）表征，厌氧氨氧化反应器用总氮去除速率 NRR 和以污泥浓度归一化后的比厌氧氨氧化活性 SAA 表征。测定期间第 109d 为无机合成废水运行，第 170d、201d 和 232d 为垃圾渗沥液运行，结果如图 7－15 所示。

短程硝化反应器在合成废水运行阶段 SAOR 为（0.32±0.03）gN/(gVSS · d)，但接入实际渗沥液后，SAOR 迅速降低至（0.13±0.02）gN/(gVSS · d)［图 7－15（*a*）］，并逐渐稳定。相比之下，短程硝化反应器的 AOR 在接入渗沥液前后变化幅度较小，整个运行过程 AOR 在 0.49～0.56kg N/(m^3 · d) 范围内波动。由此推测在接入实际渗沥液后，氨氧

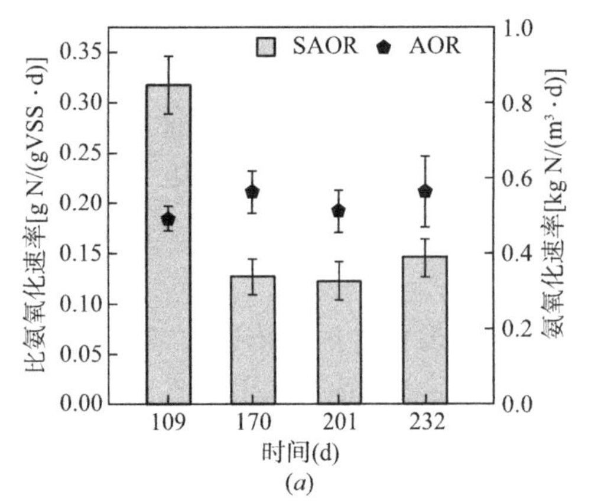

(*a*)

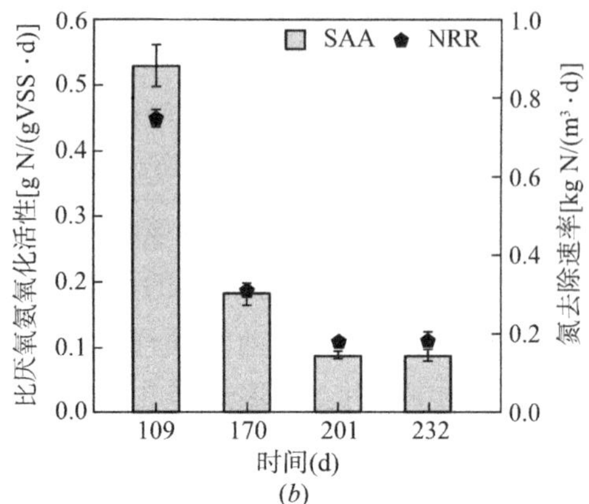

(*b*)

图 7－15 功能菌活性变化

(*a*) 短程硝化；(*b*) 厌氧氨氧化

化反应可能未受明显影响，SAOR 的下降主要是因为异养菌快速生长使污泥浓度有明显增长。氨氧化活性受影响较小一方面可能因为 AOB 对渗沥液水质适应性较好，另一方面可能因为反应器运行期间未进行主动排泥，大量 AOB 仍保留在反应器内发挥氨氧化的作用，若是采用非常短的污泥龄，短程硝化可能会因为 AOB 被排出而受到影响。

厌氧氨氧化反应器在合成废水运行阶段 SAA 为（0.53±0.03）g N/(gVSS · d)，与其他采用无机合成废水的序批式厌氧氨氧化反应器报道的 SAA 在同一水平，当接入实际渗沥液后，SAA 迅速降低至（0.18±0.02）g N/(gVSS · d)，并最终稳定在（0.09±0.01）g N/(gVSS · d）［图 7－15（*b*）］，且 NRR 也从（0.75±0.02）kg N/(m^3 · d）下降至（0.18±0.02）kg N/(m^3 · d)。SAA 和 NRR 的同步下降说明厌氧氨氧化菌可能受到了实际渗沥液中的某些物质的抑制，渗沥液中组成复杂的有机物可能是造成抑制的主要原因。对比渗沥液稳定运行阶段厌氧氨氧化的 NRR［0.18±0.02kg N/(m^3 · d)］和短程硝化段的 AOR［0.56±0.10kg N/(m^3 · d)］可知，厌氧氨氧化段的处理能力已经远低于短程硝化段，厌氧氨氧化是整套工艺的决速步骤。

7.5 垃圾渗沥液对体系微生物群落功能的影响

7.5.1 基于 16S rDNA 测序的物种组成分析

1. Alpha 多样性分析

根据样本的 Shanon 指数、Simpson 指数、ACE 指数、Chao 指数可以对接入渗沥液前后短程硝化和厌氧氨氧化反应器微生物 Alpha 多样性进行表征，结果见表 7－6。ACE 指数和 Chao 指数用于表征样品中物种的丰富度，其值越大说明物种总数越多。本研究中两反应器在从合成废水转为垃圾渗沥液运行后，物种的丰富度总体都呈先上升后稳定的趋势。垃圾渗沥液水质增加了短程硝化和厌氧氨氧化反应器内物种的数量，物种数量的上升预示着微生物群落功能更加丰富，这有助于应对实际废水复杂的水质。Shannon 指数越大、Simpson 指数越小说明微生物群落多样性越高。本研究中随着两反应器进水从合成废水转为垃圾渗沥液，短程硝化反应器和厌氧氨氧化的微生物多样性都呈现先上升后下降的趋势。垃圾渗沥液刚接入时，考虑到 ACE 指数和 Chao 指数也大幅度上升，两反应器多样性上升可能是因为两反应器内物种数量的上升；而后由于原先合成废水阶段生长良好的微生物因不适应水质或被挤压生存空间而丰度逐渐降低，群落分布的不均匀程度上升，导致多样性下降。

Alpha 多样性指数 **表 7-6**

Sample	Shannon	Simpson	ACE	Chao	OTU	Coverage
PN_111d	1.9972	0.2291	174.61	171.10	138	0.999
PN_172d	3.1051	0.1014	374.86	381.64	296	0.998
PN_203d	2.7557	0.1378	408.14	415.16	326	0.999
PN_234d	2.6064	0.1541	414.50	378.80	289	0.998
AMX_111d	4.4669	0.0359	665.26	666.27	617	0.999
AMX_172d	4.5645	0.0299	902.29	907.78	728	0.996
AMX_203d	4.3116	0.0438	866.88	878.30	704	0.996
AMX_234d	4.0035	0.0789	890.53	890.41	754	0.997

2. 物种组成分析

将聚类后的 OTU 与 Silva 数据库比对获得微生物群落在各分类水平的组成信息，其中对门水平和属水平进行了深入分析，结果如图 7-16 和图 7-17 所示。

短程硝化反应器中超过 80% 的微生物属于拟杆菌门（Bacteroidota）和变形菌门（Proteobacteria）[图 7-16（*a*）]，拟杆菌门广泛存在于海洋及人类肠道中，有研究发现其在医药废水中大量存在，且有较强的抗药性，其也被发现对高分子聚合物有一定降解能力。变形菌门在许多污水处理系统中都是优势物种，多数 AOB、NOB 及反硝化细菌都属于变形菌门，当短程硝化反应器由合成废水转为垃圾渗沥液运行后变形菌门的丰度有所减少。

厌氧氨氧化反应器的微生物主要包含拟杆菌门（Bacteroidota）、变形菌门（Proteobacteria）、绿弯菌门（Chloroflexi）、浮霉菌门（Planctomycetota）等 [图 7-16（*b*）]。厌氧氨氧化反应器内拟杆菌门和变形菌门丰度变化趋势与短程硝化反应器相似。绿弯菌门多数呈丝状，对维持污泥形态结构有重要作用，其在厌氧氨氧化反应器中丰度为 15.5% ~ 24.4%，考虑到短程硝化污泥为絮状，厌氧氨氧化污泥为颗粒，绿弯菌门可能与厌氧氨氧化颗粒的形成有密切联系。浮霉菌门包含了现在已被发现的全部厌氧氨氧化菌种，在合成废水阶段浮霉菌门的丰度高达 17.8%，但进水转为垃圾渗沥液后，其丰度逐渐降低至 1.7%。

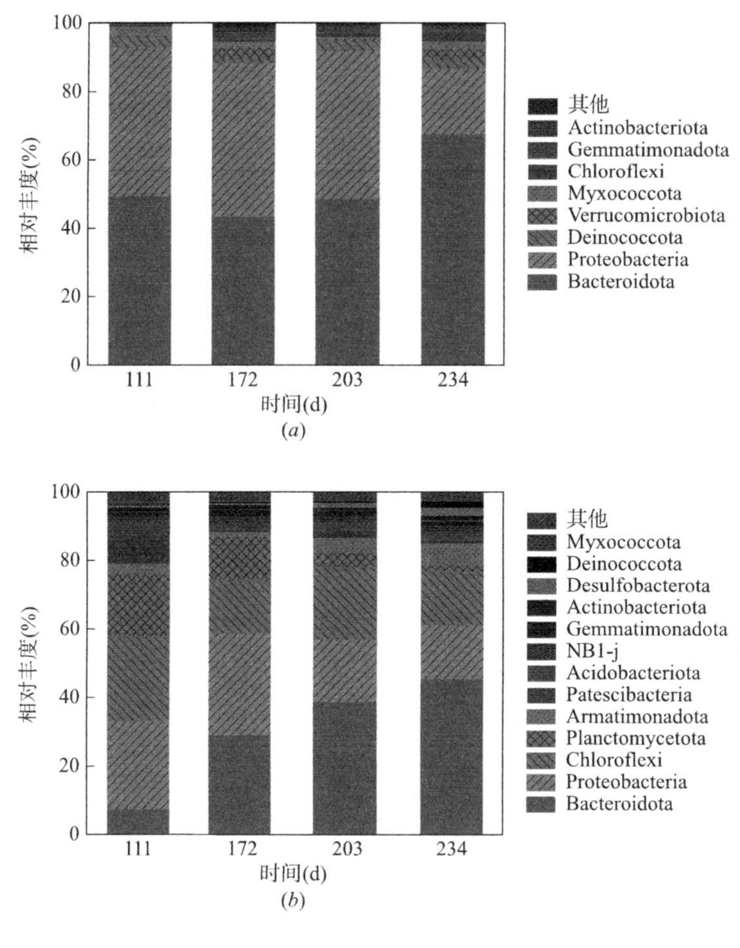

图 7－16　门水平微生物组成

(*a*) 短程硝化；(*b*) 厌氧氨氧化

短程硝化反应器内功能微生物是 *Nitrosomonas* 菌属，这是常见的短杆状 AOB，在由合成废水转变为垃圾渗沥液运行后，*Nitrosomonas* 的丰度逐渐从 36.6% 降低至 9.0% ［图 7－17（*a*）］。但反应器内氨氧化速率未发生明显变化，而比氨氧化活性有所降低，正如前文分析，*Nitrosomonas* 丰度降低可能是因为异养菌增殖使得微生物总量上升。NOB 生长是以往研究中导致短程硝化崩溃的主要原因，但本研究中 NOB 菌属丰度持续低于 0.1%，这主要得益于本研究采用的低溶解氧（0.4mg/L）和高 FNA（0.08mg/L）的 NOB 抑制策略。反硝化菌属 *Ottowia* 丰度从 0.3% 最高上升至 16.3%，这可能是因为垃圾渗沥液中含大量芳香族化合物，前文中也检测出废水中含 2，4-二叔丁基苯酚，且在短程硝化段被部分去除。同为变形菌门下的反硝化细菌 *Thauera* 菌属，有研究认为其在短程反硝化系统中发挥重要作用，因为其含有的硝酸盐还原酶数量远高于亚硝酸盐还原酶，有利于亚硝酸盐积累，本研究中 *Thauera* 菌属的丰度从 0% 上升至最高 1.2% ［图 7－19（*a*）］，这可能是因为短程硝化反应器内有机物主要被好氧异养菌降解，在有机碳源不足的情况下硝酸盐还原酶相比亚硝酸盐还原酶更易获得电子，从而使得 *Thauera* 菌属在该环境下相比其他反硝化菌更有生长优势。值得注意的是拟杆菌门下来自海洋生态系统的 *norank_f_ NS9_marine_group* 在本研究中丰度由 9.5%上升至 30.0% ［图 7－17（*b*）］，成为短程硝化反应器中的优势菌属，这可能是由于垃圾渗沥液中盐度较高。

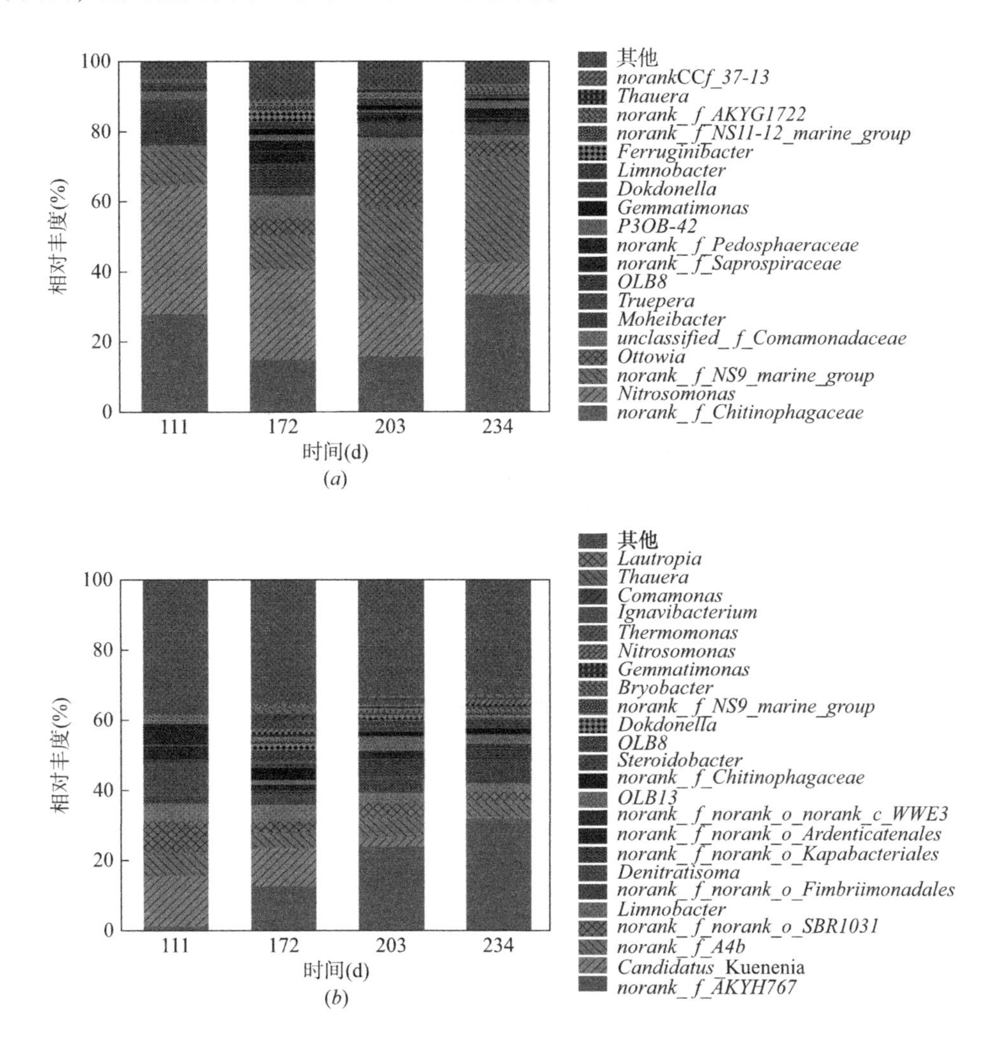

图 7－17 属水平微生物组成

（*a*）短程硝化；（*b*）厌氧氨氧化

厌氧氨氧化反应器内功能微生物是 *Candidatus* Kuenenia 菌属，在由合成废水转变为垃圾渗沥液运行后，其丰度从 14.3%逐渐降低至 0.5% ［图 7－17（*b*）］。渗沥液中高浓度腐殖酸可能对厌氧氨氧化菌造成了严重的抑制，但是即使丰度仅有 0.5%，其在渗沥液运行阶段还是贡献了主要的氮素去除。厌氧氨氧化反应器中反硝化菌的种类多样，包括 *Denitratisoma* 菌属、*Thermomonas* 菌属、*Comamonas* 菌属、*Thauera* 菌属、*Lautropia* 菌属、*Dokdonella* 菌属和 *Steroidobacter* 菌属等，在进水由合成废水转变为垃圾渗沥液后，仅有

Denitratisoma 菌属丰度从 9.0% 下降至 0.2%，其他反硝化菌属丰度都从接近 0% 上升至 1% 以上。*Denitratisoma* 菌属是厌氧氨氧化反应器合成废水运行时主要的反硝化菌属，其可以利用微生物胞外聚合物为碳源进行反硝化，当反应器转变为垃圾渗沥液运行后，多种反硝化菌的出现和增殖可能是厌氧氨氧化菌群应对复杂有机物组成实际废水时的一种响应机制。不同反硝化菌属可利用的碳源种类有差异（如酚类、含氮有机物、磺胺类药物等），这种反硝化菌类群的多样性的提升有助于充分利用废水中的有机碳源，降低各类有机物对厌氧氨氧化菌的影响。厌氧氨氧化反应器中还存在一些氨氧化菌，包括 *Nitrosomonas* 菌属和 *Ignavibacterium* 菌属等，其中 *Nitrosomonas* 菌属的丰度从 0.5% 逐渐上升至 1.3%，*Nitrosomonas* 菌属的丰度的上升可能是因为两段式工艺中一部分 AOB 随短程硝化出水进入了厌氧氨氧化反应器。类似的，在短程硝化反应器中丰度极高的 *norank_f_Chitinophagaceae* 也在厌氧氨氧化反应器中丰度从 0 上升至 3.5%。

7.5.2 基于宏基因组的功能组成分析

宏基因组测序后获得的短程硝化和厌氧氨氧化反应器 Raw Reads 数、Clean Reads 数及经拼接组装后获得的 Contigs 数见表 7-7。Clean Reads 读数占 Raw Reads 的 98% 以上。后续主要以 Contigs 作为对象进行基因预测、非冗余基因集构建、基因丰度计算、统计学分析等。

样品拼接结果 **表 7-7**

样品组别	短程硝化合成废水 PNS	短程硝化渗沥液 PNR	厌氧氨氧化合成废水 AMXS	厌氧氨氧化渗沥液 AMXR
Raw Reads（$\times 10^5$）	419～548	489～637	503～554	536～608
Clean Reads（$\times 10^5$）	414～543	484～631	498～546	530～601
Contigs（$\times 10^3$）	66～73	112～134	406～469	368～417

1. 功能菌属分析

根据 16S rRNA 保守区间碱基序列比对仅能识别到属水平的物种差异，宏基因组可对种水平的物种组成差异作进一步分析，因此本研究对短程硝化—厌氧氨氧化体系关键功能微生物的种水平组成作了深入分析。短程硝化反应器的功能微生物 AOB 主要为 *Nitrosomonas* 菌属，其中 *Nitrosomonas eutropha* 是丰度最高的 AOB，占 *Nitrosomonas* 菌属的 50% 以上，不论是无机合成废水运行阶段还是垃圾渗沥液运行阶段，*Nitrosomonas* 菌属的组成几乎没发生变化（图 7-18），这说明本研究 *Nitrosomonas* 菌属中各菌种对垃圾渗沥液都有非常好的适应性，这可能正是短程硝化反应器始终保持非常稳定且高效短程硝化效果的原因。

厌氧氨氧化反应器功能微生物组成受实际渗沥液影响比较明显，在无机合成废水运行阶段，*Candidatus Kuenenia stuttgartiensis* 和 *Candidatus Brocadia_sinica* 是厌氧氨氧化反应器

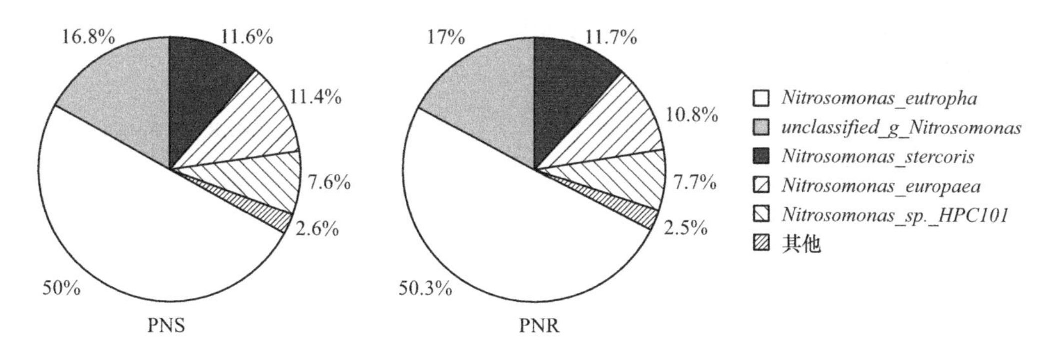

图7-18 短程硝化反应器功能微生物组成

内主要的厌氧氨氧化菌种，其丰度约占全部厌氧氨氧化菌的88%，当进水转变为垃圾渗沥液后，*Candidatus* Brocadia_sinica占厌氧氨氧化菌的比例由25.4%下降至3.1%，*Candidatus* Kuenenia_stuttgartiensis成为厌氧氨氧化反应器中主要的厌氧氨氧化菌，占全部厌氧氨氧化菌的92.2%（图7-19），虽然厌氧氨氧化菌属的丰度受渗沥液水质影响大幅度降低，但*Candidatus* Kuenenia stuttgartiensis相比*Candidatus* Brocadia sinica更加适应渗沥液水质，因此其几乎成为渗沥液运行阶段仅存的厌氧氨氧化菌。Wang等人研究表明*Candidatus_Kuenenia*菌属相比*Candidatus* Brocadia和*Candidatus* Jettenia可以耐受更加严酷的环境，例如高盐、有机物等。

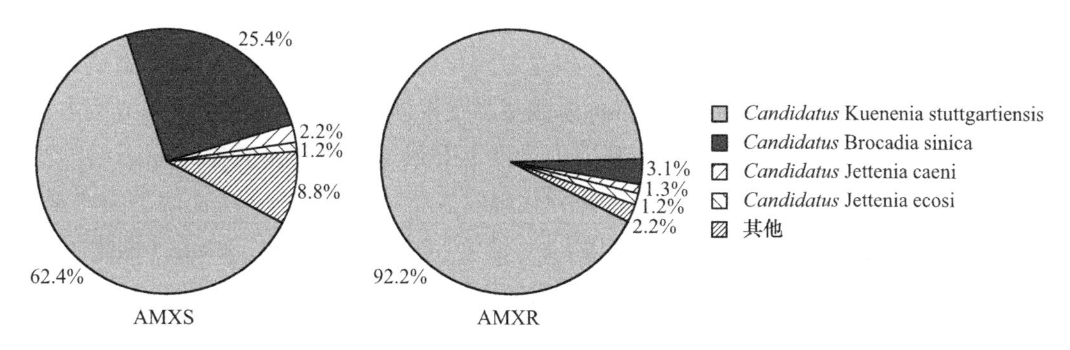

图7-19 厌氧氨氧化反应器功能微生物组成

2. 氮代谢功能基因

本研究通过将基因序列注释到KEGG数据库，考察了合成废水和垃圾渗沥液运行阶段短程硝化和厌氧氨氧化反应器微生物功能组成的变化，其中大部分基因都被注释到KEGG数据库“Metabolism”层级中。“Metabolism”层级中包含了能量代谢、氨基酸代谢、糖代谢等重要代谢通路。本研究重点对“Metabolism”层级中的氮素代谢、碳代谢和异生物质降解这三个代谢通路进行了深入分析。

氨氧化和厌氧氨氧化是AD-PN-AMX工艺实现垃圾焚烧厂渗沥液脱氮的关键代谢途径，但由于实际废水的成分复杂，短程硝化和厌氧氨氧化反应器内包含多种氮转化途径，本研究对主要的氮转化相关基因丰度变化进行了深入分析，合成废水运行阶段和垃圾渗沥液运行阶段 KEGG 注释到的各氮代谢功能基因占“氮代谢”途径全部基因的丰度变化如图 7－20 所示。

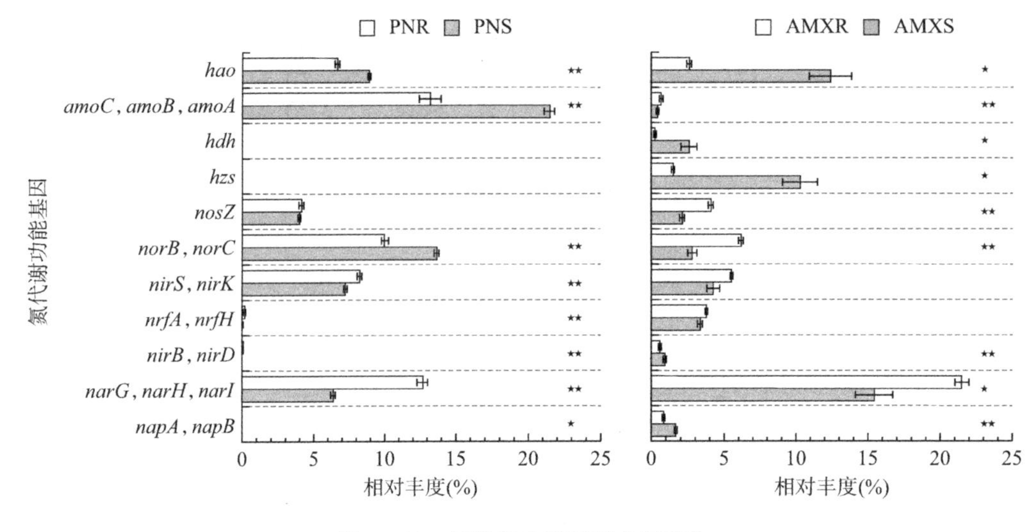

图 7－20　氮代谢功能基因丰度变化

AOB 是短程硝化反应器的功能微生物，*amo* 和 *hao* 基因分别是催化氨氧化为羟胺的氨氮加氧酶和羟胺氧化为亚硝酸的羟胺氧化酶编码基因，在合成废水运行阶段，其在氮代谢基因中的相对丰度高达 21.5% 和 8.9%，当进水转变为垃圾渗沥液后，*amo* 和 *hao* 的相对丰度降低至 13.2% 和 6.7%（图 7－20），但是氨氧化功能基因丰度的下降没有造成短程硝化宏观运行效果下降，且 *amo* 基因较 *hao* 基因更易受渗沥液影响。在进水由合成废水转变为垃圾渗沥液后，与反硝化反应相关基因中丰度上升最显著的是硝酸盐还原酶编码基因 *nar*（催化 NO_3^- 还原为 NO_2^-），其也是催化异化硝酸盐还原途径第一步所需酶的编码基因。而催化反硝化后续反应所需酶的编码基因 *nir*（催化 NO_2^- 还原为 NO）和 *nos*（催化 N_2O 还原为 N_2）丰度仅有小幅度上升，*nor*（催化 NO 还原为 N_2O）基因的丰度甚至有所下降（图 7－20），这意味着短程硝化反应器在接入垃圾渗沥液后反硝化菌逐渐演替为倾向于发生不完全反硝化（即短程反硝化）。不完全反硝化易发生在碳源受限的环境下，可能本研究中垃圾渗沥液在经过厌氧消化和短程硝化反应器中曝气后，大部分易降解有机物已经被消耗殆尽，用于反硝化的碳源有限，在电子供体相对于电子受体不足的情况下，只进行反硝化第一步，将更多电子用于硝酸盐还原可以获得更多能量，因此短程硝化反应器内采用不完全反硝化策略的 *Thauera* 菌属等有更大的生长优势。本研究中 *nor* 基因的丰度始终高于 *nir*，这是因为 NO 这类活性氮簇对细胞有很强的破坏力，NO 还原酶含量高于 NO_2^- 还原酶有利于维持细胞内低 NO 浓度。此外，短程硝化反应器中由于异化硝酸盐还原途径 NO_2^- 还原为 NH_4^+ 所需酶的编码基因丰度也非常低（*nirB*、*nirD*、*nrfA*、*nrfH*），可以认为短程硝化反应器中几乎不发生异化硝酸盐还原。

厌氧氨氧化反应器中 *nirS*、*nirK*（催化 NO_2^- 还原为 NO）、*hzs*（催化 NO 和 NH_4^+ 合成

N_2H_4）和 *hdh*（催化 N_2H_4 分解为 N_2）是催化厌氧氨氧化三步反应所需酶的编码基因，*hzs* 和 *hdh* 在氮转化相关基因中的相对丰度在接入实际渗沥液后都显著由10.2%和2.6%降低至1.4%和0.2%，这使得厌氧氨氧化反应器的氮去除负荷显著降低，*nirS* 和 *nirK* 同时也是催化反硝化反应所需酶的编码基因，其丰度反而因反硝化菌丰度的升高而有所上升（图7-20）。由于 *hao* 基因也存在于厌氧氨氧化菌基因组中，在合成废水阶段其丰度非常高，但随着厌氧氨氧化菌丰度的降低，*hao* 基因的丰度大幅降低。厌氧氨氧化反应器中反硝化相关基因 *nar*、*nirS*、*nirK*、*nor*、*nos* 的相对丰度在接入实际渗沥液后均有大幅上升（图7-20），这是由于厌氧氨氧化反应器进水有约一半为厌氧消化出水，仍含较多有机物，且厌氧氨氧化反应器的完全厌氧环境有利于反硝化反应的发生，因此相比短程硝化反应器，厌氧氨氧化反应器内反硝化的碳源相对充足，反硝化反应更充分。此外，厌氧氨氧化反应器中异化硝酸盐还原途径 NO_2^- 还原为 NH_4^+ 所需酶的编码基因相对丰度较高（*nirB*、*nirD*、*nrfA*、*nrfH*），并在接入垃圾渗沥液后丰度变化不明显，说明垃圾渗沥液水质可能对异化硝酸盐还原途径影响较小。

综上所述，由于垃圾渗沥液中存在种类复杂的有机物，氨氧化途径和厌氧氨氧化途径受到了明显影响，反硝化途径相关基因丰度显著上升，但短程硝化反应器内更倾向于发生短程反硝化，厌氧氨氧化反应器内更倾向于发生完全反硝化，这可能是两个反应器内反硝化可利用碳源含量差异所造成的。此外，短程硝化反应器内几乎没有异化硝酸盐还原途径，而厌氧氨氧化内异化硝酸盐途径几乎不受垃圾渗沥液水质影响。

3. 碳代谢功能

渗沥液中的有机碳是影响短程硝化和厌氧氨氧化反应器微生物组成的重要因素，因此本研究对两反应器在合成废水和渗沥液运行阶段碳代谢功能的变化进行了深入分析。由于碳代谢涉及的基因非常多，此处以KEGG数据库中“碳代谢”模块作为分析对象，主要包括原核生物固碳模块和中心碳水化合物代谢模块，代谢模块包含基因占全部基因丰度如图7-21所示。

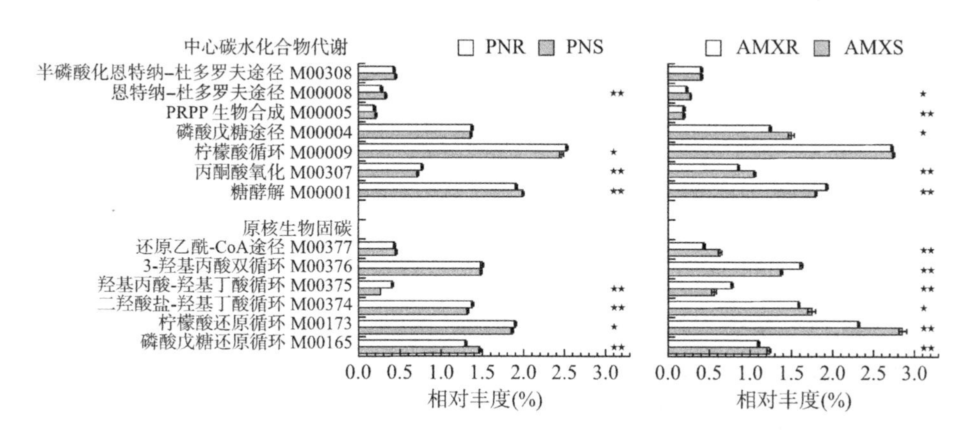

图7-21 碳代谢模块基因丰度变化

原核微生物存在6种固碳途径，分别是卡尔文循环（Reductive pentose phosphate cycle）、还原三羧酸循环（Reductive citrate cycle）、还原乙酰辅酶A途径（Reductive acetyl-CoA pathway）、3-羟基丙酸双循环（3-Hydroxypropionate bi-cycle）、羟基丙酸-羟基丁酸循环（Hydroxypropionate-hydroxybutylate cycle）、二羧酸—羟基丁酸循环（Dicarboxylate-hydroxybutyrate cycle）。本研究中，当进水由合成废水转变为垃圾渗沥液后，短程硝化反应器中卡尔文循环相关基因丰度显著降低，还原三羧酸循环、羟基丙酸—羟基丁酸循环和二羧酸—羟基丁酸循环相关基因丰度显著升高；厌氧氨氧化反应器中卡尔文循环、还原三羧酸循环、二羧酸—羟基丁酸循环和还原乙酰辅酶A途径相关基因丰度显著降低，3-羟基丙酸双循环和羟基丙酸—羟基丁酸循环相关基因丰度显著升高（图7-21）。卡尔文循环是最主要的化能自养微生物以及光合细菌和藻类等固碳途径，其在短程硝化和厌氧氨氧化反应器接入实际渗沥液后丰度都有所降低，可能是许多化能自养菌（如AOB等）在异养环境中处于竞争劣势丰度显著下降造成的。还原三羧酸循环途径是一些厌氧微生物的固碳途径，是少数光合紫色细菌和绿硫细菌等的固碳途径，本研究中其相关基因在厌氧氨氧化反应器中显著下降，可能是厌氧氨氧化合成废水阶段的厌氧自养环境使这类微生物大量繁殖。还原乙酰辅酶A途径是产乙酸菌、产甲烷菌等少数严格厌氧菌的固碳途径，厌氧氨氧化反应器的功能微生物——厌氧氨氧化菌也通过该途径固碳，因此厌氧氨氧化反应器中乙酰辅酶A途径相关基因丰度随着厌氧氨氧化菌丰度的降低也显著下降。剩下三种固碳途径都是近年才被完全确定的，其中羟基丙酸—羟基丁酸循环相关基因的丰度在短程硝化和厌氧氨氧化反应器接入实际渗沥液后都显著上升，但目前针对羟基丙酸—羟基丁酸循环的研究较少，已经报道的羟基丙酸—羟基丁酸循环功能基因主要包括*accA*和*hcd*，且有研究发现*hcd*丰度随着氨氧化古菌丰度升高而升高。

中心碳水化合物代谢途径主要包括糖酵解（Glycolysis）、三羧酸循环（Citrate cycle）、磷酸戊糖途径（Pentose phosphate pathway）等。糖酵解是葡萄糖转化成丙酮酸的过程，在本研究中相关基因相对丰度在短程硝化和厌氧氨氧化反应器中分别显著下降和显著上升。丙酮酸氧化（Pyruvate oxidation）和三羧酸循环是经糖酵解后的丙酮酸好氧氧化的主要途径，相关基因丰度在短程硝化反应器中显著上升（图7-21），有机物使好氧异养菌生长旺盛。

4. 异生物质降解

生物体持续摄入非食物类物质会在细胞中积累并造成危害，这些存在于机体内可能造成损害的物质被称为异生物质（Xenobiotic），如垃圾渗沥液中含有的大量芳香类物质。这类有机物可以通过一系列生物过程被逐步降解，该生化反应在KEGG数据库中被归纳为异生物质降解途径，本研究对短程硝化和厌氧氨氧化反应器的异生物质降解途径相关基因进行了深入分析，该途径中重要的芳香类物质代谢模块相关基因占全部基因的相对丰度如图7-22所示。

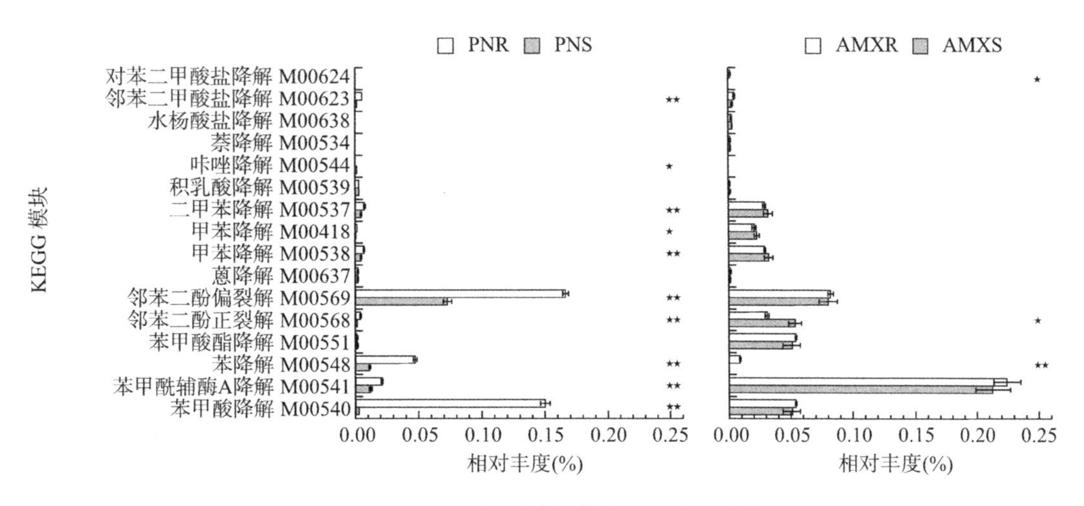

图 7－22　异生物质降解模块基因丰度变化

渗沥液水质对短程硝化的异生物质降解途径影响非常显著，在合成废水运行阶段，短程硝化反应器中与异生物质代谢途径相关的基因丰度较低，但接入垃圾渗沥液后，苯甲酸降解（M00540）、邻苯二酚偏裂解（M00569）、苯降解（M00548）、苯甲酰辅酶 A 降解（M00541）这几个代谢模块的基因丰度显著上升（图 7－22），这是因为渗沥液中存在的如苯甲酸等物质促使可以降解芳香类物质的微生物繁殖。*Ottowia* 菌属就是典型的可以降解芳香类物质的微生物，其在短程硝化反应器中丰度在接入渗沥液后显著上升。相比之下，厌氧氨氧化反应器在合成废水运行阶段异质生物质代谢相关基因的丰度就比较高，这可能是因为厌氧氨氧化反应器的严格厌氧环境，许多具有降解芳香族化合物能力的微生物为厌氧菌。当进水由合成废水转变为渗沥液后异生物质代谢相关基因的丰度也仅有苯降解（M00548）有比较显著的变化（图 7－22），这说明本研究中芳香族化合物的降解可能主要发生在短程硝化段，两段式工艺中短程硝化可以有效保护厌氧氨氧化菌免受芳香族化合物造成的抑制。

苯甲酸降解是异生物质代谢中非常关键的部分，因为许多结构更复杂的芳香类物质（如苯乙酸、萘等）最终都是通过逐步转化到苯甲酸或苯甲酸降解的中间产物后再被降解，因此本研究重点关注了短程硝化—厌氧氨氧化体系苯甲酸降解模块相关基因。根据 KEGG 注释得到的结果发现本研究的短程硝化—厌氧氨氧化体系包含四条完整的苯甲酸降解途径，如图 7－23 所示。由图 7－23 可知短程硝化和厌氧氨氧化反应器内苯甲酸降解途径存在差异，短程硝化段微生物主要通过邻苯二酚偏裂解途径完成苯甲酸降解，而厌氧氨氧化段微生物主要通过苯甲酰辅酶 A 降解途径，造成两反应器内苯甲酸降解途径差异的主要原因可能是两反应器内溶解氧环境差异。上文中短程硝化反应器对 2,4-二叔丁基苯酚有很好的降解效果，厌氧氨氧化反应器内 2,4-二叔丁基苯酚却几乎不降解，同时两反应器都对苯甲酸有很好的去除效果，这种芳香族化合物降解的差异可能与两反应器内苯甲酸降解途径的差异有关。

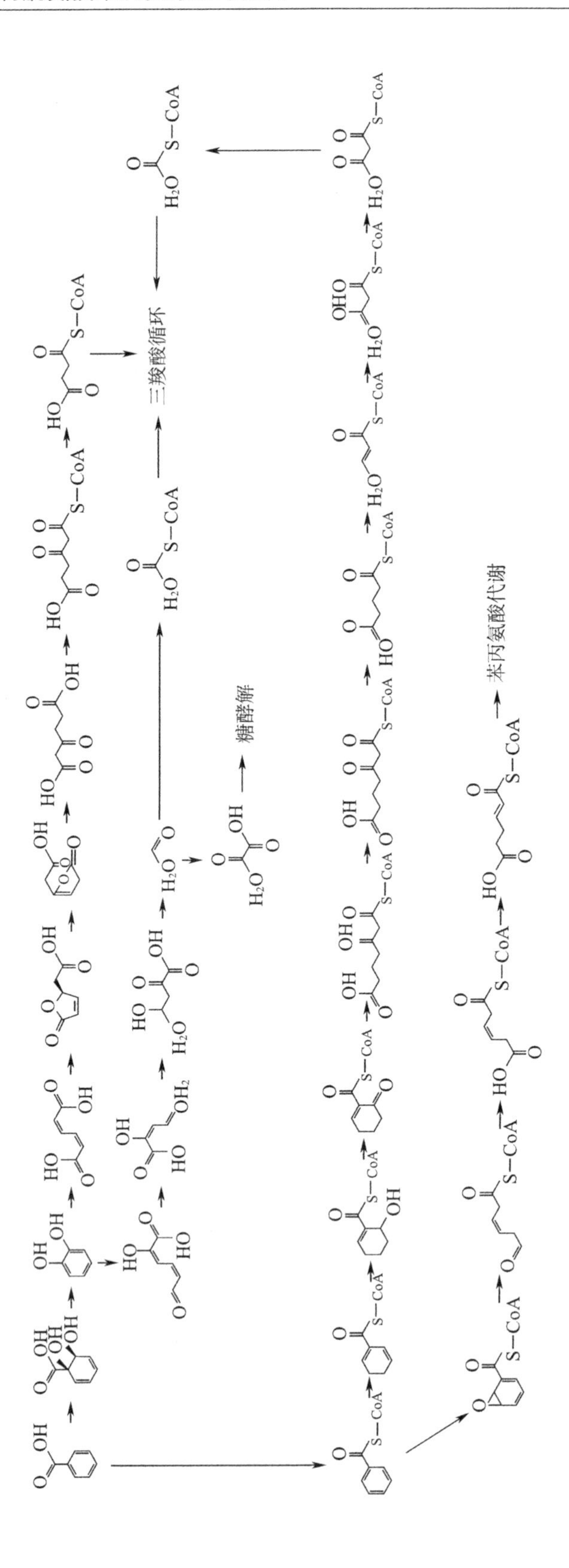

图7－23 短程硝化和厌氧氨氧化反应器内苯甲酸降解途径

7.6 小结与展望

本章采用厌氧消化—短程硝化—厌氧氨氧化工艺实现了垃圾焚烧厂渗沥液低碳高效脱氮处理，提出了短程硝化和厌氧氨氧化稳定脱氮控制策略。短程硝化反应器采用低溶解氧浓度（0.3～0.5mg/L）和高 FNA 浓度（>0.08mg/L）联合控制方式成功抑制了 NOB 代谢，运行期间的 NAE 为 96.3%±1.4%；在综合比较碱度控制和进水量控制两种短程硝化出水 NO_2^-/NH_4^+ 控制方法后，考虑到药剂投入和低 pH 对后续工艺影响，优化选择了通过进水量控制方法来实现厌氧氨氧化进水的氨氮和亚硝态氮的适宜比例。厌氧氨氧化反应器稳定运行期间的 NRE 为 77.8%±2.4%。

在处理垃圾渗沥液运行期间，短程硝化反应器的 AOR 基本维持在 0.49～0.56kg N/(m^3·d)，氨氧化过程未受渗沥液水质影响；而厌氧氨氧化反应器的 NRR 从（0.75±0.02）kg N/(m^3·d) 下降至（0.18±0.02）kg N/(m^3·d)，厌氧氨氧化菌活性受到抑制。进一步揭示了有机物在工艺中的迁移转化及其对厌氧氨氧化体系的影响，解析了短程硝化和厌氧氨氧化体系微生物种群及功能的演替规律。短程硝化反应器的功能微生物是 *Nitrosomonas*，其丰度在接入渗沥液后从 36.6%降低至 9.0%；厌氧氨氧化反应器的功能微生物是 *Candidatus*_Kuenenia，其丰度在接入渗沥液后从 14.3%逐渐降低至 0.5%，有机物促使异养菌增殖是 *Nitrosomonas* 和 *Candidatus*_Kuenenia 丰度降低的主要原因。垃圾渗沥液中含有短链有机酸、醇、芳香族化合物、长链烷烃、长链脂肪酸等有机物，其中易降解有机物（如短链有机酸、醇类等）几乎被完全去除，而烷烃和长链脂肪酸生物可利用性较差，几乎未被降解。芳香族化合物苯甲酸和 2，4-二叔丁基苯酚虽然有生物毒性，但经过厌氧消化和短程硝化处理后的浓度（<10mg/L）不足以对厌氧氨氧化菌造成明显抑制。

渗沥液腐殖酸浓度经过短程硝化反应器后由 351.6mg/L 降至 192.9mg/L，说明微生物分泌的胞外聚合物对腐殖酸有较好的吸附效果。厌氧氨氧化反应器进水腐殖酸浓度高达 245.6mg/L，高浓度腐殖酸可能是本研究中厌氧氨氧化菌受到抑制的主要原因。但腐殖酸对厌氧氨氧化抑制作用的机理尚不明晰。同时，渗沥液中存在的其他含量较高的有机物可能对厌氧氨氧化菌也产生不利影响，后续需要深入挖掘和研究，这部分工作对于厌氧氨氧化工艺垃圾焚烧厂渗沥液脱氮处理工程化应用具有实际意义。

第8章

厌氧氨氧化工艺应用于主流市政污水处理中的稳态控制

8.1 厌氧氨氧化工艺在主流市政污水中的应用难点

主流市政污水 NH_4^+-N 浓度低（低于 50mg/L）、温度低（10～30℃）以及 C/N 高（10～12），这些因素限制了 Anammox 工艺在主流线市政污水生物脱氮领域的应用。2010 年 Kartal 首次提出将 Anammox 应用于市政污水主流线脱氮处理的设想，他预言 Anammox 工艺的推广应用有望实现污水零能耗处理甚至实现能量产出。我国很多学者也从实验的角度进一步验证了两段式厌氧氨氧化工艺处理市政主流线污水的可能性。由此，Anammox 工艺在市政污水中的应用逐渐引起国内外研究学者的广泛关注。

基于 Anammox 技术发展而来的 CANON 生物脱氮工艺因具有耗氧量低、产泥量少、无需碳源和温室气体释放少等优势被认为是目前最经济高效的生物脱氮工艺。20 世纪 90 年代末，有研究者在高 NH_4^+-N 浓度、低 C/N、低溶解氧的废水处理系统中发现有大量的 NH_4^+-N 以 N_2 的形式消失。结合 Anammox 现象的发现，研究人员推测可能存在 AOB 和厌氧氨氧化菌协同脱氮。1999 年，Third 等人首先提出了 CANON 工艺概念。CANON 工艺的稳定运行依赖于 AOB 与厌氧氨氧化菌的协同作用，首先 AOB 以 O_2 作为电子受体，将一部分 NH_4^+-N 氧化为 NO_2^--N；之后，厌氧氨氧化菌以生成的 NO_2^--N 为电子受体，以反应器内剩余的 NH_4^+-N 作为电子供体，将两者转化为 N_2 释放，同时产生少量的 NO_3^--N（图 8-1）。

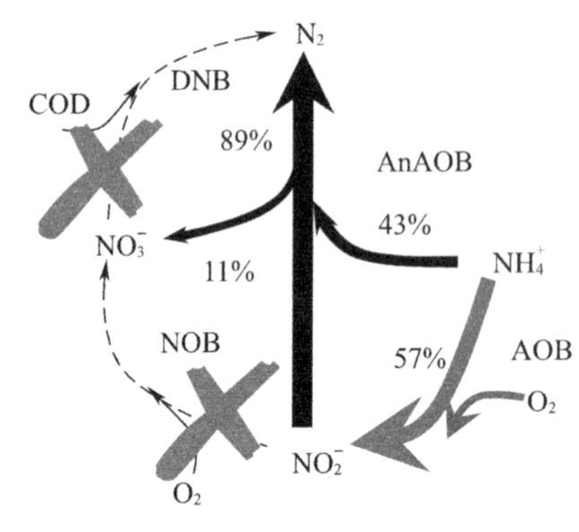

图 8-1　CANON 工艺流程原理图

而对于 NH_4^+-N 含量相对低、温度低的市政污水的应用，CANON 工艺的研究尚处于起步阶段。面临着不利的水质条件（低氨氮、低温），有两个重要的问题需要解决：（1）如何截留厌氧氨氧化菌并保持活性；（2）如何维持稳定短程硝化。反应通过对于反应器构型和污泥形态的优化，第一个问题日渐得到解决。Lotti 等人使用 CANON 颗粒污泥处理 NH_4^+-N 浓度 60mg/L 的废水，在 10℃下运行 12d，TNRR 高达 0.4kg N/(m^3·d)，NRE 达到 75%～85%。

Nicolás 等人使用 CANON 颗粒污泥处理 NH_4^+-N 浓度 50mg/L 的废水，在 15℃下运行 60d。而上面的研究最终都面临着出水 NO_3^--N 过高的问题。因此维持稳定的短程硝化反应是目前限制 CANON 工艺应用于城市污水主流线脱氮处理的最棘手的问题。

本章构建了 CANON 颗粒污泥系统，采用高低氨氮交替运行和侧流富集/主流强化的方式，探究了 CANON 系统在市政主流线水质下运行的可行性与稳定性。重点从工艺开发、优化调控、微生物菌群变化等方面考察了 CANON 工艺的生物脱氮性能。同时借助 16S rDNA 高通量测序技术分析了 CANON 工艺的微生物群落结构，揭示了 CANON 工艺用于市政主流线污水生物脱氮的微生物原理以及优化运行条件。研究结果可为 CANON 工艺在市政污水主流线处理中的应用提供重要理论依据和技术支持。

8.2　工艺流程及运行参数

实验过程中采用三个材料、构造完全相同的 SBR，分别命名为 R1、R2 和 R3，具体反应器运行模式如图 8－2 所示。其中 R1 为高低氨氮交替运行工艺反应器；R2 和 R3 分别为侧流富集/主流强化工艺中的主流和侧流反应器。CANON 工艺的 SBR 反应器采用间歇曝气的方式运行，反应器运行图如图 8－2 所示。一个周期运行 8h，每天运行 3 个周期。其中每个周期分为进水、反应、静沉、出水和闲置五个阶段。具体流程为：在进水阶段，蠕动泵将进水桶中人工合成的废水抽至反应器中，由液位计控制进水量；反应阶段分为三个好氧/缺氧过程，其中每个好氧/缺氧时间为 35min/105min，由计时开关控制曝气泵的开启进而控制好氧缺氧状态；接下来就是沉淀、出水和闲置过程。如此循环运行。不同运行阶段会调整周期时长、好氧/缺氧时间以及好养/缺氧次数，具体运行参数见表 8－1 和表 8－2。

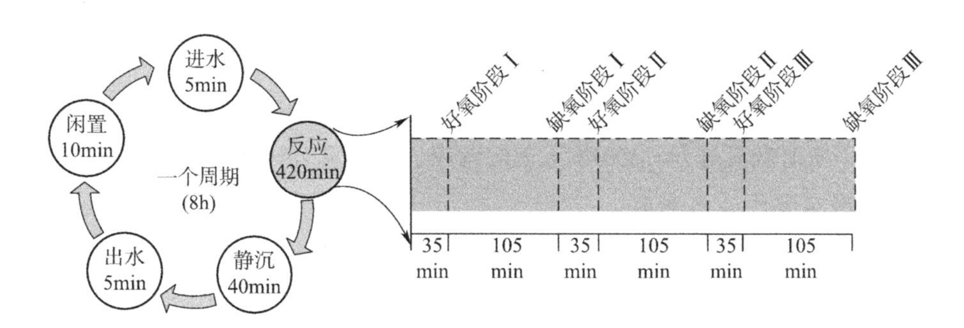

图 8－2　SBR 反应器运行模式

反应器启动与强化阶段 CANON 反应器运行参数　　　　**表 8－1**

控制参数	阶段Ⅰ	阶段Ⅱ	阶段Ⅲ	阶段Ⅳ
运行时间（d）	0～60	61～148	149～256	257～285
周期（h）	8	4	8	4

续表

控制参数	阶段Ⅰ	阶段Ⅱ	阶段Ⅲ	阶段Ⅳ
进水 FA（mg N/L）	5～7	<3	7～10	<3
进水 NH_4^+-N 浓度（mg/L）	196±18	77±4.5	240±21	61±5.6
充水比	0.5	0.5	0.5	0.5
溶解氧（mg/L）	0.2～0.4	0.2～0.4	0.2～0.6	0.4～0.6
温度（℃）	30	30	30	30
曝气模式	周期内设三个曝气/缺氧段，每段时间为 35min/105min	周期曝气时间设为 50min	周期内设三个曝气/缺氧段，每段时间为 60min/60min	周期内曝气时间设为 50min

主流和侧流 CANON 反应器运行参数　　表 8-2

控制参数	侧流	主流
周期（h）	8	4～8
进水 NH_4^+-N 浓度（mg/L）	326±23	65±4
充水比	0.5	0.5
溶解氧（mg/L）	0.1～0.2	0.1～0.2
温度（℃）	30	25
曝气模式	每个周期设置三个曝气/缺氧段，每段时间为 60min/60min	每个周期内曝气时间设为 40～144min

8.3　高低氨氮交替运行强化 CANON 工艺处理市政污水

8.3.1　反应器启动与工艺调控

反应器的启动可分 4 个阶段，分别为高氨氮 CANON 反应器的启动、低氨氮 CANON 工艺的调控、高氨氮恢复过程 CANON 工艺的调控、低氨氮 CANON 工艺稳定性。

1. 反应器启动阶段（高氨氮）

在阶段Ⅰ（0～60d），进水 NH_4^+-N 浓度维持在 196±18mg/L（图 8-3）。前 32d，反应器的脱氮效果一直在提升，TNRR 从 0.15kg N/(m^3·d) 上升到 0.26kg N/(m^3·d)。同时 NRE 也从46%上升到80%。注意到32d之后，由于进水中 NH_4^+-N 浓度略有上升，这使得 NRE 略微降低，在 70%左右，同时出水 NH_4^+-N 浓度略有上升。但 TNRR 稳定在 0.26kg N/(m^3·d) 左右。这说明 CANON 反应器脱氮达到稳定状态。

进一步分析了在启动阶段反应器中 AOR、亚硝酸盐氧化速率（nitrite oxidation rate，NOR）以及 NRR 的变化情况（图 8-4）。结果表明经过 32d 的驯化，功能菌的活性均达到稳定状态，AOR 稳定在 21.8g N/(m^3·h)，NRR 稳定在 15.1g N/(m^3·h)。同时本阶

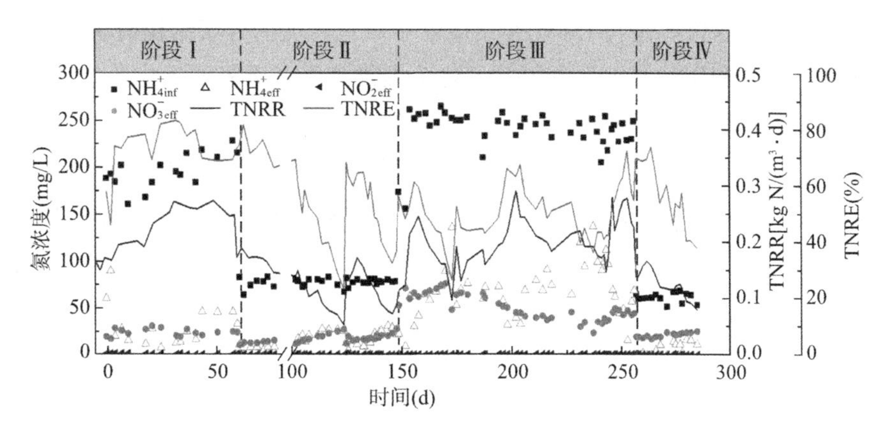

图8－3　CANON反应器运行过程中氮素（进水 NH_4^+-N浓度、出水 NO_2^--N浓度和出水 NO_3^--N浓度）转化以及TNRR和NRE的变化

段NOR一直小于3g N/(m³·h)，说明接种后经过一个月的驯化，CANON工艺运行良好。AOB和厌氧氨氧化菌活性优良，协同脱氮，NOB一直处于较低的活性，CANON工艺脱氮效果稳定。

根据理想CANON反应式，生成的 NO_3^--N 和去除的 NH_4^+-N 的比值（$\triangle NO_3^-/\triangle NH_4^+$）为0.11。如果该比值大于0.11，即可说明有多余的 NO_3^--N 生成。在CANON工艺中除了厌氧氨氧化菌，只有NOB会产生 NO_3^--N。同时，由于生长的环境不同，不同系统中化学计量学系数可能存在差异。但是如果该比值大于0.11，且一直上升基本可认为NOB在增殖，如果NOR一直保持稳定，可以认为NOB未增殖。图8－4显示了本研究启动过程中 $\triangle NO_3^-/\triangle NH_4^+$ 的变化，该比值在整个过程中未出现较大波动，稳定在0.15左右。因此可以认为启动过程中未出现NOB增殖。

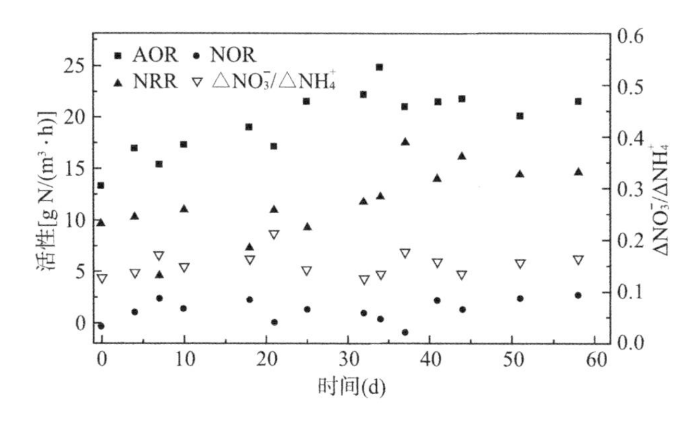

图8－4　CANON反应器阶段Ⅰ运行过程中AOR、NOR、NRR以及 $\triangle NO_3^-/\triangle NH_4^+$ 变化

从反应器单周期内的氮素和溶解氧的变化看出（图8－5），曝气阶段溶解氧维持在0.2～0.4mg/L之间，总氮曲线在整个过程中都是下降的，这说明了曝气阶段厌氧氨氧化

菌仍具有一定活性，这可能是与CANON反应器中颗粒污泥的分层结构有关。AOB处在颗粒污泥的表层，可以利用溶解氧为厌氧氨氧化菌提供基质；厌氧氨氧化菌处在颗粒污泥的内部，溶解氧无法穿透进入，使得Anammox反应得以进行。

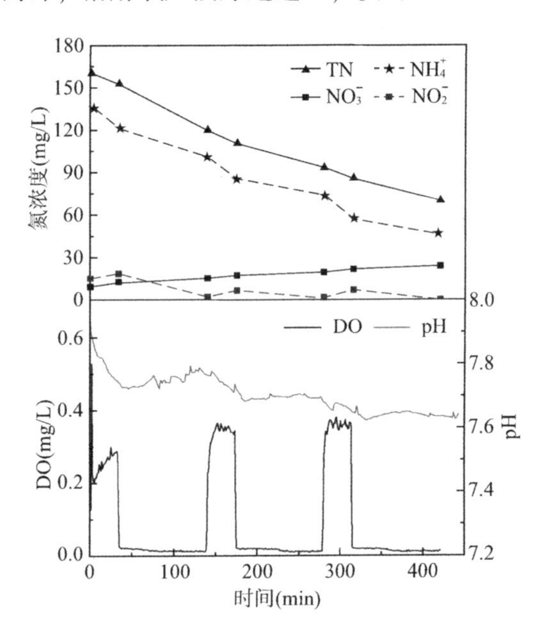

图8-5 CANON反应器运行单周期内 NH_4^+-N、NO_2^--N、NO_3^--N浓度以及pH和溶解氧变化

2. 反应器调控阶段（低氨氮）

从第61d开始，将进水中 NH_4^+-N浓度降低至（77±4.5）mg/L，对反应器进行稳态调控（阶段Ⅱ）。该过程中溶解氧水平持续维持在0.2～0.4mg/L之间。从表8-1中可以看出，调整运行周期后，一天内总的曝气时间从原来的315min降至300min，反应器的TNRR相较阶段Ⅰ有显著下降趋势，从0.26kg N/(m^3·d）降低到0.17kg N/(m^3·d)。这可能是由于进水 NH_4^+-N浓度下降后，反应器功能菌的活性受到影响，致使TNRR降低。此外，在 NH_4^+-N浓度降低的初期阶段（61～74d），AOR可稳定在22g N/(m^3·h)，但NRR却从阶段Ⅰ的15.1g N/(m^3·h）显著降低至11g N/(m^3·h)（图8-6）。该结果表明进水 NH_4^+-N浓度降低对于厌氧氨氧化菌活性的影响相较AOB更大，这可能是由于厌氧氨氧化菌对环境条件变化更为敏感。同时反应器NOR增加至4.9g N/(m^3·h）左右，NOB对于 NO_2^--N消耗的增加也加剧了厌氧氨氧化菌活性的降低。总体而言，在低氨氮运行的初期，反应器的运行情况仍较稳定，NRE可维持在75%左右。

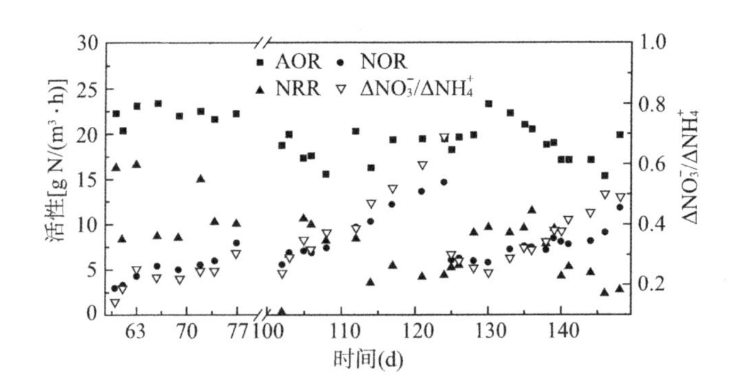

图8-6 CANON反应器阶段Ⅱ运行过程中AOR、NOR、NRR以及$\Delta NO_3^-/\Delta NH_4^+$比值变化

但从77d开始，反应器的性能出现了持续下降，到124d TNRR已降低至0.05kg N/(m^3·d)，NRE降低至23%（图8-3、图8-4）。与此同时，NOR迅速增长，从5.57g N/(m^3·h)（102d）增加至14.6g N/(m^3·h)（124d）。相对应的，$\Delta NO_3^-/\Delta NH_4^+$的值也在持续上升，至124d已经增加至0.69。这表明此时CANON工艺遭到严重破坏，可能是由于厌氧氨氧化菌在与NOB竞争NO_2^-基质时处于劣势，长期处于饥饿状态，致使反应器濒临崩溃。通过拟合时间与NOR的变化发现（图8-7），反应器在108d之前即NOR小于8g N/(m^3·h)时，时间与NOR拟合后斜率为0.01（$R^2=0.39$）；但108d之后时间与NOR拟合后斜率为0.43（$R^2=0.98$）。$\Delta NO_3^-/\Delta NH_4^+$也有类似的现象。进一步说明当NOR大于8g N/(m^3·h)时，NOB活性呈直线增长，直至反应器崩溃。

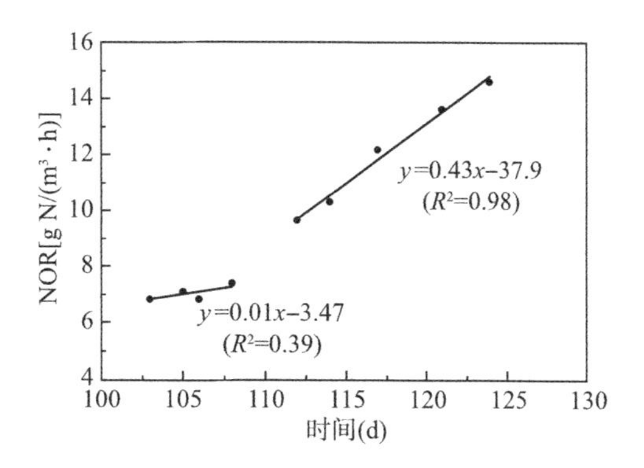

图8-7 CANON反应器中103～108d和112～124d运行过程中NOR与时间线性拟合

78～101d内反应器停止运行，此后重启反应器后性能仍出现恶化。为排除微生物衰减导致的恶化，于124d从CANON反应器中接出1L混合液，筛出厌氧氨氧化颗粒倒回反应器，剩余絮体舍弃。并从实验室稳定运行的短程硝化污泥母反应器中接种1L混合液加入CANON反应器。从图8-3中可以看出，换泥后反应器恢复效果提升明显。到第130d，TNRR上升到0.17kg N/(m^3·d)，恢复到初始水平（阶段Ⅱ），NRR也上升至9.6g N/(m^3·h)，NOR从14.6g N/(m^3·h)降低至6g N/(m^3·h)，$\Delta NO_3^-/\Delta NH_4^+$降低至0.24（图8-6）。该结果说明通过换泥将NOB淘洗出反应器，可使CANON反应器性能在短期内得到有效恢复。

但130d之后，反应器的效果又开始恶化。在133～138d内NOR再次升高至7.5g N/(m^3·h)左右，$\Delta NO_3^-/\Delta NH_4^+$上升到0.34。持续运行至140d左右，NOR达到8g N/(m^3·h)（图8-6）。此后，NOR的上升速度加快，到148d NOR已迅速上升至11.8g N/(m^3·h)，$\Delta NO_3^-/\Delta NH_4^+$也上升到0.5，NRE降低至36.8%（图8-6）。这表明CANON反应器内NOB又发生增殖且活性不断提升，致使厌氧氨氧化菌持续处于无NO_2^-基质可利用的状态，厌氧氨氧化活性不断降低。由此可见，通过低溶解氧单因素控制方法实现主流废水的稳定短程硝化不可行。

进一步通过单周期的氮素变化情况分析CANON反应器无法维持效能的原因。于第61d和第124d取样分析反应器内单周期氮素（NH_4^+-N、NO_2^--N、NO_3^--N）浓度、pH和溶解氧变化（图8-8）。第61d反应器在低NH_4^+-N条件下运行（40mg/L），曝气50min后反应器内溶解氧维持在0.2～0.4mg/L之间，pH持续下降。至好氧阶段末期，反应器中NO_2^--N积累到13.3mg/L。缺氧阶段由于Anammox反应的发生，NO_2^--N和NH_4^+-N浓度同步降低，分别降至8.2mg/L和0.24mg/L；NO_3^--N浓度在整个过程中持续上升。此外，由于 Anammox 反应对 H^+ 的消耗，反应器内 pH 上升。NO_3^--N 浓度在整个过程中持续上升。

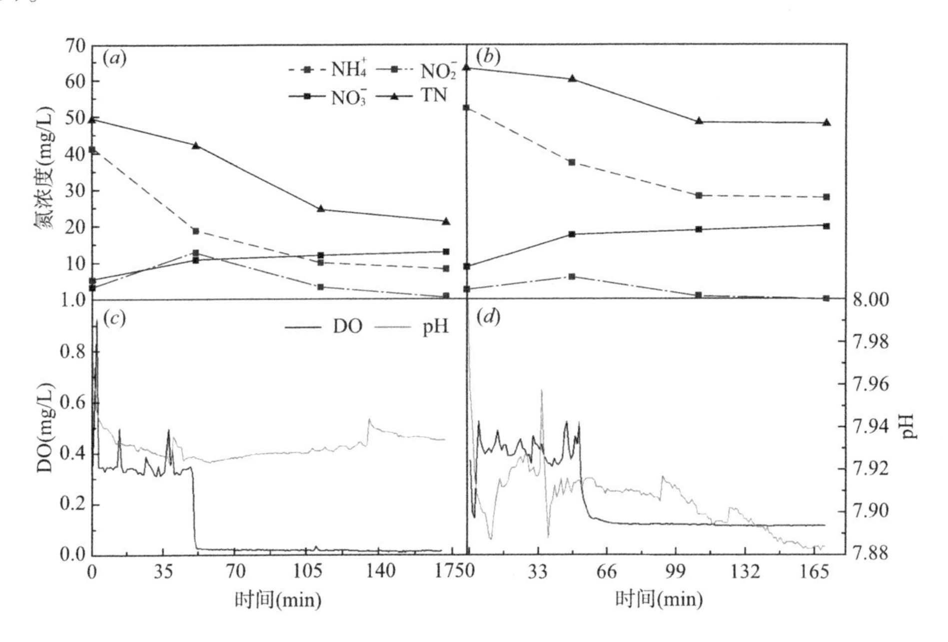

图 8-8　CANON 反应器低氨氮运行一个周期内 NH_4^+-N、NO_2^--N、NO_3^--N 浓度以及 pH 和溶解氧变化
(*a*)、(*c*) 第 61d；(*b*)、(*d*) 第 124d

第 124d 反应器基本呈崩溃状态，脱氮能力下降，反应器内 NH_4^+-N 开始积累，进水后反应器中 NH_4^+-N 浓度上升到 52mg/L，出水 NH_4^+-N 浓度达到 27.9mg/L。同样曝气 50min 后，溶解氧浓度控制在 0.2～0.4mg/L 之间。但好氧阶段末期 NO_2^--N 积累小于 5mg/L，NOB 的活性较高。而后缺氧段厌氧氨氧化菌由于缺乏反应底物 NO_2^--N，微生物活性降低，总氮去除效能下降。

3. 反应器性能恢复（高氨氮）

鉴于之前脱氮效果的恶化，考虑到在高氨氮的侧流系统中，更易将 NOB 淘洗出 CANON 工艺。因此，于 149d 将反应器进水 NH_4^+-N 浓度升高至（240±21）mg/L，进水 pH 约为 8.0，计算可得反应器内 FA 浓度约为 7～10mg N/L，在文献报道的 NOB 抑制范围内。同时，将溶解氧浓度控制在 0.2～0.4mg/L，以实现 FA 与溶解氧对 NOB 的双重抑制。

恢复初期，TNRR 在一天内由 0.09kg N/(m^3·d) 上升至 0.12kg N/(m^3·d)，提升幅度达 34%（图 8-9）。改变工况后，将 CANON 反应器一天内总的曝气时间由阶段Ⅱ的 300min 增加到 540min。而后运行的 10d 内（149～158d），反应器的脱氮性能持续提升，TNRR 增加至 0.25kg N/(m^3·d)，NRR 提高至 16.1g N/(m^3·h)。与此同时，NOB 活性 NOR 也降至 6.7g N/(m^3·h)，$\Delta NO_3^-/\Delta NH_4^+$ 降低到 0.28。这表明随着进水 NH_4^+-N 浓度的增加，NOB 的活性得到有效抑制，厌氧氨氧化菌能够获得足够的基质（NO_2^--N）得以生长，厌氧氨氧化活性渐渐恢复，反应器的脱氮性能渐渐恢复。可见高 FA 和溶解氧双重控制手段能有效抑制 NOB 在 CANON 反应器中的增殖。

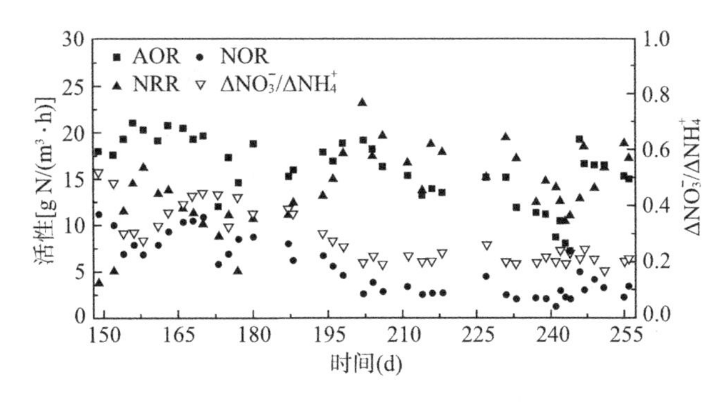

图 8-9 CANON 反应器阶段Ⅲ运行过程中 AOR、NOR、NRR 以及$\Delta NO_3^-/\Delta NH_4^+$变化

然而从 158d 开始，反应器脱氮性能又发生恶化，伴随着 NOR 上升，到 170d NOR 已再次增长至 10.7g N/(m^3·h)，$\Delta NO_3^-/\Delta NH_4^+$ 达 0.45，NRR 降低至 10g N/(m^3·h)（图 8-9）。这可能是由于 NOB 逐渐适应 FA 抑制，逐步恢复了活性，使得反应器脱氮性能大为下降。并且由于 NOB 的衰减速率很低，NOB 一旦增殖，CANON 工艺很难恢复脱氮能力。因此，为进一步抑制反应器中 NOB 增殖控制其活性，从第 175d 开始定期排泥（175～218d），通过污泥量的平衡关系控制 SRT 为 60d。从图 8-3 可知，排泥后反应器的脱氮性能渐渐恢复，到 202d 时 TNRR 增加至 0.29kg N/(m^3·d)，NRE 增加至 63.5%，NRR 增加至 23g N/(m^3·h)。相对应的，NOR 从 8.35g N/(m^3·h)（117d）降至 2.6g N/(m^3·h)（第 202d），出水 NO_3^- 浓度和$\Delta NO_3^-/\Delta NH_4^+$ 也呈持续下降趋势。但同时由于排泥，反应器中污泥浓度下降，因此 AOR 略有降低。

然而，长期排泥后反应器脱氮效果开始下降，218d 时 TNRR 降低至 0.18kg N/(m^3·d)，NRE 也降低至 51%（图 8-3），AOR 和 NRR 分别降低至 13.4g N/(m^3·h) 和 17.8g N/(m^3·h)。虽然反应器脱氮效果一直在降低，但是 NOR 却一直稳定在 2.6g N/(m^3·h) 左右，远远小于 8g N/(m^3·h)（图 8-9），出水 NO_3^- 浓度小幅度地下降，$\Delta NO_3^-/\Delta NH_4^+$ 稳定在 0.2 左右。这可能是由于排泥后 MLVSS 持续降低，从 175d 的 1.56g/L 降至 224d 的 1.23g/L，使得 AOB 和厌氧氨氧化菌不断减少，长期排泥后反应器内持留的 AOB 和厌氧氨氧化菌不足以维持 CANON 运行效能。但在排泥的过程中 NOB 也从反应器中被淘洗，系统内 NOB 丰度较低，因此 NOR 一直维持在较低水平。$\Delta NO_3^-/\Delta NH_4^+$ 从 175d 的 0.44 降至 202d 的 0.20，之后维持稳定（图 8-10）。

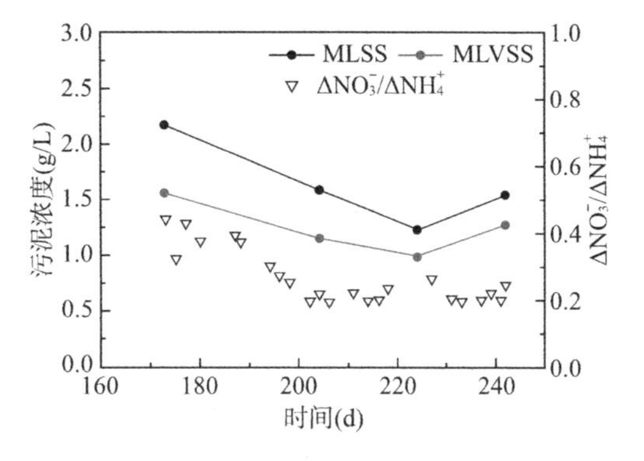

图 8-10 CANON 反应器阶段Ⅲ运行过程中 MLSS、MLVSS 以及$\Delta NO_3^-/\Delta NH_4^+$变化

为防止反应器性能进一步降低，从219d开始反应器停止排泥，同时将出水中的污泥回收到反应器中。从图8-3中可以看出，219d以后反应器的性能逐渐恢复。停止排泥后污泥量MLVSS回升，AOR和NRR开始呈增长趋势。到256d时，TNRR升高至0.23kg N/(m^3·d)，NRE为55%。但NOB的活性很低，NOR为3.3g N/(m^3·h)，$\Delta NO_3^-/\Delta NH_4^+$并未反弹（维持在0.2左右），再次说明排泥对于NOB的淘洗效果显著，反应器性能基本恢复到了阶段Ⅰ启动末期的水平。

4. 稳定运行期（低氨氮）

通过恢复进水NH_4^+-N浓度为（240±21）mg/L，并且结合控制等手段，CANON反应器渐渐恢复脱氮能力。因此，为了进一步考察CANON工艺处理低氨氮废水的稳定性，第257d，又将反应器进水NH_4^+-N浓度降低至60mg/L，在此NH_4^+-N水平下反应器维持运行了30d。反应器的运行性能见表8-3。

CANON反应器稳定运行过程中性能参数 **表8-3**

运行时间	$\Delta NO_3^-/\Delta NH_4^+$	NRE (%)	TNRR [kg N/(m^3·d)]	AOR [g N/(m^3·h)]	NOR [g N/(m^3·h)]	NRR [g N/(m^3·h)]
第257～266d	0.26	70	0.15	15.9	4.0	13.8
第267～276d	0.36	54	0.12	13.9	5.7	11.4
第277～286d	0.5	40	0.09	15.1	8.7	8.6

从表8-3可以看出，第257～266d内反应器脱氮效能基本稳定，TNRR可稳定在0.15kg N/(m^3·d)，NRE稳定在70%；NOR未出现较大波动，仅从3.98g N/(m^3·h)波动至4.17 g N/(m^3·h)，$\Delta NO_3^-/\Delta NH_4^+$基本稳定在0.26左右（图8-11）。此过程中出水水质相对稳定，出水NH_4^+-N浓度小于5mg/L，TN浓度约为20mg/L，NO_3^--N占比在90%以上。而后，从267～276d，反应器的脱氮性能虽出现一定恶化，但脱氮效能仍能维持在较好水平。TNRR基本稳定在0.12kg N/(m^3·d)。NOR和$\Delta NO_3^-/\Delta NH_4^+$也有小幅上升，但$\Delta NO_3^-/\Delta NH_4^+$基本在0.36左右波动（图8-11）。

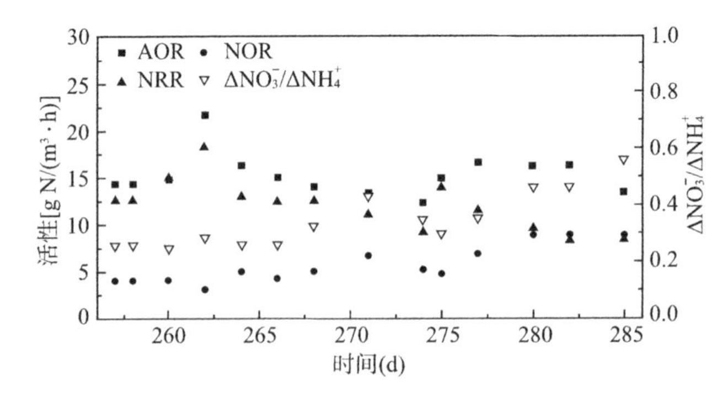

图8-11　CANON反应器阶段Ⅳ运行过程中AOR、NOR、NRR以及$\Delta NO_3^-/\Delta NH_4^+$变化

8.3.2 CANON 反应器微生物种群演替

基于16S rDNA高通量测序结果在属分类层面对功能菌属丰度进行了对比。结果表明在本CANON系统中起亚硝化作用的AOB主要是*Nitrosomonas*属，而进行Anammox反应的AnAOB主要是*Candidatus* Jettenia属。系统中的NOB属于Nitrospirae门*Nitrospira*属的微生物。为了更加清晰地看出系统中功能微生物的变化情况，图8－12展示了CANON系统中*Candidatus* Jettenia、*Candidatus* Kuenenia、*Nitrosomonas*和*Nitrospira*在第60d、79d、124d、125d、148d、257d、285d的相对丰度变化。

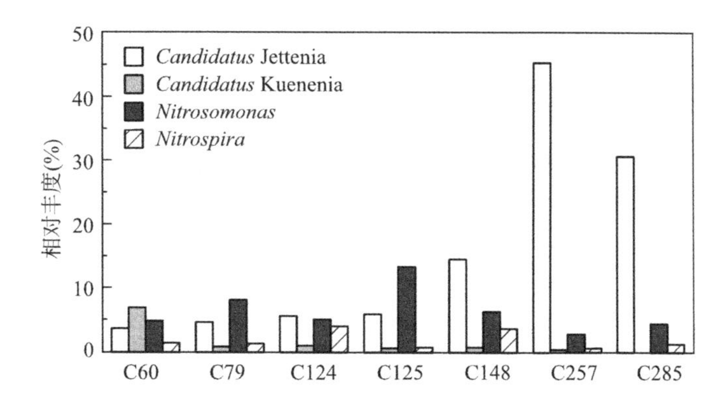

图8－12 污泥样本中*Candidatus* Jettenia、*Candidatus* Kuenenia、*Nitrosomonas*和*Nitrospira*在第60d、79d、124d、125d、148d、257d、285d的丰度变化

结果表明，第60d CANON系统中厌氧氨氧化菌包括*Candidatus* Jettenia和*Candidatus* Kuenenia两种，相对丰度分别为3.56%和6.9%。但是反应器运行后厌氧氨氧化菌几乎全部演替为*Candidatus* Jettenia，第79d以后污泥样本中*Candidatus* Kuenenia的丰度降至1%以下。因此，在本研究中*Candidatus* Jettenia为优势厌氧氨氧化菌属。第124d换泥之后经过23d的低氨氮驯化，*Candidatus* Jettenia的丰度从5.91%增加到14.4%，这可能是由于换泥后NOB丰度降低，厌氧氨氧化菌能有效获得NO_2^--N基质，且*Candidatus* Jettenia菌属对低氨氮条件具有较好的适应性。在系统恢复高NH_4^+-N之后，*Candidatus* Jettenia丰度进一步增加，从第148d的14.4%增加到第257d的45.32%。同时注意到第124d换泥后，*Nitrosomonas*丰度大幅提高，从124d的5.03%增加到125d的13.32%；*Nitrospira*从124d的4.01%降低到125d的0.57%。可见换泥后AOB得到富集，NOB得到有效抑制。与此类似的是，在系统经过高NH_4^+-N和排泥的措施之后*Nitrospira*的丰度从148d的3.55%降低到257d的0.43%。因此，结合高NH_4^+-N和排泥手段能够实现对反应器中功能菌的富集，实现NOB的淘汰。值得注意的是，在第124d、148d和285d的污泥样品中*Nitrospira*菌属的丰度显著高于其他样品，低NH_4^+-N更容易滋生NOB，在低氨氮条件下如何长期有效地抑制NOB是维持系统稳定的关键问题。

8.4 侧流富集/主流强化实现 CANON 工艺处理市政污水

目前全球范围内基于 Anammox 技术的污水处理设施超过了 100 座，其中约 75% 的应用是在城市污水的侧流线，即污泥消化液的生物脱氮处理。在这些应用案例中，TNRR 可达 0.5kg N/(m^3 · d)，TNRE 能达到 80%～90%。鉴于以上的现状，借鉴了污水处理厂用于保证冬天好氧池硝化活性的侧流富集/主流强化工艺，即通过侧流线（高温、高 NH_4^+-N）富集 CANON 颗粒污泥，用于强化主流线（低温、低 NH_4^+-N）CANON 反应器功能微生物活性并且达到抑制 NOB 活性增长的目的。

8.4.1 CANON 反应器运行

使用 SBR 分别建立主流和侧流 CANON 反应器，通过定期更换两反应器中部分污泥混合液达到侧流富集/主流强化的效果。两个完全相同的 SBR 反应器有效容积为 2.5L，冲水比为 0.5，模拟主流和侧流反应器，分别从本实验室已经经过驯化的 CANON 颗粒污泥母反应器中接种 2L 污泥混合液。

采用人工配水，配水参数详见 8.2 节。侧流反应器在运行过程中温度一直控制在 30℃，主流反应器控制在 25℃。主流和侧流反应器一共运行 60d 时间。其中在反应器运行的第 7d、14d、29d、37d、44d 和 53d，分别互换主流和侧流反应器中 1L 污泥混合液。主流和侧流反应器在运行过程中控制溶解氧在 0.1～0.2mg/L 内。侧流反应器每天运行三个周期，每个周期 8h。主流反应器启动一周内，为了达到脱氮平衡，每天运行 6 个周期，每个周期 4h，一个周期的曝气时间根据脱氮情况控制在 60～80min；8～46d 时间段内，一天运行 3 个周期，每个周期 8h，一个周期内总曝气时间 70～80min；47～60d 时间段内，一天运行 4 个周期，每个周期 6h，一个周期内总曝气时间 144min。

其中，第 15d、31d、45d、58d 分别从主流和侧流反应器中取出 50mL 污泥混合液测定 MLVSS，第 15d、25d、31d、38d、45d、52d、58d 测定了主流反应器中最大比厌氧氨氧化活性。根据反应器的性能每周进行 3～4 次单周期监测，对接种 CANON 污泥以及第 60d 的主流和侧流反应器中的污泥进行了 16S rDNA 高通量测序。

8.4.2 侧流富集/主流强化过程中脱氮性能的变化

主流反应器长期运行的脱氮效能显示，运行反应器出水 NO_2^--N 浓度一直小于 1mg/L（图 8-13）。初始一周内，为了调试反应器脱氮性能，进水中 NH_4^+-N 浓度偏高，保证出水有足够的 NH_4^+-N，因此反应器 TNRE 较低，维持在 42% 左右。而后，调整进水中的 NH_4^+-N 浓度，因此 TNRE 上升到 80% 左右。

接下来一周的运行过程中，反应器的性能略有下降。第 14d，TNRR 降低到 0.07kg

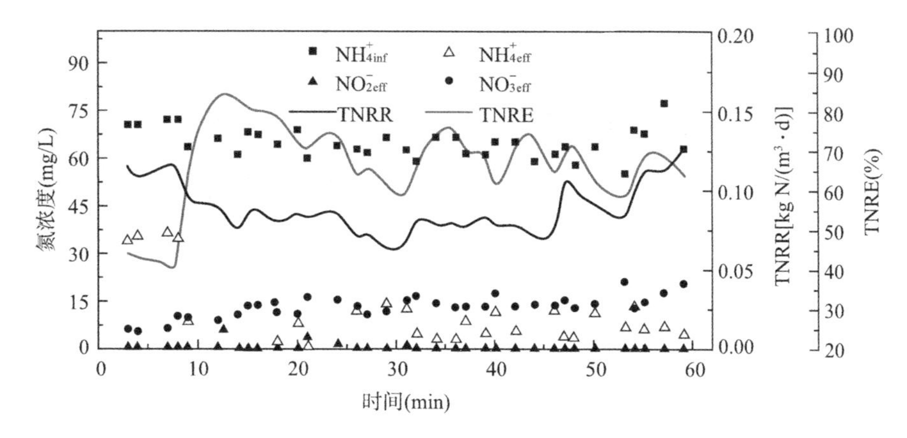

图 8－13　主流 CANON 反应器运行过程中氮素（进水 NH_4^+-N 浓度、出水 NO_2^--N 浓度和出水 NO_3^--N 浓度）转化以及 TNRR 和 TNRE 的变化

N/(m^3·d)（图 8－13），可见低温、低氨氮条件下对 CANON 反应器的性能影响显著。但是此过程中出水 NO_3^--N 浓度一直小于 10mg/L，推测反应器中 NOB 活性维持在较低水平。第 14d 换泥后，反应器 TNRR 有所回升，TNRR 上升到 0.09kg N/(m^3·d)。可见侧流主流换泥策略可有效强化主流反应器脱氮效能。换泥后，反应器 TNRR 维持在 0.08kg N/(m^3·d) 左右，TNRE 在 70%以上。两周后 CANON 反应器性能开始下降，反应器 TNRR 降低到 0.06kg N/(m^3·d)，TNRE 降低到 60%，因而每周进行侧流主流换泥，反应器运行稳定。出水 NH_4^+-N 浓度稳定在 5mg/L 左右，出水 NO_3^--N 浓度稳定在 14.6mg/L 左右。由此可见，该阶段性换泥策略可以有效维持主流 CANON 反应器的脱氮效能。并且，为了进一步提高反应器脱氮性能，将周期时间调整为 6h，每天曝气总时间 576min，因此反应器 TNRR 升高至 0.1kg N/(m^3·d)。

图 8－14 显示了主流侧流换泥策略运行过程中侧流反应器的脱氮效果。从图中看出反应器 TNRR 在这 60d 内基本维持稳定，保持在（0.37±0.03）kg N/(m^3·d)，TNRE 也均高于 70%。同时，反应器出水 NO_3^--N 浓度维持稳定，反应器 NOB 活性得到有效抑制。在主流反应器和侧流反应器进行换泥时，侧流反应器 TNRR 会略有下降，但是未有较大波动。因此，侧流主流换泥未对侧流反应器产生影响，侧流反应器脱氮效能稳定。

8.4.3　侧流富集/主流强化过程中功能微生物活性变化

1. 主流反应器微生物活性变化

对侧流主流换泥策略下主流 CANON 反应器中各功能微生物活性的变化进行了检测（图 8－15）。结果表明，前三周（1～21d）内 AOR 基本保持稳定，维持在 6.6～7.4g N/(m^3·h)。但在未换泥的第三周，AOR 出现了显著下降，第 29d 降低至 4.7g N/(m^3·h)。以时间为横轴，AOR 为纵轴直线拟合第 21～29d 数据得到斜率为-0.44（R^2=0.98）；同样拟合 1～21d 数据得到 R^2≪0.1。因此可见初始 AOR 基本稳定，三周后 AOR 呈直线下降趋势。

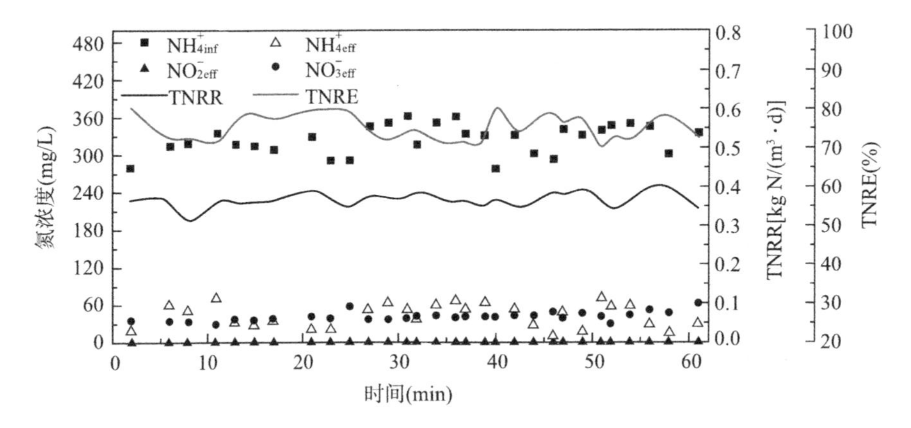

图 8－14　侧流 CANON 反应器运行过程中氮素（进水 NH_4^+-N 浓度、出水 NO_2^--N 浓度和出水 NO_3^--N 浓度）转化以及 TNRR 和 TNRE 的变化

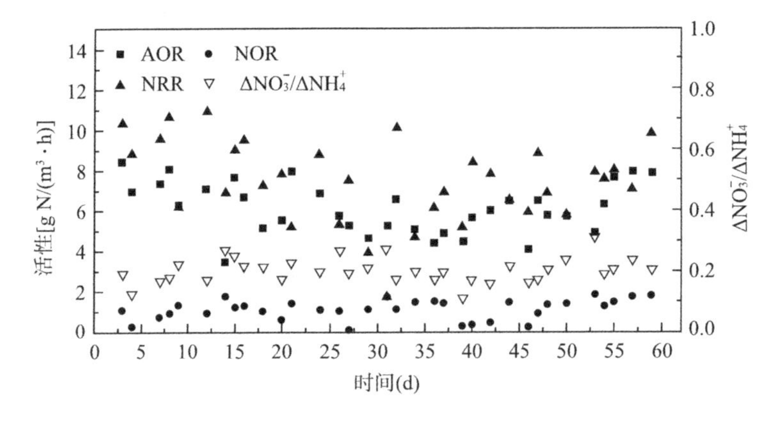

图 8－15　主流 CANON 反应器运行过程中 AOR、NOR、NRR 以及 $\Delta NO_3^-/\Delta NH_4^+$ 变化

侧流主流换泥后的两周（第 31～44d）内 CANON 系统 AOR 仍然保持稳定，维持在 (5.4±0.8)g N/(m^3·h)。保持一周的换泥频率可以保证主流 CANON 反应器中 AOR 的稳定。接下来的两周（第 46～59d）内，AOR 有所上升。第 54～59d 内 AOR 基本维持在 (7.4±0.7)g N/(m^3·h)，和 1～14d 的 AOR 接近，高于第 31～44d 的 (5.4±0.8)g N/(m^3·h)。这是由于周期改变之后，第 46～60d 内一天内总的曝气时间增加到 576min，可见增加曝气时间可以促进 AOR。图 8－15 中显示，两个月的运行过程中 NOR 的变化不大，维持在低于 2g N/(m^3·h) 的水平。同时，图 8－15 中显示 $\Delta NO_3^-/\Delta NH_4^+$ 在整个运行过程中基本稳定在 0.2 左右，这些结果均表明主流反应器中 NOB 活性得到了有效的控制。

CANON 反应器 NRR 在初始第 1～14d 内基本保持稳定，维持在 (9.0±1.9)g N/(m^3·h) 左右。第 15～29d 内 NRR 出现了显著下降，从第 15d 的 9.0g N/(m^3·h) 降低到第 29d 的 3.9g N/(m^3·h)。同样地，前一周（第 15～21d）内 NRR 在 (7.8±1.7)g N/(m^3·h)；后一周（第 21～29d）内 NRR 在 (6.4±2.2)g N/(m^3·h)。从上述结果可以看出厌氧氨

氧化菌受主流水质的影响很大。在接下来的几周内，换泥频率恢复到一周以后，NRR可基本稳定在（7.3±1.5）g N/(m^3·h)。

2. 侧流反应器微生物活性变化

图8-16显示了两个月的运行过程中侧流CANON反应器中各功能微生物活性的变化。从图中可以看出，与脱氮效能类似，反应器在运行过程中各功能微生物活性保持稳定。但是值得注意的是第46d前后侧流反应器功能微生物活性有了细微的变化，AOR在第46d前后分别为（21±1.9）g N/(m^3·h）和（23±1.7）g N/(m^3·h)，可见换泥后主流反应器中AOR的变化对于侧流反应器也有细微的影响。从AOR和NRR的数据结合图8-16还可以看出NRR的波动大于AOR的波动，这从侧面反映出Anammox的活性受到主流水质的影响更大。

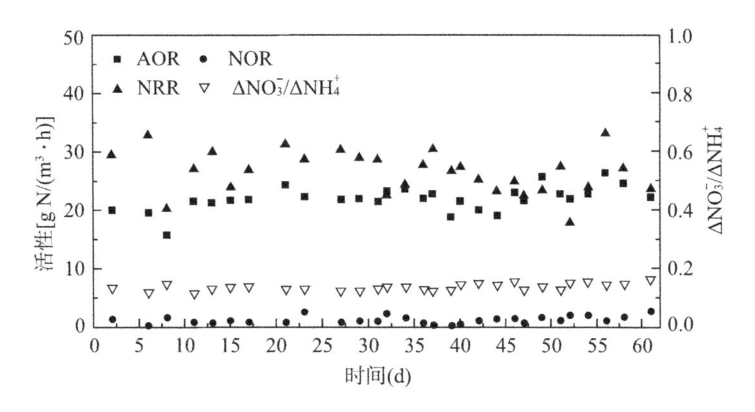

图8-16 侧流CANON反应器运行过程中AOR、NOR、NRR以及$\Delta NO_3^-/\Delta NH_4^+$变化

3. 侧流富集/主流强化效果分析

进一步分析了主流CANON反应器中SAA的变化，表征反应器中最大的Anammox活性（图8-17）。结果表明，第15～31d内，由于未进行侧流主流换泥处理，主流反应器中SAA显著降低了40%，从15d的7.07kg N/(kg VSS·d）降低到31d的4.24kg N/(kg VSS·d)。由此可见，厌氧氨氧化菌在主流反应器中受低温低基质浓度的负面影响显著，活性受到了明显抑制，影响反应器的脱氮效能。但当反应器恢复一周一次的侧流主流换泥策略后，SAA逐渐上升，到60d SAA成功上升到了10.4kg N/(kg VSS·d)。侧流主流换泥策略可有效保障主流反应器中Anammox活性，有利于厌氧氨氧化菌的生长，也从侧面说明厌氧氨氧化菌受到主流反应器水质条件的抑制是可逆的。

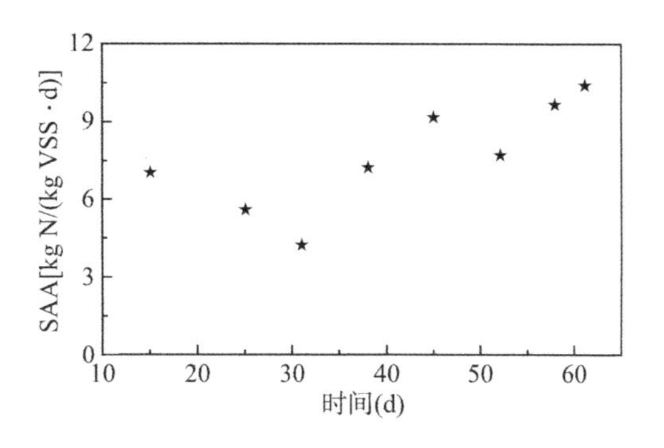

图8-17 主流CANON反应器运行过程中SAA的变化

8.5 小结与展望

厌氧氨氧化工艺作为一项新型脱氮工艺，在城市污水处理的脱氮领域具有广阔应用前景。众多研究表明城市污水适宜采用厌氧氨氧化工艺进行处理。目前该工艺已在侧流工艺中稳定运行且凸显出脱氮优势，但主流废水中的应用仍存在诸多瓶颈问题。采用 SBR 反应器建立主流和侧流 CANON 反应器，通过每周更换主流反应器 40% 的污泥混合液达到侧流富集/主流强化的目的。通过对于主流和侧流反应器中功能微生物活性的检测，考察侧流富集/主流强化的效果，以期为 CANON 工艺在市政污水主流处理中的应用提供技术依据。

但在现场工程应用中仍存在较多限制因素，这些均需要进一步解决。例如，如何从处理系统中长期有效地去除 NOB 是一个重大挑战。部分控制策略下，虽在短期内 NOB 会被抑制，但长期运行，NOB 可逐渐适应，重新成为优势菌种，影响短程硝化稳定运行。虽然近年来对主流厌氧氨氧化取得了长足的认识，且仍然在不断发展和深化中，但是目前厌氧氨氧化工艺仍处于探索阶段，尚不成熟。目前的探索已经不局限于实验室规模实验，更多的是污水处理厂的现场应用上的探索。可以预见，在未来相当长一段时间内，将会有更多污水处理厂直接在工程中去实验和应用。

参考文献

[1] 彭永臻，马斌．低 C/N 比条件下高效生物脱氮策略分析［J］．环境科学学报，2009，29（2）：225-230.

[2] 张亮．高氨氮污泥消化液生物脱氮工艺与优化控制［D］．哈尔滨：哈尔滨工业大学，2013.

[3] 任玉辉．低基质亚硝化与厌氧氨氧化脱氮效能及微生物特性研究［D］．哈尔滨：哈尔滨工业大学，2014.

[4] Albers S V, Meyer B H. The archaeal cell envelope [J]. Nature Reviews Microbiology, 2011, 9 (6): 414-426.

[5] Ali M, Oshiki M, Okabe S. Simple, rapid and effective preservation and reactivation of anaerobic ammonium oxidizing bacterium "Candidatus Brocadia sinica" [J]. Water Research, 2014, 57: 215-222.

[6] Dalsgaard T, Canfield D E, Petersen J, et al. N_2 production by the anammox reaction in the anoxic water column of Golfo Dulce, Costa Rica [J]. Nature, 2003, 422 (6932): 606-608.

[7] Joss A, Derlon N, Cyprien C, et al. Combined nitritation-anammox: advances in understanding process stability [J]. Environmental Science & Technology, 2011, 45 (22): 9735-9742.

[8] Imlay J A. The molecular mechanisms and physiological consequences of oxidative stress: lessons from a model bacterium [J]. Nature Reviews Microbiology, 2013, 11 (7): 443-454.

[9] Jenney Jr F E, Verhagen M F J M, Cui X, et al. Anaerobic microbes: oxygen detoxification without superoxide dismutase [J]. Science, 1999, 286 (5438): 306-309.

[10] Kartal B, Kuenen J G, Van Loosdrecht M C M. Sewage treatment with anammox [J]. Science, 2010, 328 (5979): 702-703.

[11] Kornaros M, Dokianakis S N, Lyberatos G. Partial nitrification/denitrification can be attributed to the slow response of nitrite oxidizing bacteria to periodic anoxic disturbances [J]. Environmental Science & Technology, 2010, 44 (19): 7245-7253.

[12] Kuenen J G. Anammox bacteria: from discovery to application [J]. Nature Reviews Microbiology, 2008, 6 (4): 320-326.

[13] Kuypers M M M, Marchant H K, Kartal B. The microbial nitrogen-cycling network [J]. Nature Reviews Microbiology, 2018, 16 (5): 263-276.

[14] Lotti T, Van Der Star W R L, Kleerebezem R, et al. The effect of nitrite inhibition on the anammox process [J]. Water Research, 2012, 46 (8): 2559-2569.

[15] Ma B, Qian W, Yuan C, et al. Achieving mainstream nitrogen removal through coupling anammox with denitratation [J]. Environmental Science & Technology, 2017, 51 (15): 8405-8413.

[16] McIlroy S J, Starnawska A, Starnawski P, et al. Identification of active denitrifiers in full-scale nutrient removal wastewater treatment systems [J]. Environmental Microbiology, 2016, 18 (1): 50-64.

[17] Strous M, Pelletier E, Mangenot S, et al. Deciphering the evolution and metabolism of an anammox bacterium from a community genome [J]. Nature, 2006, 440 (7085): 790-794.

[18] Tavazoie S, Hughes J D, Campbell M J, et al. Systematic determination of genetic network architecture [J]. Nature Genetics, 1999, 22 (3): 281-285.